全国电子信息类和财经类优秀教

省级一流本科课程、一流本科专业

省级优秀教学团队教学成果

信息技术基础与应用

（第6版）

/ 徐立新　郭祖华　刘　丹 / 主编

/ 孙　冬　马世霞　王明斐　翟海庆 / 副主编

電子工業出版社

Publishing House of Electronics Industry

北京 · BEIJING

内 容 简 介

本书结合工程教育和专业认证的需求而编写，是省级一流本科课程、一流本科专业通识教育基础课程配套教材，是省级优秀教学团队多年建设的优秀教学成果。

本书设计了 6 个教学单元，共 51 个任务，内容涵盖：计算机基础知识、文字处理软件应用、电子表格软件应用、演示文稿软件应用、计算机网络技术应用、人工智能基础等。在编写上，本书突出课程教学内容的实用性和典型应用性。教学任务设计以学生为中心，以学习成果为导向，强调培养学生的工程能力和综合素质，强调培养学生的实践动手能力，以符合"四新"人才培养的新要求。

本书以面向应用型和技能型人才培养为目标的普通高等院校的学生，配套线上学习平台和教学资源。

图书在版编目（CIP）数据

信息技术基础与应用 / 徐立新，郭祖华，刘丹主编. —6 版. —北京：电子工业出版社，2022.8
ISBN 978-7-121-41718-4

Ⅰ. ① 信… Ⅱ. ① 徐… ② 郭… ③ 刘… Ⅲ. ① 电子计算机－高等学校－教材 Ⅳ. ① TP3

中国版本图书馆 CIP 数据核字（2022）第 119314 号

责任编辑：章海涛　　　　特约编辑：李松明
印　　刷：三河市鑫金马印装有限公司
装　　订：三河市鑫金马印装有限公司
出版发行：电子工业出版社
　　　　　北京市海淀区万寿路 173 信箱　　邮编　100036
开　　本：787×1092　1/16　　印张：14　　字数：355 千字
版　　次：2004 年 7 月第 1 版
　　　　　2022 年 8 月第 6 版
印　　次：2023 年 8 月第 3 次印刷
定　　价：58.00 元

凡所购买电子工业出版社图书有缺损问题，请向购买书店调换。若书店售缺，请与本社发行部联系，联系及邮购电话：（010）88254888，88258888。

质量投诉请发邮件至 zlts@phei.com.cn，盗版侵权举报请发邮件至 dbqq@phei.com.cn。

本书咨询联系方式：192910558（QQ 群）。

前　言

IT

随着互联网、大数据、云计算、物联网和人工智能等技术的不断发展，信息技术在产业发展中的地位越来越重要。计算机作为一种强有力的辅助和支撑工具，已被所有学科接受并充分利用，大学生的信息技术基础教育越来越受重视。

“信息技术基础与应用”作为高等学校各专业的公共基础课，教学目的应着重于学生信息技术基础知识的掌握和计算机基础应用能力的培养，让学生掌握相关信息技术，拓宽视野，深化对信息技术的理解，认识以计算机为核心的信息技术在现代社会中的地位和作用，为后续专业课程的学习做好必要的知识准备；让学生在各自的专业中有意识地借鉴，引入信息技术的理念、技术和方法，在较高的层次上应用计算机，认识并处理计算机应用中可能存在的问题。

本书以计算机的基础知识和基本技术为重点，按照教育部2018年颁布的《普通高等学校本科专业类教学质量国家标准》，结合工程教育和专业认证的相关需求进行编写。教学核心是突出计算机应用能力的培养，采用任务引领的方式，从任务导读到任务案例，将计算机应用基础知识融入任务的分析和任务的实际操作，使学生在学习过程中既掌握各部分主要知识点，又具备分析和解决实际问题的能力。本书主要编写思路和特点如下。

1．任务引领为主线，能力培养为核心

本书设计了6个教学单元，共51个任务，内容涵盖了计算机基础知识、文字处理软件应用、电子表格软件应用、演示文稿软件应用、计算机网络技术应用、人工智能基础等，把要完成的每部分教学内容设计成多个具体的任务，把需要掌握的知识巧妙地隐含在每个任务之中，需要掌握的应用技能通过完成一个个具体的任务案例教学来实现。

2．引入人工智能相关知识和典型应用

2018年4月，教育部发布《高等学校人工智能创新行动计划》文件，明确要求，“将人工智能纳入大学计算机基础教学内容。”本书内容包括了人工智能的相关知识和典型应用，可以为高等院校各专业将来实施“人工智能+”人才培养行动提供知识、技术的先导和支撑。

3．突出学生中心，注重激发学生的学习兴趣和潜能

全书均以任务导读、任务案例的形式贯穿始终，通过每个具体任务，将每章相关的知识点有机地组织在一起，以便学生通过具体任务案例的学习过程了解和掌握相关的知识和技术，从而增强学习过程的趣味性。教师应努力推动课堂教学从“教得好”向以学生为中心的“学得好”转变。同时，全书所有章节配有“练一练”综合实训项目，以便学生巩固所学知识。

4．突出理论够用，强化实践技能为主的原则

本书对原有的同类教材的内容进行了调整和整合，去掉了一些不必要的理论内容，加大了实践内容，强化了应用能力的培养，符合高素质应用型和技能型人才培养的要求。

5．注意与其他课程内容的联系，考虑后续课程的需要

本书定位于信息技术基础知识和技术，既可以作为非计算机专业相关应用设计软件的基础，还可以作为计算机类专业计算机基础的前导，为后续课程如计算机网络技术、计算机多媒体技术、网页设计及应用等做必要的知识准备。

6．全书内容力求反映计算机技术的最新成果和发展趋势

在 Windows 操作系统、办公自动化软件 WPS Office、计算机网络技术应用、人工智能等应用性较强的部分，本书特别注重最新知识和技术的应用，同时，内容选取上力求实际、实用，讲解上力求简明、简练。

在编写上，本书内容突出课程教学内容的实用性和典型应用性，每个任务均设置有知识导读和任务案例，旨在培养学生熟练使用计算机及相关技术的应用能力，有些任务学习后还设置有知识拓展，方便学生学习任务未涉及但需了解的知识和技能。

本书最早从 2004 年 7 月开始在电子工业出版社出版，先后经历了《计算机文化基础》（第 1～3 版）、《大学计算机基础》和《大学计算机》，历经 18 年，得到了全国许多院校的认可，受到了广大师生的好评。本书编写团队包括徐立新、郭祖华、刘丹、孙冬、马世霞、王明斐、翟海庆等；同时，河南工学院的张亚华、李庆亮、李吉彪等教授给予了大力支持和帮助，在此致以诚挚的谢意。

由于计算机技术和应用软件的不断发展以及作者水平有限，书中的内容和形式难免存在许多不足，恳请同行专家和读者指正。

本书可以配合相关线上学习平台进行自主学习，为教师配套教学资源（课程教学大纲、电子课件、任务案例上机练习素材、习题解答、标准试卷库等），有需要者可以从华信教育资源网（http://www.hxedu.com.cn）下载。

读者反馈：192910558（QQ 群）。

作　者

目　录

第 1 章

IT

计算机基础知识

本章学习目标

- ❖ 了解计算机的分类。
- ❖ 了解计算机的基本组成。
- ❖ 了解计算机的新技术。
- ❖ 理解计算机的数制及编码。
- ❖ 掌握计算机的硬件知识。

电子计算机是当代科学技术发展的结晶，是各种新兴科学交叉的产物，是现代科学发展的重要基础，近代尖端技术的发展大多是建立在电子计算机基础之上的。

最近几十年，以计算机和通信技术为代表的信息技术的发展，极大地改变了人类的生活面貌。那些在科幻小说和电影中才出现的场景，正在一步一步变成现实：人工智能、虚拟现实、无人驾驶、可穿戴智能设备……

实现这一切都需要计算机技术，因此掌握计算机的基本应用已成为现代人的生活技能。

任务 1.1　计算机的发展简史

要了解电子计算机，首先要了解电子计算机的定义及计算机的发展简史。

什么是电子计算机？电子计算机是一种能够自动高速而精确地进行信息处理的现代化的电子设备，是一种具有计算能力和逻辑判断能力的机器。因为计算机可以进行自动控制并具有记忆能力，并可以像人脑一样具有逻辑判断能力，所以计算机又被称为电脑。

人类对计算工具的追求由来已久。公元前 400 年左右，人类发明了算盘；1617 年，人类研制了计算尺；1642 年，法国的布莱斯·帕斯卡发明了机械计算机，标志着人类的计算工具开始向自动化迈进；1822 年，英国的查里斯·贝巴奇研制了专门用于多项式计算的分析机；1944 年，美国的霍华德·艾肯研制了继电器计算机。这些成就都是人类不懈努力的结果。

第二次世界大战期间，为了解决在武器研究中需要进行的快速、准确而又复杂的数字计算的问题，美国军方在宾夕法尼亚成立了研究小组，开始了第一台电子计算机的研制工作。

1946 年，世界上第一台电子计算机 ENIAC（Electronic Numerical Integrator And Computer，电子数值积分计算机）在美国宾夕法尼亚大学研制成功，如图 1-1 所示。

图 1-1　ENIAC

ENIAC 共用了 18000 多个电子管，重 30 吨，占地 160 m^2，耗电 150 kW。尽管这台计算机每秒只能进行 5000 次加法运算，但它比当时的台式手摇计算机的计算速度提高了 8400 倍。ENIAC 的问世标志着计算机时代的到来。

从 1946 年到今天，计算机以惊人的速度在发展，无论是计算机科学技术的发展，还是其应用领域的迅速推广、普及之势，都远远超过历史上任何一种科学成果和产品。计算机的发展只能用"迅猛"二字来概括。

传统意义上，按采用的元器件，计算机的发展可以分为五代，具体如表 1-1 所示。

表 1-1 五代电子计算机

代 次	起止年份	电子元器件	数据处理方式	运算速度	应用领域
第一代	1946—1957	电子管	汇编语言、代码程序	几千～几万条指令/秒	国防及科技
第二代	1958—1964	晶体管	高级程序设计语言	几万～几十万条指令/秒	工程设计、数据处理
第三代	1965—1970	中、小规模集成电路	结构化、模块化程序设计，实时控制	几十万～几百万条指令/秒	工业控制、数据处理
第四代	1970—1981	大规模、超大规模集成电路	分时实时数据处理，计算机网络	几百万上亿条指令/秒	工业、生活等方面
第五代	1981 年至今	超大、特大规模集成电路	智能化、网络化	万亿次/秒	全领域

每进入一个新的发展时期，计算机的硬件可以保证计算速度、存储量等主要技术指标提高 1～2 个数量级。也可以说，人们习惯上对计算机发展时期的划分总是从硬件的角度考虑的。然而，硬件技术和软件技术是推动计算机向前发展的两个并行的车轮。

从软件角度来说，第一代计算机主要用由二进制代码组成的各种指令（称为机器语言）来编写程序，后期开始使用由符号指令代码组成的各种指令（称为汇编语言）来编写程序。在这一时期，确定了数据编码、程序设计和存储信息这些重要的概念。第二代计算机开始使用像 FORTRAN、ALGOL 等高级程序语言来编写计算机程序，产生了初级的操作系统（一种综合性的管理程序）。除了数值计算方面的应用，计算机还发展到事务管理方面，从而使计算机成为一种通用性更强的数据处理设备。第三代计算机普遍使用各种高级程序设计语言编程，操作系统日渐成熟并取得了长足的发展，除了产生了分时操作系统、实时操作系统，在通信技术与计算机应用结合后，产生了计算机网络和计算机系统，随之产生了网络操作系统。人们开始在多用户的环境下利用计算机的软件、硬件资源，实现资源共享。

我国计算机事业正式起步于 1956 年。1958 年，我国研制成功第一台计算机 DJS-103 型数字电子计算机；1974 年，研制成功 DJS-130 型多用集成电路计算机；1977 年，研制成功 DJS-050 型微型计算机。我国从 1984 年开始批量生产个人计算机（Personal Computer，PC），如从"长城 0520"，到 Intel 酷睿 X 系列 18 核 36 线程 64 位 4.6 GHz 个人计算机；从 1984 年的"银河-I"亿次巨型机，到 2013 年 6 月在广州国家超级计算机中心诞生的国产亿亿次超级计算机"天河二号"，我国计算机产业得到了迅猛的发展。2022 年 4 月公布的全球超级计算机 500 强榜单中，"神威·太湖之光"排名第四，其浮点运算速度可达到每秒 12.5 亿亿次，"天河二号"排名第七，其浮点运算速度可达到每秒 10.06 亿亿次。

从目前计算机的研究情况可以看到，未来计算机将有可能在光子计算机、生物计算机、量子计算机等研究领域取得重大的突破。

任务 1.2　计算机的特点和分类

1.2.1　计算机的特点

作为高速、自动进行科学计算和信息处理的电子计算机，与过去的计算工具相比，主要具有以下 6 个特点。

1．运算速度快

电子计算机最显著的特点是能以很快的速度进行算术运算和逻辑运算，甚至可达每秒万万亿次运算。由于计算机运算速度快，航空航天、天文气象等数据处理和数值计算等过去无法快速处理的问题现在可以得以解决。

2．计算精度高

电子计算机具有其他计算工具无法比拟的计算精度，一般可达十几位、几十位、几百位以上的有效数字精度。事实上，计算机的计算精度可根据实际需要而定。

3．具有存储和“记忆”能力

计算机中的存储器能够用来存储程序、数据和运算结果。随着多媒体技术的出现，计算机不但可以用来记录数字和符号，而且可以记录声音、图像和视频等多媒体信息。

4．能自动、连续地运行

因为计算机具有存储、“记忆”和逻辑运算能力，所以它能把输入的程序和数据存储起来，在运行时逐条取出指令并执行，实现了运算的连续性和自动化。

5．可靠性高

随着微电子学和计算机技术的发展，现代电子计算机连续无故障运行时间可达几万、几十万小时，具有极高的可靠性。用于控制宇宙飞船和人造卫星的计算机可以长时间、可靠地运行。

6．具有逻辑判断能力

对运行结果进行比较称为逻辑判断。例如，判断锅炉温度是大于还是小于某额定值，判断某人的年龄是否在 20 岁以上等。计算机有了逻辑判断能力，就可以根据对上一步运算结果的判断，自动选择下一步运行方向。逻辑判断能力是计算机有别于其他传统计算工具的关键。

1.2.2　计算机的分类

1．根据计算机工作原理划分

根据计算机工作原理和运算方式的不同，以及计算机中信息表示形式和处理方式的不同，计算机可以分为数字式电子计算机和模拟式电子计算机。

数字式电子计算机是指通过数字逻辑电路组成的算术、逻辑运算部件，对数字进行算术运算和逻辑运算的计算机。人们所说的电子计算机就是指数字式电子计算机。

模拟式电子计算机是指通过由运算放大器构成的微分器、积分器及函数运算器等运算部件，对模拟量进行运算处理。

2．根据计算机的用途划分

按照用途，计算机可以分为通用计算机和专用计算机两大类。通用计算机是指能解决多种类型问题，具有较强通用性的计算机。专用计算机是指为了解决某些特定问题而专门设计的计算机。

3．根据计算机的规模划分

一般，根据技术、功能、体积大小、价格和性能，计算机可以分为微型计算机、小型计算机、大型计算机和巨型计算机，并且不同种类计算机之间的分界线会随着技术的发展而变化。

微型计算机（Microcomputer）包括个人计算机（PC）、便携计算机和单片计算机。个人计算机是目前家庭和办公领域中最常见的计算机。便携计算机包括笔记本电脑和掌上电脑，广泛用于野外作业和移动作业等领域。图 1-2 为不同类型的微型计算机。另外，单片计算机是将微处理器、存储器和输入、输出接口电路集中在一个很小的硅片上，构成一台可以独立工作的计算机，广泛用于仪器仪表、家用电器、工业控制和通信等领域。

台式计算机

笔记本电脑

掌上电脑

图 1-2　不同类型的微型计算机

小型计算机（Mini Computer）一般用于中小企业的特殊工作，如记账、付款、销售等。目前在计算机领域中，小型计算机的概念逐渐淡化，被分化或融合为不同规模的服务器或工作站。服务器和工作站如图 1-3 所示，是用来专门处理某些特殊事务的计算机。从技术上，工作站与服务器并无本质区别，不过工作站用来满足工程师、建筑师及其他进行图形处理、计算机辅助设计的专业人员的需要，服务器主要用来满足联网的需要。

大型计算机（Mainframe Computer）如图 1-4 所示，它的体积大、速度快，并且价格昂贵。与小型计算机相比，大型计算机不但可以提供多个终端，同时为多个用户执行处理任务，而且可以同时处理更多用户的任务，并且可以存储更多的数据，速度也更快。

巨型计算机（Supercomputers），又称为超级计算机，主要用于国家级高科技领域和国防尖端领域中的科学计算和科学研究，如天气预报、地震分析及核武器试验等。另外，巨型计算机还可为包含大量数学运算的科学应用服务，如航空、汽车、化工、生物、电子和石油等行业。巨型计算机速度快的原因主要是因为它使用了多个处理器。它的运算速度随着计算机的发展不断提高，现代超级计算机的速度用纳秒和千兆位次浮点运算衡量，纳秒是十亿分之一秒，千兆位次浮点运算指的是每秒进行 10 亿次浮点算术运算。

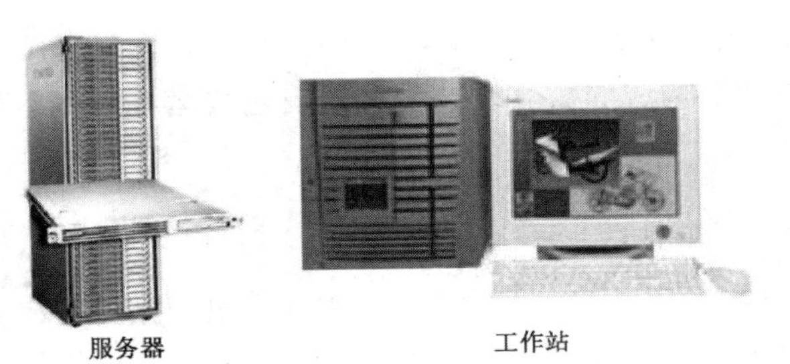

图 1-3　工作站和服务器

图 1-4　大型计算机

2010 年，由国防科技大学研制的“天河一号”在世界超算排行榜上首次夺冠。2016 年 6 月，中国研发出了当时世界上最快的超级计算机“神威·太湖之光”，落户在位于无锡的中国国家超级计算机中心。

任务 1.3　计算机的应用和发展

计算机对人们生活的影响巨大，人们通过计算机互联网沟通感情，相互交流，了解信息，进行网上娱乐、休闲购物，可以说，计算机和计算机网络的作用是发挥不尽的。如果现在没有它，我们的世界真是不可想象。

1.3.1　计算机的应用

计算机是近代科学技术迅速发展的产物，在科学研究、工业生产、国防军事、教育和国民经济、人类生产和生活等领域都得到广泛的运用。归纳起来，计算机的应用主要在以下几方面。

1. 科学计算

科学计算就是数值计算，是指科学研究和工程技术中复杂的数学问题的计算。计算机作为一种计算工具，科学计算是其最早的应用领域。如在数学、天文学、物理学、经济学等许多学科的研究中，在水利工程、桥梁设计、飞机制造、导弹发射、宇宙航行等大量工程技术领域中，经常会遇到各种各样的科学计算问题。在这些问题中，有的计算量很大，要处理成千上万个未知数的方程组，过去用一般的计算工具无法解决，严重阻碍了科学技术的发展。例如，1946 年美国原子能研究有一项计划，要做 900 万道题的运算，需要 150 个工程师计算一年，而使用当时的计算机进行运算，只用 150 小时就完成了。

2. 信息处理

在当今的信息社会里，每时每刻都要收集、加工、处理大量信息。计算机具有高速运算、大容量存储、逻辑判断能力，所以成为信息处理最有力的工具，广泛应用于企事业管理和情报检索等方面。

3. 实时控制

实时控制，也称为过程控制，是指用计算机实时检测，按最佳数值实时对控制对象进行自动控制或自动调节。利用计算机进行过程控制，能改善劳动条件，提高产品质量，节省能源，降低成本，实现生产过程自动化。现在，计算机过程控制已在冶金、化工、水电、机械、纺织、航天等许多部门得到了广泛的应用。

4．计算机辅助工作

计算机辅助设计（Computer Aided Design，CAD）是指利用计算机帮助人们进行产品设计和工程技术设计，可提高设计质量、缩短设计周期，使设计过程自动化。目前，计算机辅助设计已应用到机械、电子、航空、造船、建筑和服装等方面的设计工作中，并取得了很好的效果。

计算机辅助制造技术（Computer Aided Manufacture，CAM）是由计算机辅助设计派生出来的，用来进行生产设备的管理、控制、操作等，如数控加工中心可实现无纸加工。

计算机辅助教育（Computer Base Education，CBE）是计算机在教育领域的应用，包括计算机辅助教学（Computer Aided Instruction，CAI），即用计算机进行辅助教学，结合多媒体技术开发出多媒体 CAI 软件，可使教学内容多样化、形象化，便于因材施教。

计算机辅助测试（Computer Aided Test，CAT）是指利用计算机进行产品测试。

5．人工智能

人工智能（Artificial Intelligence，AI）是用计算机模拟人类的一部分智能活动，如学习过程、推理过程、判断能力、适应能力等。

6．计算机网络

计算机网络是指利用通信设备和线路将地域不同的计算机系统互连起来，并在网络软件支持下实现资源共享和传递信息的系统。大到遍及全世界的 Internet，小到几台计算机连成的局域网，计算机网络正在普遍应用。

7．办公自动化

办公自动化是指用计算机或数据处理系统来处理日常例行的各种工作，是当前最广泛的一类应用，具有完善的文字和表格处理功能，以及较强的资料、图像处理和网络通信能力，可以进行各种文档的存储、查询、统计等工作。例如，起草各种文稿，收集、加工、输出各种资料信息等。

总之，计算机已在各领域、各行业中得到广泛应用，其应用范围已渗透到科研、生产加工、军工、教学、金融、交通运输、农林业、地质勘探、气象预报、邮电通信等行业，并且深入到文化、娱乐和家庭生活等领域，其影响涉及社会生活的各方面。

1.3.2 计算机的发展

当前计算机的发展趋势是巨型化、微型化、网络化、多媒体化等。

1．巨型化

巨型化主要指的是大力发展巨型计算机。巨型机不仅代表了计算机科学技术发展的最高水平，还是一个国家综合科技实力的体现，所以科学技术比较发达的国家对巨型机的研究非常重视，竞争也十分激烈。

2．微型化

电子技术的发展，特别是集成电路技术的发展，促进了计算机的发展。随着电路技术的集成度越来越高，微型计算机的体积越来越小，性能越来越高，功能越来越强，而价格越来越低，即性价比越来越高。微型计算机的核心是微处理器（Microprocessor）。微处理器也称为中央处理器（Central Processing Unit，CPU）。自 1971 年 Intel 公司生产出第一台由 Intel 4004 组成的 MCS-4 微型计算机以来，到 2019 年的 Intel 酷睿 X 系列（18 核 36 线程，64 位 4.6 GHz），微型计算机得到了快速发展。

3．网络化

网络化的内容是十分广泛的。这里所说的网络化是当前世界范围内蓬勃发展的计算机网络系统，其目的是实现网络中的软件资源、硬件资源共享。这是在计算机应用日益普及、通信工具广泛使用、人们对信息资源的需求日益增大的基础上，由先进的计算机技术与先进的通信技术紧密结合的产物。当今计算机的应用已进入网络时代，也可以说，计算机网络的诞生把计算机的应用推向了更高阶段。

当今，计算机的发展潮流是实现不同国家、不同地区、不同系统、不同机型之间的联网，逐步建成人们向往的信息高速公路，将促进所有行业最广泛地、充分地运用信息及计算机管理，推动信息制造业和服务业的发展。例如，可以推动通信系统、交通系统、教育系统、医疗系统及许多公用事业的现代化进程。信息高速公路的建设必将对全球经济、政治、文化和人们的工作及生活产生极大影响。

4．多媒体化

多媒体技术是指利用计算机技术和其他有关技术，同时获取、编辑、处理、存储、传输和展示不同类型信息的媒体（如图、文、声、像）技术。20 世纪 90 年代以来，世界向着信息化社会发展的速度明显加快，而多媒体技术的应用在这一发展过程中发挥了极其重要的作用。多媒体改善了人类信息的交流，缩短了人类传递信息的路径。

（1）教育

多媒体技术用于教学，可以使教学过程具有图、文、声、像、动画等效果，不仅生动形象，学生易于接受，还可以通过对某些事物运动过程的控制，产生想象不到的新奇效果，有利于激发学生的想象力和创造力，增加课堂上教学的信息量，起到事半功倍的效果。

（2）办公自动化

多媒体技术可以把图形、图像、文字、音频、视频等多媒体信息和网络通信、数据库管理、触摸屏操作等功能集成在办公自动化系统中，并提供友好的应用界面。

（3）电子出版物

多媒体技术为新闻出版实行“无纸出版”提供了支持，可以将图形、文字、声音、图像以数字形式展现，经过加工后，转存到各种存储介质中。目前，电子出版物已大量涌现，人们可以每天通过计算机阅读报纸、查询信息和学习各种知识。

（4）多媒体咨询服务系统

多媒体技术可以为旅游、交通、宾馆、饭店、医院等建立起无人值守的但具有图、文、声、像的各种咨询、导游、导诊、导购系统。

总体来看，多媒体技术正向两方面发展：一是网络化发展趋势，与宽带网络通信等技术相互结合，使多媒体技术进入科研设计、企业管理、办公自动化、远程教育、远程医疗、检索咨询，文化娱乐、自动测控等领域；二是多媒体终端的部件化、智能化和嵌入化，提高计算机系统本身的多媒体性能，开发智能化家电。

任务 1.4　计算机的硬件系统

计算机系统由硬件系统和软件系统两大部分组成，如图 1-5 所示。硬件系统是构成计算机系统的各种物理设备的总称，软件系统是指实现算法的程序及其文档资料。计算机是按照人们预先编写的程序，依靠硬件和软件的协同工作来执行给定任务的。

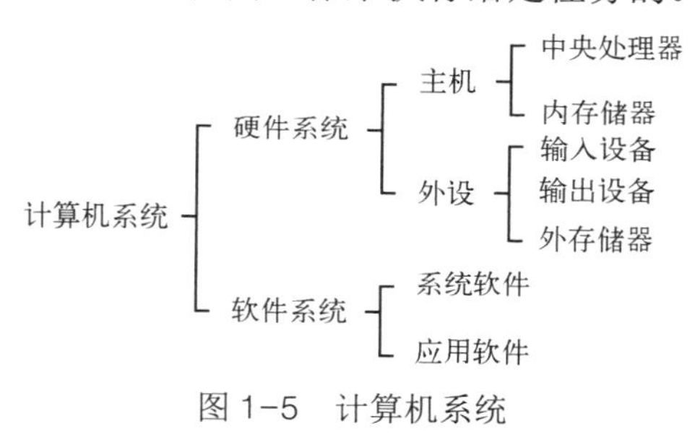

图 1-5　计算机系统

计算机是人们生活中很常用的电子设备，由许多基本的配件和部件组成，如显示器、鼠标、键盘。那么，计算机的硬件系统具体由哪些部分组成呢？通过本任务，读者可以简单了解。

1.4.1　知识导读：计算机的硬件系统组成

1．计算机硬件系统

存储程序概念最早是由美籍匈牙利科学家冯•诺依曼提出的，为了充分发挥电子元器件的高速性能，计算机应当采用二进制数进行运算，应当配置可以存储程序和数据的存储器，应当具有自动实现程序控制的功能等。

按照冯•诺依曼的计算机结构思想，计算机硬件系统由运算器、控制器、存储器、输入设备和输出设备组成，如图 1-6 所示，实线表示数据传输路径，虚线表示控制信息的传输路径。

（1）控制器（Control Unit）

控制器的主要作用是控制各部件协调工作，使计算机能自动地执行程序。

控制器主要完成各种算术及逻辑运算，并控制计算机各部件协调工作。中央处理器（Central Processing Unit，CPU）是一块超大规模的集成电路，是一台计算机的运算核心和控制核心（Control Unit）。CPU 的功能主要是解释计算机指令以及处理计算机软件中的数据，控制器是 CPU 的重要组成部分。CPU 芯片有 Intel 8086、8088、80286、80386、80486 和 Pentium，直至

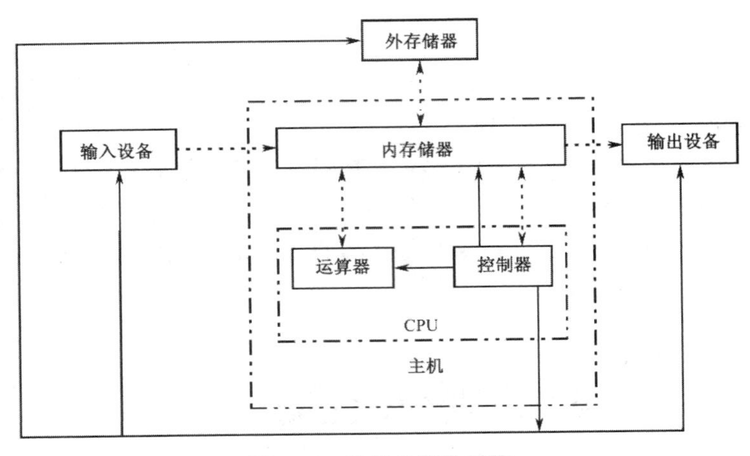

图 1-6　计算机硬件系统

目前的 Intel 酷睿 i11 等，按处理数据的位数，可以分为 8 位、16 位、32 位、64 位。同时，处理的数据位数越多，计算机的运算能力就越强，工作速度就越快。

（2）运算器（Arithmetical Unit）

运算器的主要功能是完成对数据的算术运算（加、减、乘、除、函数运算）和逻辑运算（AND、OR、NOT）等操作，在控制器的控制下，可以对存储器中的数据进行运算，并将结果送回存储器。

（3）存储器（Memory）

存储器是用来存储程序和数据的部件，通常分为内存储器（内存或主存）和外存储器（外存或辅存）两类。计算机的内存容量的大小决定其处理数据的能力，外存容量的大小决定其存储数据的能力。

内存储器的特点是存取速度快，但容量小、价格高。按工作方式不同，内存储器可以分为随机存取存储器（Random Access Memory，RAM）、只读存储器（Read Only Memory，ROM）。

随机存取存储器 RAM 是与 CPU 直接交换数据的内部存储器，可以随时读写，而且速度很快，通常作为操作系统或其他正在运行中的程序的临时数据存储媒介。其中的存储单元的内容可按需随意取出或存入，且存取的速度与存储单元的位置无关。随机存取存储器在断电时将丢失其存储内容，所以主要用于存储短时间使用的程序。按照存储单元的工作原理，随机存取存储器又分为静态随机存储器（Static RAM，SRAM）和动态随机存储器（Dynamic RAM，DRAM）。

为了将启动计算机时经常需要的一些指令（BIOS 的小型指令集合）保存起来，需要一种存储器，既具有磁盘存储器掉电信息不丢失的特点，又具有 RAM 存取数据快的特点，所以出现了 ROM。ROM 中的信息是使用专用的数据写入器，在生产时固化进去的（用来放一些固定程序，如初始化程序、诊断程序等）。外存储器是一种大容量且可以长期保存数据的存储器，但存取速度慢，如软盘、硬盘、光盘、U 盘、磁带等。

（4）输入设备（Input Device）

输入设备能把程序、数据、图形、声音或控制现场的模拟量等信息，通过输入接口转换成计算机可以接受的数据。常用的输入设备有键盘、鼠标器、触摸屏、卡片输入机、光笔、数字化仪、扫描仪、语音录入系统及各种模数转换器（ADC）等。

（5）输出设备（Output Device）

输出设备能把运行结果通过输出接口转换成人们要求的直观形式或控制现场能接受的形式，通过打印机、显示器、绘图仪及模数转换器（ADC）等输出。

输入设备、输出设备和外存储器统称为外部设备（简称外设），它们是计算机与外界进行交互的桥梁。

2．微型计算机系统的组成

微型计算机，又称为个人计算机（Personal Computer，PC），是大规模集成电路技术与计算机技术相结合的产物。从外观上，微型计算机主要由主机、显示器、键盘和鼠标等组成，有时根据需要，可以增加打印机、扫描仪、音箱等外部设备。

计算机的主机是指计算机硬件系统中用于放置主板及其他主要部件的容器（Mainframe），通常包括 CPU、主板、内存、硬盘、光驱、电源（如图 1-7 所示）以及其他输入/输出控制器和接口，如 USB 控制器、显卡、网卡、声卡等。位于主机箱内的通常称为内设，而位于主机箱之外的通常称为外设（如显示器、键盘、鼠标、外接硬盘、外接光驱等）。

图 1-7　主机

主机是计算机硬件中最重要的部分，其中包括主板及其上的 CPU 芯片、内存条、扩展板，还有软盘驱动器、硬盘驱动器、光盘驱动器及电源。另外，为了在 CPU、内存储器、外存储器和外部设备之间传递数据和指令，主机中还有各类通信总线。

（1）CPU

微型计算机中的运算器和控制器已经被集中到一块称为微处理器（Microprocessor，又称为 CPU，如图 1-8 所示）的器件上。CPU 内部的运算器用来执行加、减等算术运算和比较数据等逻辑运算，而控制器用来协调和控制对数据的操作。CPU 可以称为计算机的大脑，用来读取和执行程序指令、进行计算和判断。CPU 是计算机的重要技术指标，它的类型决定了计算机处理数据的能力，即执行各种指令的速度。

（2）主板

主板，也称为母板，是计算机的调度中心，负责协调各部件之间的工作。主板的性能直接影响计算机的整体性能。主板（如图 1-9 所示）包括：用于安装 CPU、RAM 内存条的插槽及

图 1-8 CPU

图 1-9 主板

其支持的电路和芯片，用于扩展主板功能和实现外部设备和 CPU 通信的扩展槽，用于连接外部设备、驱动器和电源的插槽或插座，连接主机面板的指示灯和功能按钮的插件，以及在主板各部件中互相传递数据和指令的一组总线电缆。

（3）存储器

存储器分为内存储器和外存储器。

内存储器（简称内存，如图 1-10 所示）的大小决定计算机处理数据的能力，直接插在主板上。

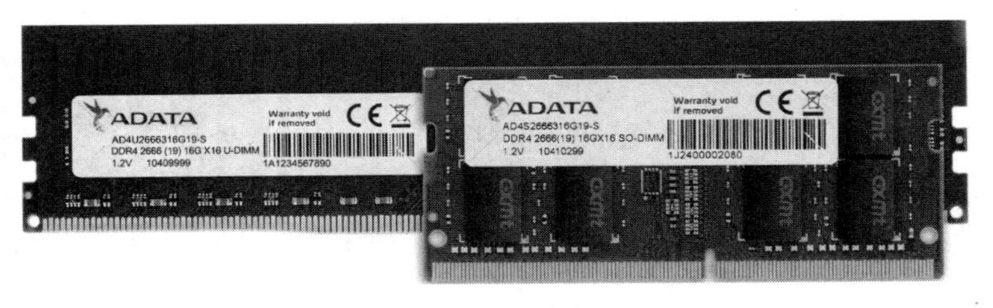

图 1-10 内存

为了将启动计算机时经常需要的一些指令（BIOS 的小型指令集合）保存起来，需要一种存储器，既具有磁盘存储器掉电信息不丢失的特点，又具有 RAM 传输快的特点。微型计算机中使用只读存储器 ROM 来完成这一使命。ROM 一般安装在主板上。

外部存储器（可以简称外存）主要包括：磁带、软盘、硬盘、光盘等。目前，硬盘（如图1-11 所示）是常用的外部存储器，容量为几百 GB 到几十 TB，存储速度也快。硬盘作为数据和程序的主要存储器件，通常存放计算机的操作系统、常用的应用程序及用户的文档数据信息等。硬盘的大小决定计算机存储数据的能力。

图 1-11　硬盘

1.4.2　知识拓展：多媒体技术

多媒体是指包含文本、图形、图像、音频和视频等多种媒体的集成物。

1．多媒体技术及其特征

多媒体技术即计算机多媒体技术，是指用计算机对文本、图形、图像、音频和视频信息进行交互处理的一种信息综合处理技术，具有如下特征：多样性、集成性、交互性和数字化。

2．多媒体计算机的构成

（1）主机

主机的性能指标主要指 CPU 类型、主频和运算速度，以及一级、二级缓存容量等。

（2）多媒体输入设备

通常使用的多媒体输入设备包括数字视频、音频输入设备，如图像扫描仪、数码相机、CD-ROM 等，以及模拟视频、音频输入设备，如摄像机、传真机、话筒、MIDI 合成器等。

（3）多媒体输出设备

多媒体输出设备通常是指视频、音频播放设备，如显示器、扬声器、MIDI 合成器、电视机、耳机等。

（4）多媒体存储设备

多媒体存储设备通常包括磁盘、光盘、磁带和 U 盘等。

（5）多媒体功能卡

多媒体功能卡包括声卡、显卡和通信卡等。

（6）多媒体控制设备

多媒体控制设备通常包括键盘、鼠标、操纵杆和触摸屏等。

（7）多媒体软件系统

多媒体软件系统是 MPC 的重要组成部分，与多媒体硬件有机配合，完成多媒体功能。

任务 1.5　常用输入设备和输出设备

通过本任务学习计算机的输入设备和输出设备，熟悉计算机的硬件组成，掌握常见输入设备和输出设备的功能、使用技巧。

1.5.1　知识导读：输入设备和输出设备

1．常用输入设备

（1）键盘

键盘是人们向计算机发布指令和提供信息的输入设备之一。目前主要采用 101 键的通用键盘，如图 1-12 所示。

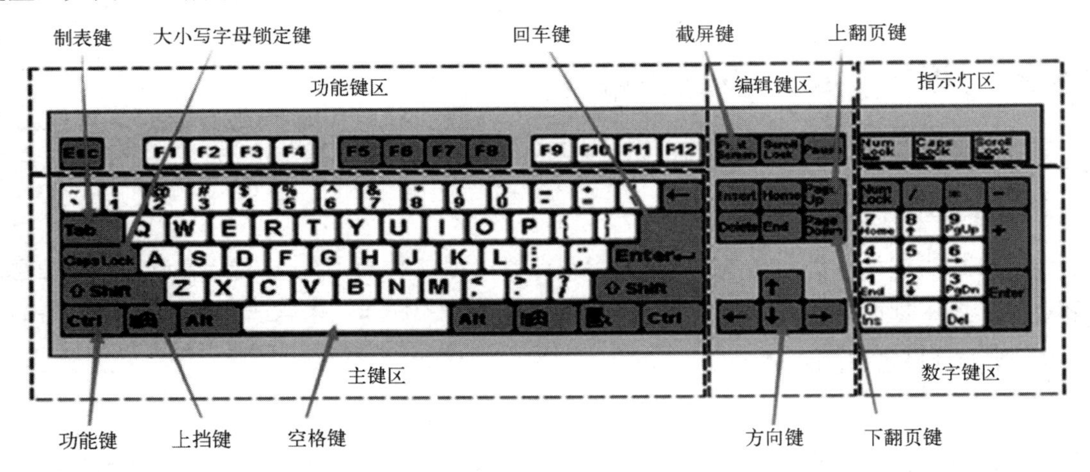

图 1-12　键盘

键盘被分为 4 个区域：功能键区、主键区、编辑键区和数字键区。

① 功能键区

功能键区是指键盘上面一排 F1～F12 按键，它们随着计算机所处状态或使用的软件不同而具有不同的功能。例如，F1 键用于每次从缓冲区复制一个字符，F2 键用于复制缓冲区指定字符之前的字符，F3 键用于复制缓冲区所有字符，F4 键用于复制缓冲区指定字符后的字符。

② 主键区

主键区有 26 个字母、10 个数字、“+”“-”运算符等特殊符号和一些控制键。

CapsLock（大写锁定键）：为开关键。当输入英文字母时，通过键盘右上角的 CapsLock 指示灯来确认。灯亮为大写状态，灯灭为小写状态。

Shift（上挡键）：对应键盘上的双符号键，在正常使用时，输入的是下挡字符；当按下 Shift 键并按该键时，就输入上挡字符。另外，还可以通过 Shift 键来输入处于大写（小写）状态时的小写（大写）字母。

BackSpace（退格键）：按一下该键，则删除光标左边的一个字符，则后面内容左移一个字符位。

Enter（回车键）：输入回车符。回车符应在一个计算执行信息输入的结尾，以告诉计算机本行内容结束。该键结束命令行内容的输入，计算机开始执行命令或在编辑状态下换行。

Ctrl 和 Alt：功能很强的控制键。在中文操作系统下，按 Alt+功能键切换输入方式。例如，组合键 Ctrl+Alt+Delete 的作用是热启动，组合键 Ctrl+Break 的作用是强行中止。

③ 编辑键区

PageUp 和 PageDown：翻页键。

Ins/Insert：插入键，在当前光标位置插入新的字符或空行。

Del/Delete：删除键，删除光标处的字符，光标不动，后面的字符前移。

Pause：暂停键。

④ 数字键区

按 NumLock 键，键盘右上角对应的指示灯亮，此时为数字状态；灯灭则为光标控制状态。其功能与编辑键区各键功能相同。

（2）鼠标

用户在使用计算机进行“人机对话”时，除了常用的键盘，又开发了指点设备（或称为定位设备）。鼠标可以方便地将光标定位在屏幕上的任意位置，常用操作有以下几种。

① 单击：按下鼠标左键，立即释放。单击一般用于完成选中某个选项、命令或图标。

② 双击：快速地单击鼠标左键两次。一般情况下，双击表示选中并执行。

③ 拖曳：按住鼠标左键不放，把鼠标的光标移动到新的位置，再松开左键。拖曳操作常用于移动对象。

④ 右击（或单击右键）：按下鼠标右键，立即释放。右击后通常弹出一个快捷菜单，这是执行命令最方便的方式。

⑤ 移动：握住鼠标在桌面或鼠标垫上随意移动，鼠标指针会随之在屏幕上同步移动。

（3）扫描仪

扫描仪是常用的静态输入设备，直接接在计算机的并行口或内置的 USB 接口上，一般分为平板式扫描仪、照片扫描仪和手持扫描仪。

扫描仪配置的软件可使扫描仪的性能达到最佳化。OCR 软件可以使扫描的图形文本转换为数字文本，用 PhotoImpact、Photoshop 等软件可以完成扫描的图形图像的处理。

（4）书写板

书写板是一种可以用手写的方式向计算机输入信息的设备，由一支特殊的笔和相应的硬件及软件配合。

（5）麦克风

麦克风是一种语音输入设备，与计算机声卡连接，将声音信息输入计算机。

（6）数码相机

数码相机是目前最流行的照相机。它将图像存储在数字相机的存储器中，还可以将图像输入计算机中进行处理。

2．常用输出设备

（1）显示器

显示器，又称为监视器（Monitor），是一种将一定的电子文件通过特定的传输设备显示到屏幕上再反射到人眼的显示工具。显示器可以分为 CRT、LCD（如图 1-13 所示）等类型。

图 1-13　LCD 显示器

显示器通过信号电缆线与适配器相连。

显示器有两种显示模式：字符显示模式和图形显示模式。

（2）打印机

打印机是常用的输出设备，用户通过它可以直接获得输出信息的硬拷贝。

打印机的种类很多，按输出方式，可以分为并行打印机和串行打印机两种；按印字方式，可以分为撞击式和非撞击式打印机两种，如撞击式有针式打印机，非撞击式有激光打印机、喷墨打印机、静电打印机等。

（3）声卡和音箱

声卡和音箱是计算机的声音输出设备。声卡是插在主板上的一块电路卡，其作用是将计算机中存储的数字化声音转换成模拟信号，输出给音箱。

（4）绘图仪

绘图仪是将计算机的输出信息绘制成图形的输出设备，一般可分为两类，即笔式绘图仪和非笔式绘图仪。

除了上述输入和输出设备，还有光笔、条形码技术等，特别是多媒体计算机发展发展起来以后，各种方式的输入和输出设备必将进一步得到发展。

1.5.2　知识拓展：指法

要熟练操作键盘、高速输入文字等内容，需要掌握正确的指法并通过反复练习才能奏效。

1．正确的坐姿

① 身体正对键盘，上身挺直，两肩放松，双脚适当分开，平放于地面。

② 两手自然弯曲，手指分别轻放在 A、S、D、F 和 J、K、L、; 八个基本键上，两个大拇指都放在空格键上；身体其他部分不得接触键盘；手腕不宜放在桌上。

③ 开始学习时，尽量不要看键盘。

2．指法

① 打字时，身子要坐正，双手轻松放在键盘上。

② 打字时，双手的十个指法都有明确的分工，如图 1-14 所示，只有按照正确的手指分工，才能实现盲打和提高打字速度。

图 1-14　指法示意

③ 指法动作要标准。中间基准键，凸起的横条或圆点，手指放上去容易感觉到，左手食指放在字母上，右手食指放在字母上，其余一个手指一个位置，用双手大拇指放在空格键。

④ 开始打字前，左手小指、无名指、中指和食指应分别虚放在 A、S、D、F 键上，右手的食指、中指、无名指和小指应分别虚放在 J、K、L、; 键上，两个大拇指则虚放在空格键上。基本键是打字时手指所处的基准位置，击打其他任何键，手指都是从这里出发，而且打完后须立即退回到基本键位。

任务 1.6　计算机的软件系统

软件是程序、原始数据及有关文档（资料）。计算机软件系统包括系统软件和应用软件两大类。

1.6.1　知识导读：计算机软件系统概述

1．系统软件

系统软件是指为了方便和充分发挥计算机的功能向用户提供的一系列软件，包括操作系统、语言处理系统、数据库管理系统和网络系统等。

（1）操作系统（Operation System，OS）

操作系统是能对计算机的硬件和软件资源进行有效管理、控制，合理组织计算机工作流程的一组程序。其作用是把只有硬件的裸机改造成具有不同特征、功能更强、使用方便的计算机。

（2）语言处理系统

人类对语言是十分熟悉的，因为它是表达、传递与交换信息的主要工具。计算机语言就是能让计算机直接或间接识别和接受的语言。计算机采用的语言大致分为三种，即机器语言、汇编语言和高级语言。

机器语言是计算机可以直接识别和接受的语言。这种语言是由 0、1 组成的代码程序，这两个二进制数码在一定位长上的组合可以形成千变万化的二进制程序，表达千变万化的信息。虽然二进制数码组合成的代码（机器语言）容易被计算机硬件接受，然而具有书写烦琐、阅读不直观等缺陷，给程序编制和维护造成了严重困难。

汇编语言是用规定了的符号代码，形成一种称为符号指令代码的汇编语言，还需要一个用机器指令编写的程序转换为机器语言程序（目标程序），再交给计算机去执行。

高级语言也称为算法语言，与数学语言十分类似，包括面向过程的语言和面向对象的语言等。用高级语言描述问题的过程如同人们叙述一件事情一样。因此，在同等程度上，高级语言类似人类语言，使书写程序、维护和调试程序效率提高。高级语言是不能直接被计算机识别和接受的语言，所以，用高级语言编写的程序（源程序）必须经过编译程序（或解释系统），把它翻译成机器语言程序（目标程序），再交给计算机执行。

从 1954 年的第一个完全脱离机器硬件的高级语言 FORTRAN 问世的几十年来，有几百种高级语言出现，有重要意义的有几十种，如 FORTRAN、ALGOL、COBOL、BASIC、PASCAL、C++、Visual Basic、Visual C++、C#、Java、Python、Rust 等。

（3）数据库管理系统

数据处理在计算机应用中占很大比例，对于大量的数据如何存储、利用和管理，如何使多个用户共享同一数据资源，是数据处理中必须解决的问题。为此，20 世纪 60 年代末产生了数据库管理系统（DataBase Manager System，DBMS），随着微型计算机的普及，从 80 年代开始，数据库管理系统得到了广泛的应用。近年来用户比较熟悉的数据库管理系统有 SQL Server、Oracle、Sybase、MySQL 等。

（4）网络系统软件

计算机网络的构成为网络硬件、网络拓扑结构、传输控制协议和网络软件。网络软件主要是指网络操作系统。除了具有普通操作系统的功能，网络操作系统还应增加网络管理模块，主要功能是支持计算机与计算机、计算机与网络之间的通信，提供各种网络服务，保证实现网络上的资源共享和信息通信。当前流行的网络操作系统有基于 TCP/IP 的 UNIX、Linux、Novell Netware、Microsoft Windows NT 等。

2．应用软件

在计算机硬件和系统软件的支持下，为解决某应用领域的具体问题而编制的软件（或实用程序）称为应用软件，如工程和科学计算软件包、文字处理软件、商务信息管理软件、辅助设计软件 CAD、CAM、CAI 和工业生产自动化实时控制软件等。

3．计算机程序设计

结构化程序设计是一种计算机软件开发技术。一方面，总体上，软件的开发要求对要解决的问题采取“自顶向下、逐步求精、分而治之”的原则，以保证所开发的软件具有清晰的层次结构和功能明确的模块（程序单元）。另一方面，在对一个软件进行详细设计和采用某种程序设计语言来编写程序时，要求使用典型的基本控制结构，以增加程序的可读性和可维护性，从而有利于提高程序的质量。

程序设计过程，即程序设计、编写和调试程序的过程，主要包括如下步骤：① 分析给定问题；② 确定求解思路；③ 绘制程序流程图或系统结构图；④ 根据流程图编制源程序；⑤ 上机调试；⑥ 修改调试中的语法错误及逻辑错误，直到最后确定源程序。

1.6.2 知识拓展：计算机采用的数制

计算机可以通过输入设备接收各种形式的信息，然而在计算机内部处理的并不是输入的信息形式，而是将它们转换为计算机中的数。所以，计算机中的数是信息在计算机内部的表达方式（载体），这种表达方式是信息处理的基础，是学习和使用计算机的基本知识。

1．数制

数制是以表示数值所用的数字符号的个数来命名，并按一定进位规则进行计数的方法。计算机能极快地进行运算，但其内部并不像人类在实际生活中使用的十进制，而是使用只包含 0 和 1 两个数值的二进制。当然，人们输入计算机的十进制数被转换成二进制数进行计算，计算后的结果又由二进制数转换成十进制数，都由操作系统自动完成，并不需要人们手工去做。但是，学习汇编语言就必须了解二进制（还有八进制、十六进制）。数制也称为计数制，是用一组固定的符号和统一的规则来表示数值的方法。常用数制有十进制、二进制、八进制和十六进制，如表 1-2 所示。

表 1-2 常用进制

数制的表示方法	十进制	二进制	八进制	十六进制
基数	10	2	8	16
数字符号	0, 1, 2, 3, 4, 5, 6, 7, 8, 9	0, 1	0, 1, 2, 3, 4, 5, 6, 7	0, 1, 2, 3, 4, 5, 6, 7, 8, 9, A, B, C, D, E, F
进位规则	逢十进一	逢二进一	逢八进一	逢十六进一

（1）十进制（Decimal）

日常生活中，人们通常采用十进制来计数。十进制数的基数为 10，有 0、1、2、3、4、5、6、7、8、9 十个数字符号，计数规则为“逢十进一”。

（2）二进制（Binary）

二进制是最简单的计数制，基数为 2，只有 0 和 1 两个数字符号，计数规则是“逢二进一”，如二进制数 1011011.101。

二进制的特点是：二进制的物理表示容易实现，二进制中只有 0 和 1 两个数字符号，容易利用具有两种稳定物理状态的元件和电路来表示；容易被计算机识别，抗干扰性强，可靠性高；二进制的运算规则很简单。

（3）十六进制（Hex）

十六进制的基数为 16，需要用 16 个数字符号来计数，为此通常借用 A、B、C、D、E、F 六个英文字母，分别代表 10、11、12、13、14、15 这六个数。所以，十六进制所用的数字符号是：0，1，2，3，4，5，6，7，8，9，A，B，C，D，E，F。计数规则是“逢十六进一”，即 F+1=10，FF+1=100……如十六进制数 19A.2E。

2．使用计算器进行数制转换

Windows 系统附件中的“程序员计算器”具备常用数制的转换功能。

以 Windows 以例，选择“开始”菜单，然后选择“计算器”，在打开的计算器页面中，选择“查看”菜单的“程序员”命令，或者直接按 Alt+3 组合键，进入程序员界面，如图 1-15 所示。当然，想进行比较高级的计算，可以打开科学计算器的页面，此时会发现在计算器的左边有几个数制的选项。例如，把十进制数 63 转化为二进制数，就先在十进制中输入“63”，然后选择“二进制”，如图 1-16 所示，这时显示的“111111”便是转化后的二进制数字。

图 1-15　程序员计算器

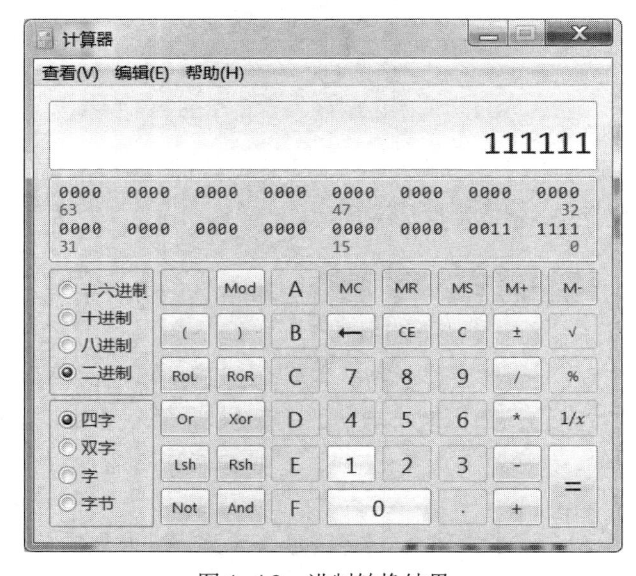

图 1-16　进制转换结果

任务 1.7　熟悉操作系统

操作系统是用户和计算机的接口，也是计算机硬件和其他软件的接口。操作系统的功能包括管理计算机系统的硬件、软件和数据资源，控制程序运行，改善人机界面，为其他应用软件提供支持等，使计算机系统所有资源能最大限度地发挥作用。同时，操作系统提供各种形式的用户界面，使用户有一个好的工作环境，为其他软件的开发提供必要的服务和相应的接口。下面通过本任务，让读者熟悉常见的操作系统分类和特点。

计算机发展史上出现过许多操作系统，目前主流的有 UNIX、Linux、Windows 和 Mac OS。下面主要简单介绍前三种操作系统。

1．UNIX 系统

UNIX 是强大的多用户、多任务操作系统，支持多种处理器架构，最早由 Ken Thompson、Dennis Ritchie 和 Douglas McIlroy 于 1969 年在 AT&T 的贝尔实验室开发，其主要特点如下。

（1）技术成熟，可靠性高

经过 50 多年开放式道路的发展，UNIX 的一些基本技术已变得十分成熟，有的已成为各类操作系统的常用技术。实践表明，UNIX 是能达到大型主机可靠性要求的少数操作系统之一。目前，许多 UNIX 大型主机和服务器在国外的大型企业中都是每天 24 小时每年 365 天不间断地运行的。一些重要行业（如银行、证券、电力等）和政府部门（如军队、国家安全等）的中小型服务器是肩负着重要使命的企业/部门的信息系统，都建立并运行在以 UNIX 系统为平台的架构上。

（2）极强的可伸缩性

UNIX 系统是唯一能在笔记本电脑、个人计算机、工作站直至巨型机上运行的操作系统。

（3）网络功能强

作为 Internet 技术和异构机连接重要手段的 TCP/IP 就是在 UNIX 上开发和发展起来的。TCP/IP 是所有 UNIX 系统不可分割的组成部分。UNIX 服务器在 Internet 服务器中占 80%以上，有绝对优势。此外，UNIX 支持所有常用的网络通信协议，包括 NFS、DCE、IPX/SPX、SLIP、PPP 等，使得 UNIX 系统能方便地与已有的主机系统以及各种广域网和局域网相连接。这也是 UNIX 具有出色的互操作性的根本原因。

（4）强大的数据库支持能力

由于 UNIX 具有强大的支持数据库的能力和良好的开发环境，因此多年来，所有主要数据库厂商，包括 Oracle、Informix、Sybase、Progress 等，都把 UNIX 作为主要的数据库开发和运行平台。

（5）开放性好

开放性是 UNIX 有别于 Windows 最重要的本质特性。

2．Linux 系统

Linux 是允许免费使用和自由传播的类 UNIX 操作系统，是一个基于 POSIX 和 UNIX 的多用户、多任务、支持多线程和多 CPU 的操作系统，能运行主要的 UNIX 工具软件、应用程序和网络协议，支持 32 位和 64 位硬件。Linux 继承了 UNIX 以网络为核心的设计思想，是一个性能稳定的多用户网络操作系统。

Linux 操作系统诞生于 1991 年 10 月 5 日（第一次正式向外公布的时间）。Linux 有许多版本，但它们都使用了 Linux 内核。Linux 可安装在各种计算机硬件设备中，如手机、平板电脑、路由器、视频游戏控制台、台式计算机、大型机和超级计算机。经过多年的发展，Linux 系统继承了 UNIX 系统的许多优秀特性，如性能稳定、功能强大、效率高和支持多任务、多用户、多平台等。与 Windows 系统相比，Linux 具有以下特点。

（1）可完全免费得到

Linux 操作系统可以从互联网上免费下载使用，只要用户有快速的网络连接就行，而且 Linux 上运行的绝大多数应用程序也是可以免费得到的。

（2）支持多种平台

Linux 可以运行在多种硬件平台上，如具有 x86、SPARC、Alpha 等处理器的平台。Linux 还是一种嵌入式操作系统，可以运行在掌上电脑、机顶盒或游戏机上。同时，Linux 支持多处理器技术。多个处理器同时工作使系统性能大大提高。

（3）真正的多任务多用户

只有很少的操作系统能提供真正的多任务能力，尽管许多操作系统声明支持多任务，但并不完全准确。Linux 则充分利用了 80x86 CPU 的任务切换机制，实现了真正多任务、多用户环境，允许多个用户同时执行不同的程序，并且可以给紧急任务以较高的优先级。

（4）具有强大的网络功能

Linux 就是依靠互联网才迅速发展起来，可以轻松地与 Novell Netware 或 Windows Server 网络集成在一起。

3．Windows 系统

Windows 操作系统是由美国微软公司开发的图形化操作系统，是目前世界上使用最广泛的操作系统之一。Windows 采用了 GUI 图形化操作模式，比起从前的指令操作系统 DOS 更人性化、操作更方便。随着计算机硬件和软件系统的不断升级，Windows 操作系统也在不断升级，从 16 位、32 位到 64 位操作系统，从最初的 Windows 1.0 和 Windows 3.2 到大家熟知的 Windows 95、Windows 98、Windows XP、Windows Server、Windows Vista、Windows 7、Windows 8、Windows 10、Windows 11。各种版本持续更新，Windows 操作系统不断开发和完善。

4．UNIX、Linux 与 Windows 操作系统的比较

Windows：界面好，操作简单，适合一般用户和个人用户，但需付费购买。

UNIX：交互性差，但功能强大，安全且稳定，一般用于大、中、小型计算机的大中型数据库系统平台。

Linux：UNIX 的“升级”，界面好且具有与 UNIX 一样的功能和性能，是开源的，也就是它所有的源代码都可以看到，这就确保了它的安全性。许多国家机关、军事单位采用 Linux 就是因为这一点。

任务 1.8　Windows 的小工具

1.8.1　知识导读：小工具

Windows 中有很多实用的小工具（应用），安装快捷且使用方便，新闻推送、天气、导航等日常应用均能搞定。那么，这些小工具怎么打开和使用呢？

1．添加小工具

如果想在桌面上添加小工具，可以在桌面上单击右键，然后在弹出的快捷菜单中选择想添加的小工具，就会显示在桌面上。也可以将需要的小工具直接拖到计算机的桌面上。

2．设置小工具

如果想更改小工具，可以把鼠标放到小工具上，出现像扳手那样的图标后拖动单击鼠标，就能进入设置页面。用户可以根据需要来设置小工具，然后单击“确定”按钮来保存。

3．不透明度设置

如果觉得某个小工具挡住了桌面背景，可以更改其不透明度。把鼠标移到想设置不透明度的小工具上，单击右键，在弹出的快捷菜单中选择“不透明度”，然后选择想要的不透明度。不透明度数字有 20%、40%、60%、80%、100%。

4．关闭小工具

要删除桌面上已有的小工具，可以选中桌面上的小工具，然后单击右键，在弹出的快捷菜单中选择“关闭小工具”命令，或者单击小工具右上角的“关闭”按钮，即可关闭小工具。

1.8.2　任务案例：小工具的使用

在 Windows 中，用户可以把小工具放在桌面的任何地方。本任务通过添加“日历”小工具，让读者熟悉小工具的使用方法。

【案例 1-1】 把当前系统已打开的桌面小工具全部关闭，再添加“日历”小工具到桌面上，将其放置在桌面的左上角，并将其不透明度设置为 60%。

【操作步骤】

<1> 选中桌面已有的小工具，单击右键，然后在弹出的快捷菜单中选择“关闭小工具”命令，或者单击小工具右上角的关闭按钮。

<2> 在桌面空白处单击右键，在弹出的快捷菜单中选择“小工具”命令，打开“小工具”的管理界面，如图 1-17 所示，选中“日历”图标，然后利用右键的快捷菜单进行添加，或者双击“日历”图标。

<3> 选中桌面上的“日历”图标，拖曳至桌面的左上角并单击右键，然后通过快捷菜单将“不透明度”选项设置为“60%”，如图 1-18 所示。

图 1-17　Windows 的桌面小工具

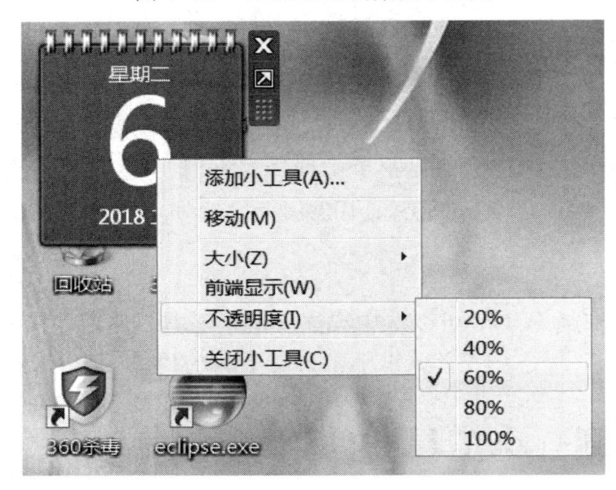

图 1-18　不透明度设置

任务 1.9　文件及文件夹常用操作

1.9.1　知识导读：文件及文件夹

1. 文件

计算机中所有的信息（包括文字、数字、图形、图像、声音和视频等）都是以文件形式存放的。文件是一组相关信息的集合，是数据组织的最小单位。

文件以图标和文件名来标识，一种类型的文件对应一种特定的图标。文件名是文件的唯一标记，是存取文件的依据。文件类型由文件的扩展名标识，如 Windows 系统对扩展名与文件类型有特殊的约定，如表 1-3 所示。

表 1-3　常见的 Windows 文件类型及其扩展名

扩展名	文件类型	扩展名	文件类型	扩展名	文件类型
*.jpg	图形文件	*.gif	图形文件	*.doc/*.docx	Word 文档
*.exe	可执行文件	*.html	超文本文件	*.ppt/*.pptx	PowerPoint 演示文稿文件
*.avi	视频文件	*.mp3	声音文件	*.zip	压缩文件

2．文件夹

文件夹一般用来存放具有某种关系的文件和文件夹，不仅用来组织和管理众多的文件，还用来管理和组织整个计算机的资源。例如，“打印机”文件夹是用来管理和组织打印机设备的，“此计算机”文件夹是代表用户计算机所有资源的文件夹。文件夹中可存放文件及子文件夹，这种包含关系使得 Windows 中的所有文件夹形成一种树状结构。

3．文件与文件夹的基本操作

（1）选定文件或文件夹

① 选择单一文件或文件夹，只需用鼠标单击选定的对象即可。

② 连续对象。单击第一个要选择的对象，然后按住 Shift 键不放，用鼠标单击最后一个要选择的对象，即可选择多个连续对象。

③ 非连续对象。单击第一个要选择的对象，然后按住 Ctrl 键不放，用鼠标依次单击要选择的对象，即可选择多个非连续对象。

④ 全部对象。可使用 Ctrl+A 组合键选择全部文件或文件夹。

（2）新建

可以在桌面或文件夹中新建文件或文件夹。在桌面的空白位置上单击右键，在弹出的快捷菜单中选择“新建”命令，出现其下一级菜单，可选择不同的应用程序来创建不同类型的文件。若新建一个文件夹，则选择“新建”→“文件夹”命令，就会生成一个名为“新建文件夹”的图标。在打开的任一文件夹中的空白位置上单击右键，将出现相应的快捷菜单，新建文件或文件夹的方法与在桌面上的操作完全相同。

（3）打开

打开文件夹的方法主要有如下 2 种。

① 指向文件夹的图标，双击打开。

② 在文件夹的图标上单击右键，在弹出的快捷菜单中选择“打开”命令。

打开文件的方法主要有如下 3 种。

① 指向文件的图标，双击打开，即可启动创建这个文件的应用程序，并打开这个文件。

② 在文件的图标上单击右键，在弹出的快捷菜单中选择“打开”命令，同样可以启动创建这个文件的应用程序，并打开这个文件。

③ 拖动文档文件的图标，放到与它相关联的应用程序上，也可以启动应用程序并打开文档文件。该方法不太常用。

（4）重命名

选中文件或文件夹，单击右键，在弹出的快捷菜单中选择“重命名”命令，此时文件或文件夹图标下的名称进入编辑状态，输入新名称后，按 Enter 键即可。

（5）移动和复制

文件或文件夹的移动方法主要有以下 3 种。

① 使用快捷菜单。指向文件或文件夹图标并单击右键，从弹出的快捷菜单中选择“剪切”命令，定位到目的位置，在目的位置的空白处单击右键，从弹出的快捷菜单中选择“粘贴”命令，便可以完成文件或文件夹的移动。

在文件夹窗口或资源管理器窗口中，利用“编辑”→“剪切”命令和“编辑”→“粘贴”命令，按照上述方法，同样可以实现项目的移动。

② 使用快捷键。选中文件或文件夹，按 Ctrl+X 组合键进行剪切；到目的位置，按 Ctrl+V 组合键进行粘贴。

③ 鼠标拖动。在桌面上或资源管理器中均可以利用鼠标的拖动操作，完成文件或文件夹的移动。若在同一驱动器内移动文件或文件夹，则直接拖动选中的文件或文件夹图标，到目的文件夹处，松开鼠标键即可；若移动文件或文件夹到另一驱动器的文件夹中，则在拖动过程中需按住 Shift 键。

文件与文件夹的复制方法主要有以下 3 种。

① 使用快捷菜单。指向文件或文件夹图标并单击右键，从弹出的快捷菜单中选择“复制”命令，定位到目的位置，在目的位置的空白处单击右键，从弹出的快捷菜单中选择“粘贴”命令，即可完成文件或文件夹的复制。在文件夹窗口或资源管理器窗口中，利用“编辑”→“复制”命令和“编辑”→“粘贴”命令，按照上述方法，同样可以实现复制功能。

② 使用快捷键。选中文件或文件夹，按 Ctrl+C 组合键进行复制；到目的位置，按 Ctrl+V 组合键进行粘贴。

③ 鼠标拖动。在桌面上或“文件资源管理器”窗口中均可以利用鼠标的拖动操作，完成文件或文件夹的复制。若复制文件或文件夹到另一驱动器的文件夹中，则直接拖动选中的文件或文件夹图标，到目的文件夹处，松开鼠标键即可；若复制文件或文件夹到同一驱动器的不同文件夹中，则在拖动过程中需按住 Ctrl 键。

（6）删除

从文件或文件夹的快捷菜单中选择“删除”命令，文件或文件夹将被存放到“回收站”中。在“回收站”中再次执行删除操作，才真正将文件或文件夹从计算机的外存中删除。

删除文件或文件夹还可以将它们直接拖放到“回收站”中。如果拖动文件或文件夹到“回收站”的同时按住 Shift 键，将从计算机中直接删除该项目，而不暂存到“回收站”中。

（7）恢复删除

恢复“回收站”中的文件或文件夹的方法有如下 2 种。

① 在文件夹或资源管理器窗口执行撤销命令。

② 打开回收站，选中准备恢复的项目，单击右键，在弹出的快捷菜单中选择“还原”命令，则恢复到原位。

（8）查看与设置属性

要了解文件夹或文件的有关属性，可以从文件夹或文件的快捷菜单中选择“属性”命令，弹出“文件属性”对话框，如图 1-19 所示，一般包括“常规”“安全”等选项卡。

“常规”选项卡包括文件名、文件类型、打开方式、存放位置、文件大小、创建和修改时间、属性等。文件的属性有 4 种：只读、隐藏、存档、系统。

图 1-19 “文件属性”对话框

❖ 只读：文件只可以做读操作，不能对文件进行写操作，即文件写保护。

❖ 隐藏：即隐藏文件，是为了保护某些文件或文件夹。将其设为“隐藏”后，该对象默认情况下将不会在存储位置中显示。

❖ 存档：表示该文件在上次备份前已经修改过了，一些备份软件在备份系统后会把这些文件默认设为“存档”属性。“存档”属性在一般文件管理中意义不大，但是对于频繁的文件批量管理很有帮助。

❖ 系统：表示该文件是操作系统的一部分。

（9）查找

Windows 的搜索功能强大。搜索的方式主要有两种：一种是用“开始”菜单的“搜索”框进行搜索；另一种是使用“文件资源管理器”窗口的“搜索”框进行搜索。如果感觉搜索的结果太多，就可以利用筛选器缩小范围，根据“修改日期”和“大小”选项进行筛选，如图 1-20 所示，可以按照文件大小进行筛选。

除了用筛选器缩小范围，有时会扩大搜索范围，“模糊搜索”便是这种应用。实现“模糊搜索”一般要通过通配符“*”和“?”。其中，“*”代表任意数量的任意字符，如搜索所有 MP3 文件可以使用“*.mp3”；“?”仅代表某位置上的一个字母（或数字），如“windows?file”可用来搜索“windows7file”和“windows8file”。

（10）快捷方式的创建

从文件或文件夹的快捷菜单中选择“创建快捷方式”命令，即可创建文件或文件夹的快捷方式。快捷方式仅仅记录文件所在路径，当路径所指向的文件更名、被删除或更改位置时，快捷方式不可使用。

4．文件资源管理器

文件资源管理器可以让用户方便地实现对系统软件、硬件资源的管理。

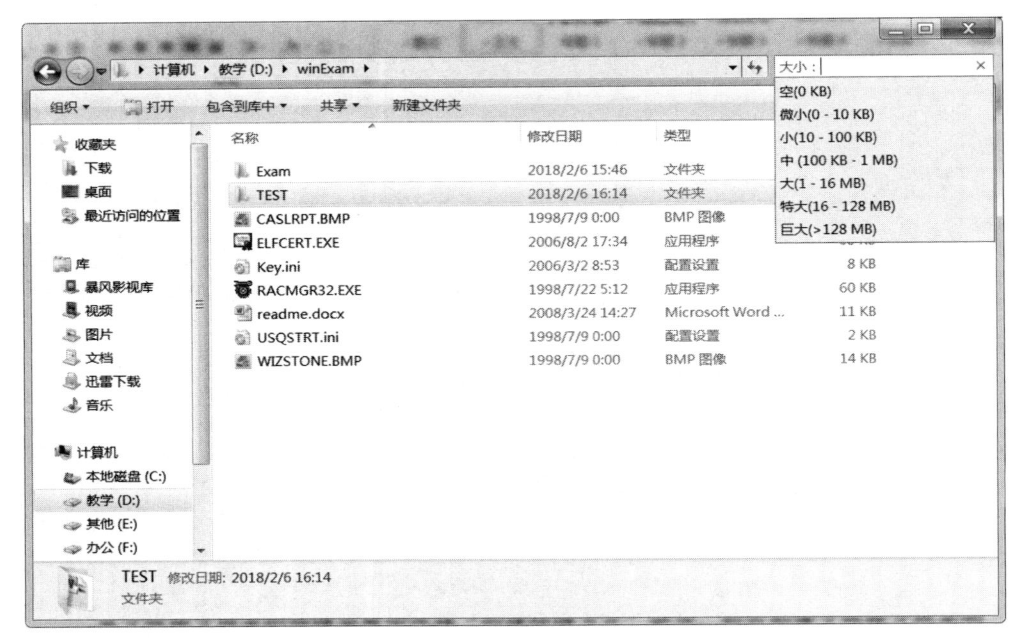

图 1-20 搜索筛选器

在“文件资源管理器”窗口中，用户同样可以访问“控制面板”中的各程序项，对有关硬件进行设置等。“文件资源管理器”窗口如图 1-21 所示。左侧窗格中包括快速访问、此电脑、库、网络等。右侧窗格中会显示常用当前文件夹、最近使用的文件，以及所选用的子文件夹或文件列表。

图 1-21 “文件资源管理器”窗口

1.9.2 任务案例：文件与文件夹的基本操作

通过本任务，读者应掌握 Windows 文件与文件夹的基本操作。

【案例 1-2】 对 WinExam 文件夹的内容进行如下操作：

（1）在 WinExam 文件夹下建立 TEST 文件夹。

（2）在 TEST 文件夹下建立一个名为“物联网应用.docx”的 Word 文件。

（3）在 WinExam 文件夹范围内查找“help.exe”文件，将其移动到 TEST 文件夹下，改名为“帮助.exe”。

（4）在 WinExam 文件夹范围内搜索“setup.exe”应用程序，并在 TEST 文件夹下建立它的快捷方式，名称为“设置”。

（5）在 WinExam 文件夹范围查找 Exam3 文件夹，将其复制到 TEST 文件夹下。

【操作步骤】

<1> 打开 WinExam 文件夹，单击右键，在弹出的快捷菜单中选择“新建”→“文件夹”命令，将文件夹命名为“TEST”。

<2> 打开 TEST 文件夹，单击右键，在弹出的快捷菜单中选择“新建”→“新建 Microsoft Word 文档”命令，并将 Word 文件命名为“物联网应用.docx”。

<3> 打开 WinExam 文件夹，在右上角搜索框中输入“help.exe”，搜索结果如图 1-22 所示。选中搜索到的文件，单击右键，在弹出的快捷菜单中选择“剪切”命令；打开 TEST 文件夹，单击右键，在弹出的快捷菜单中选择“粘贴”命令；选中“help.exe”文件，单击右键，在弹出的快捷菜单中选择“重命名”命令，将文件名改为“帮助.exe”。

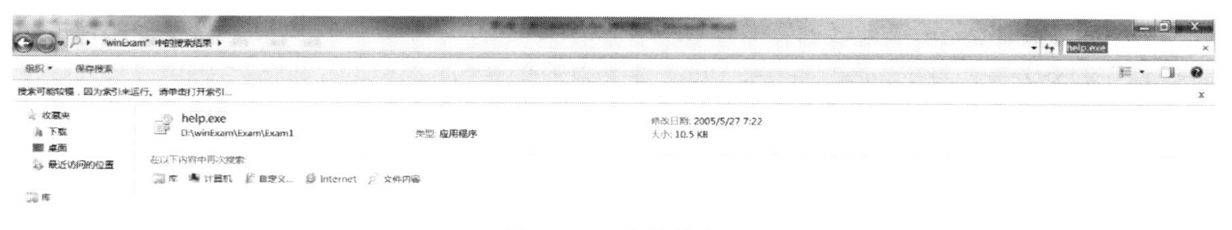

图 1-22 文件搜索

<4> 按照第<3>步的搜索方法，在 WinExam 文件夹范围内搜索“setup.exe”应用程序，选中搜索到的文件，如图 1-23 所示，单击右键，在弹出的快捷菜单中选择“发送到”→“桌面快捷方式”命令；在桌面上找到创建的快捷方式，单击右键，在弹出的快捷菜单中选择“重命名”命令，然后命名为“设置”；单击右键，在弹出的快捷菜单中选择“剪切”命令，粘贴到 TEST 文件夹下。

<5> 按照同样方法，在 WinExam 文件夹下搜索 Exam3 文件夹，选中搜索到的文件夹，单击右键，在弹出的快捷菜单中选择“复制”命令；打开 TEST 文件夹，单击右键，在弹出的快捷菜单中选择“粘贴”命令。

1.9.3 知识拓展：文件夹选项

默认情况下，Windows 系统会隐藏已知类型的文件扩展名，以保护文件的类型。若用户需要查看其扩展名，就要进行相关设置，使扩展名显示出来。操作步骤如下：

图 1-23　桌面快捷方式设置

<1> 在“文件资源管理器”窗口的菜单栏中选择“工具”菜单的“文件夹选项”命令。

<2> 在弹出的“文件夹选项”对话框（如图 1-24 所示）中选择“查看”选项卡，在“高级设置”的列表中，取消勾选“隐藏已知文件类型的扩展名”复选框。单击“确定”按钮，即可显示扩展名。

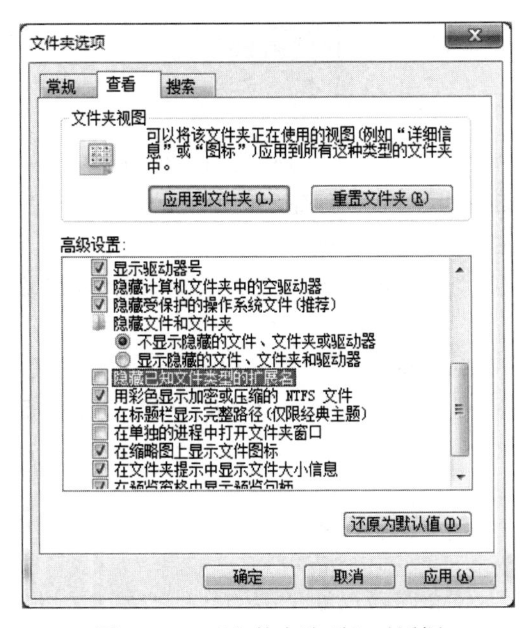

图 1-24　“文件夹选项”对话框

任务 1.10　计算机新技术

1.10.1　云计算

云计算（Cloud Computing）是一种按使用量付费的模式，提供可用的、便捷的、按需的网络访问，进入可配置的计算资源共享池（资源包括网络、服务器、存储、应用软件、服务）。这些资源能够快速提供，只需投入很少的管理工作，或与服务商进行很少的交互。

云计算是基于互联网的相关服务的增加、使用和交付模式，通常涉及通过互联网来提供动态、易扩展且经常是虚拟化的资源。云是网络、互联网的一种比喻说法。过去在图中往往用云来表示电信网，后来表示互联网和底层基础设施的抽象。因此，云计算甚至可以让用户体验每秒 10 万亿次的运算能力，可以模拟核爆炸、预测气候变化和市场发展趋势。用户通过计算机、手机等方式接入数据中心，按自己的需求进行运算。

云计算是一种基于互联网的、通过虚拟化方式共享资源的计算模式，存储和计算资源可以按需动态部署、动态优化、动态收回。云计算的基本原理就是用户端的简单化，仅负责数据输入和读取，而将庞杂的处理工作交给"云"也就是联网的计算机群和数据中心来处理。云计算是互联网和大规模数据中心不断发展的产物，是影响信息技术产业的关键性技术，因此也被认为是中国在计算机核心领域赶超国际先进水平的契机。

云计算本质上是一种更加灵活、高效、低成本、节能的信息运作的方式，是互联网革命以来信息技术产业最深刻的变革，也是集信息技术长期发展和积累之大成。借助基于互联网的一系列创新技术，存储、计算、软件、管理、网络、信息等资源以服务的形式实现虚拟化、即时定制、面向领域、灵活组合，直接满足用户的各种现实需求，真正实现信息技术服务的透明化。

云计算公认最大的挑战之一是安全和隐私问题。云计算是信息技术发展的最新趋势。目前，云计算产业总体仍处于初级阶段，技术标准、商业模式等都还有待探索。

互联网的云计算服务特征和自然界的云、水循环具有一定的相似性，通常云计算服务应该具备以下特征：

❖ 基于虚拟化技术，快速部署资源或获得服务。
❖ 实现动态的、可伸缩的扩展。
❖ 按需求提供资源，按使用量付费。
❖ 通过互联网提供，面向海量信息处理。
❖ 用户可以方便地参与。
❖ 形态灵活，聚散自如。
❖ 减少用户端的处理负担。
❖ 降低了用户对于信息技术专业知识的依赖。
❖ 通过虚拟资源池提供弹性服务。

1.10.2　物联网

物联网在之前被定义为通过射频识别（RFID）、红外线感应器、全球定位系统、激光扫描器、气体感应器等信息传感设备，按约定的协议把任何物品与互联网连接起来进行信息交换，以实现智能化识别、定位、跟踪、监控和管理的一种网络。简言之，物联网就是“物物相连的互联网”。

物联网（Internet of Things，IoT）在国际上又被称为传感网，这是继计算机、互联网和移动通信网之后的又一次信息产业浪潮。如图 1-25 所示，世界上的万事万物，小到手表、钥匙，大到汽车、楼房，只要嵌入一个微型感应芯片，把它变得智能化，这个物体就可以“自动开口说话”。再借助无线网络技术，人们就可以与物体“对话”，物体与物体之间也能“交流”。

图 1-25　物联网

物联网的核心和基础仍然是互联网，是在互联网基础上的延伸和扩展的网络，其用户端延伸和扩展到了任何物品与物品之间，进行信息交换和通信。

物联网技术已经在很多领域有广泛应用。

（1）ZigBee 应用

ZigBee 技术是一种短距离、低功耗的无线通信技术，名称（又称紫蜂协议）来源于蜜蜂的八字舞。蜜蜂（bee）靠飞翔和“嗡嗡”（zig）地抖动翅膀的“舞蹈”来与同伴传递花粉所在方位信息，也就是说，蜜蜂依靠这样的方式构成了群体中的通信网络。其特点是近距离、低复杂度、自组织、低功耗、低数据速率，主要适合自动控制和远程控制领域，可以嵌入各种设备。简而言之，ZigBee 就是一种便宜的、低功耗的近距离无线组网通信技术。

例如，ZigBee 无线路灯照明节能环保技术的应用是济南园博园的一大亮点，园区所有的功能性照明采用了 ZigBee 无线技术达成的无线路灯控制。

（2）智能交通系统（Intelligent Traffic System，ITS）

智能交通系统是利用现代信息技术为核心，利用先进的通信、计算机、自动控制、传感器技术，实现对交通的实时控制和指挥管理。交通信息采集被认为是 ITS 的关键子系统，是发展 ITS 的基础，成为交通智能化的前提。无论是交通控制还是交通违章管理系统，都涉及交通动态信息的采集，交通动态信息采集也就成为交通智能化的首要任务。

（3）与门禁系统的结合

一个完整的门禁系统由读卡器、控制器、电锁、出门开关、门磁、电源、处理中心 8 个模块组成，无线物联网门禁将门的设备简化到了极致：一把电池供电的锁具。除了门上面要开孔装锁，门的四周不需要设备任何辅佐设备。整个系统简洁明了，大幅缩短了施工工期，也能降低后期维护的本钱。无线物联网门禁系统的安全与可靠首要体现在以下两方面：无线数据通信的安全性包管和传输数据的稳定性。

（4）与云计算的结合

物联网的智能处理依靠先进的信息处理技术，如云计算、模式识别等技术。云计算可以从两方面促进物联网和智慧地球的实现：首先，云计算是实现物联网的核心；其次，云计算促进物联网和互联网的智能融合。

1.10.3 大数据

当下，以互联网、物联网、云计算等信息技术结合而成的“大数据时代”信息浪潮已经来临。大数据作为云计算、物联网之后信息技术行业又一大颠覆性的技术革命，与信息化、智能化、数字化息息相关。

（1）大数据的内涵和特征

大数据又被称为巨量数据、海量数据、大资料等，指的是在可承受的时间范围内无法用常规软件工具进行捕捉、管理和处理的数据集合，是需要新处理模式才能具有更强的决策力、洞察发现力和流程优化能力的海量、高增长率和多样化的信息资产。这些数据来自方方面面，如信用卡交易记录、手机通话记录、传感器采集的温度信息、网站上的新闻、数字照片和视频等。尽管目前大数据尚无统一定义，但将这些规模大到在获取、存储、管理、分析方面大大超出了传统数据库软件工具能力范围的数据集合被称为“大数据”。

大数据具有如下四个特征：

一是海量的数据规模，在当今的“互联网+”时代，随着移动互联网、物联网、社交网络、云计算、5G 网络的快速发展，网上购物、网络发言、网络信息传输等行为产生了惊人的非结构化的数据量。

二是快速的数据流转，大数据是一种以实时数据处理、实时结果导向为特征的解决方案，数据产生得快，同时数据处理得快。大数据时代最需要的莫过于信息的开放与共享，数据信息可以在不同平台间快速流转。

三是多样的数据类型，随着传感器、智能设备以及社交协作技术的飞速发展，组织中的数据也变得更复杂，因为它不仅包含传统的关系型数据，还包含来自网页、互联网日志文件（包括点击流数据）、搜索索引、社交媒体论坛、电子邮件、文档、主动和被动系统的传感器数据等原始、半结构化和非结构化数据。

四是数据的真实性。数据的重要性在于对决策的支持，数据的规模并不能决定其能否为决策提供帮助，数据的真实性和质量才是获得真知和思路最重要的因素，是制订成功决策最坚实的基础。

（2）大数据的价值和应用

通过互联网，人们越来越多地从数据中观察到人类社会的复杂行为模式。网络为大数据提供了信息汇集、分析的第一手资料。从庞杂的数据背后挖掘、分析用户的行为习惯和喜好，找出更符合用户“口味”的产品和服务，并结合用户需求有针对性地调整和优化自身。大数据技术能够将隐藏于海量数据中的信息和知识挖掘出来，为人类的社会经济活动提供依据，从而提高各个领域的运行效率，大大提高整个社会经济的集约化程度。

大数据对人类经济社会发展影响巨大，在我国，大数据将重点应用于以下三大领域：

一是大数据促进商业智能的加速发展。如图 1-26 所示，大数据的分析过程和结果更具有

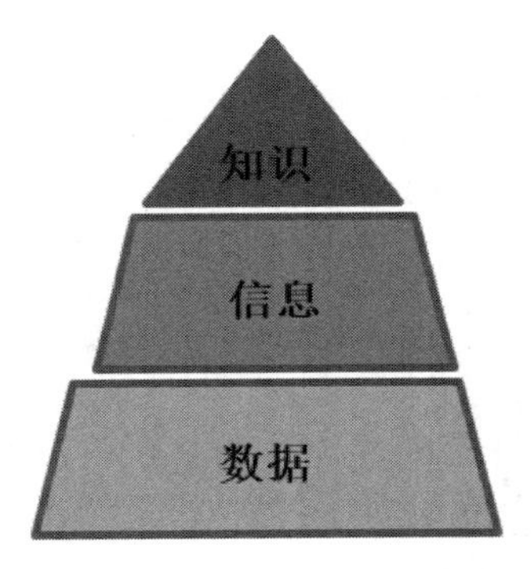

图 1-26　商业智能将数据转变为知识

灵活性、可靠性和价值性；大数据的存在提高了企业的商业智能意识，引导企业主动寻求商业智能的帮助。一些大型企业往往拥有几十个甚至数百个信息系统，其中的大量数据反映了企业的日常经营情况，将为企业创造巨大的价值。

二是能够推动增强社会管理水平。大数据在政府和公共服务领域的应用，可以有效地提高工作效率，提升政府社会治理能力和公共服务能力，产生巨大社会价值。大数据在社会治安管理、维持社会秩序、形成立体社会管理网络、智能交通管理、能源动态监测、食品安全监管、加强流动人口管理等方面发挥巨大作用，通过数据整合和运用提高管理能力。

三是能够推动提高安全保障能力。通过提高从大型复杂的数字数据集中提取知识和观点的能力，将对搜集到的各类信息进行自动分类、整理、分析，有效解决情报、监视和侦察系统不足等问题，提高国家安全保障能力。美国国防部已经在积极部署大数据行动，利用海量数据挖掘高价值情报，提高快速响应能力，实现决策自动化。

总之，大数据将为人们认识世界和改造世界提供新的强有力工具，使人们能更容易地把握事物规律，更准确地预测未来。

从技术上看，大数据与云计算的关系就像一枚硬币的正反面一样密不可分。大数据必然无法用单台的计算机进行处理，必须采用分布式架构。它的特色在于对海量数据进行分布式数据挖掘，但必须依托云计算的分布式处理、分布式数据库和云存储、虚拟化技术。通过物联网产生、收集海量的数据存储于云平台，再通过大数据分析甚至更高形式的人工智能，为人类的生产活动、生活所需提供更好的服务。

1.10.4　区块链

区块链是一个信息技术领域的术语，如图 1-27 所示。本质上，区块链是一个共享数据库，存储于其中的数据或信息，具有不可伪造、全程留痕、可以追溯、公开透明、集体维护等特征。区块链技术奠定了坚实的信任基础，创造了可靠的合作机制，具有广阔的运用前景。

2019 年 1 月 10 日，国家互联网信息办公室发布《区块链信息服务管理规定》。2019 年 10 月 24 日，在中央政治局第十八次集体学习时，习近平总书记强调：区块链技术的集成应用在新的技术革新和产业变革中起着重要作用。我们要把区块链作为核心技术自主创新的重要突破口，明确主攻方向，加大投入力度，着力攻克一批关键核心技术，加快推动区块链技术和产业创新发展。

图 1-27 区块链

区块链是分布式数据存储、点对点传输、共识机制、加密算法等计算机技术的新型应用模式。区块链本质上是一个去中心化的分布式账本数据库。其本身是一串使用密码学相关联所产生的数据块，每一个数据块中包含了一批次比特币网络交易的信息，用于验证其信息的有效性（防伪）和生成下一个区块。

（1）从比特币说起

区块链起源于比特币，2008 年 11 月 1 日，一位自称中本聪（Satoshi Nakamoto）的人发表了《比特币：一种点对点的电子现金系统》一文，阐述了基于 P2P 网络技术、加密技术、时间戳技术、区块链技术等的电子现金系统的构架理念，这标志着比特币的诞生。比特币是一种 P2P 形式的虚拟的加密数字货币。它依据特定计算机算法，通过大量的计算产生，并利用 P2P 的去中心化特性，使用整个 P2P 网络中众多节点构成的分布式数据库来确认并记录所有的交易行为，同时使用密码学进行数字加密，确保货币流通各个环节安全性。和法定货币相比，比特币没有一个集中的发行方，而是由网络节点的计算生成，谁都有可能参与制造比特币，而且可以全世界流通，可以在任意一台接入互联网的电脑上买卖，不管身处何方，任何人都可以挖掘、购买、出售或收取比特币，并且在交易过程中外人无法辨认用户身份信息。2009 年 1 月 5 日，不受央行和任何金融机构控制的比特币诞生。比特币是一种数字货币，由计算机生成的一串串复杂代码组成，新比特币通过预设的程序制造。

P2P 的去中心化特性与算法本身可以确保无法通过大量制造比特币来人为操控币值。基于密码学的设计可以使比特币只能被真实的拥有者转移或支付，确保了货币所有权与流通交易的匿名性。比特币与其他虚拟货币最大的不同，是其总数量非常有限，具有极强的稀缺性，因此比特币也被用于跨境贸易、支付、汇款等领域。

近年来，世界对比特币的态度起起落落，但作为比特币底层技术之一的区块链技术日益受到重视。在比特币形成过程中，区块是一个一个的存储单元，记录了一定时间内各区块节点全部的交流信息。各区块之间通过随机散列（也称为哈希算法）实现链接，后一个区块包含前一个区块的哈希值，随着信息交流的扩大，一个区块与一个区块相继接续，形成的结果就被称为区块链。

（2）去中心化

先来看一个中心化集中式处理的过程。你要在某网上商城上买一台电脑，在交易过程中，虽然实质上你是在和卖家进行交易，但是这笔交易还牵扯到了第三方，即微信支付、支付宝这些机构负责记账，你和卖家的交易都是围绕第三方支付机构展开。因此，如果第三方支付机构系统出了问题便会造成这笔交易的失败。并且虽然你只是简单买了一台计算机，但是你和卖家都要向第三方提供多余的信息。我们认可这样的记账方式，是基于对三方支付机构的信任。但它们属于中心化记账系统，难以避免因系统故障、公司倒闭或其他原因导致的记账失效、失真。

而去中心化的处理方式就要显得简单很多，我们想和商家交易，那我们就可以直接和商家联系，付钱，拿货，交易结束。可以看出在某些特定情况下，去中心化的处理方式会更便捷，同时无须担心自己的与交易无关的信息泄漏。其实如果只考虑两个人的交易并不能把去中心化的好处完全展示出来，设想有成千上万笔交易在进行，去中心化的处理方式会节约很多资源，使得整个交易自主化、简单化，并且排除了被中心化代理控制的风险。去中心化是区块链技术的颠覆性特点，不需中心化代理，实现了一种点对点的直接交互，使得高效率、大规模、无中心化代理的信息交互方式成为了现实。

（3）防篡改

在去中心化以后，整个系统中没有了权威的中心化代理，怎样保证每笔交易的准确性和有效性呢？在区块链里面，由于每个人（计算机）都有一模一样的账本，并且每个人（计算机）都有着完全相等的权利，因此不会由于单人（计算机）失去联系或宕机，而导致整个系统崩溃。如果用户想删除账本或者篡改资金额度，不仅要控制全网 51%以上的节点，还要窃取很多相关人的密钥，其难度可想而知。所以，区块链这个账本不能被删除修改，从而保证了数据的真实性和可靠性。

1.10.5　虚拟现实技术

虚拟现实（Virtual Reality，VR）是一种可以创建和体验虚拟世界的计算机仿真系统，如图 1-28 所示。虚拟现实利用计算机生成一种模拟环境，是一种多源信息融合的、交互式的三维动态视景和实体行为的系统仿真，并使用户沉浸到该环境中。虚拟现实技术是仿真技术的一个重要方向，是仿真技术与计算机图形学、人机交互技术、多媒体技术、传感技术、网络技术等多种技术的集合，是一门富有挑战性的交叉技术前沿学科和研究领域。

图 1-28　虚拟现实技术

虚拟现实技术受到了越来越多人的认可，用户可以在虚拟现实世界体验到最真实的感受，其模拟环境的真实性与现实世界难辨真假，让人有种身临其境的感觉；同时，虚拟现实具有一切人类所拥有的感知功能，比如听觉、视觉、触觉、味觉、嗅觉等感知系统；最后，它具有超强的仿真系统，真正实现了人机交互，使人在操作过程中，可以随意操作并且得到环境最真实的反馈。正是虚拟现实技术的存在性、多感知性、交互性等特征使它受到了许多人的喜爱。

（1）在教育中的应用

利用虚拟现实技术可以帮助学生打造生动、逼真的学习环境，使学生通过真实感受来增强记忆，相比于被动性灌输，利用虚拟现实技术来进行自主学习更容易让学生接受，这种方式更容易激发学生的学习兴趣。学校根据虚拟现实技术设立的各种虚拟实验室在对学生进行化学、物理等实验的操作和体验上具有积极的效果，同时虚拟实验室的设立，在很大程度上可以降低学生做实验过程中存在的风险，也能够降低一些实验昂贵的成本，减少学校的开支，使得学生们能够足不出户的、不限次数地进行各种实验的操作，同时能获得与现实中进行真实实验时一样的体验。

（2）在设计领域的应用

虚拟现实技术在设计领域小有成就，如室内设计，人们可以利用虚拟现实技术把室内结构、房屋外形通过虚拟技术表现出来，使之变成可以看得见的物体和环境。同时，在设计初期，设计师可以将自己的想法通过虚拟现实技术模拟出来，可以在虚拟环境中预先看到室内的实际效果，这样既节省了时间，又降低了成本。

（3）在医学方面的应用

医学专家们利用计算机，在虚拟空间中模拟出人体组织和器官，让学生在其中进行模拟操作，并且能让学生感受到手术刀切入人体肌肉组织、触碰到骨头的感觉，使学生能够更快地掌握手术要领。而且，主刀医生们在手术前，也可以建立一个病人身体的虚拟模型，在虚拟空间中先进行一次手术预演，这样能够大大提高手术的成功率，让更多的病人得以痊愈。

（4）在娱乐中的应用

三维游戏既是虚拟现实技术重要的应用方向之一，也为虚拟现实技术的快速发展起了巨大的需求牵引作用。尽管存在众多的技术难题，虚拟现实技术在竞争激烈的游戏市场中还是得到了越来越多的重视和应用。可以说，电脑游戏自产生以来，一直都在朝着虚拟现实的方向发展，虚拟现实技术发展的最终目标已经成为三维游戏工作者的崇高追求。从最初的文字 MUD 游戏，到二维游戏、三维游戏，再到网络三维游戏，游戏在保持其实时性和交互性的同时，逼真度和沉浸感正在一步步地提高和加强。

（5）在军事、航空中的应用

自虚拟现实技术出现以来，许多经济发达国家就一直将其列为国防高科技重点发展的关键技术，迄今已成为研发、生产大型而复杂的武器装备及军事教育训练的重要工具，在军事领域发挥着越来越大的作用。目前虚拟现实技术在军事领域的应用，主要体现在构建虚拟战场环境、网络化作战训练、单兵模拟训练、提高指挥决策能力、军事指挥人员训练、研制武器装备及进行网络信息战等方面。

飞行模拟器价格高昂，每个航空公司都面临飞行模拟器供不应求的问题。此外，飞行模拟器还需要大空间放置，占用大量的资源。而虚拟现实技术可以很好地解决这些问题，虚拟现实技术带来的沉浸体验使飞行员就像坐在驾驶舱里，在逼真的场景中操作。并且购买 VR 设备的费用远低于飞行模拟器，节省了大量的资金。值得一提的是，虚拟现实技术可以实现更多飞行员同时进行训练，大幅提高培训效率。

任务 11　练一练

1.11.1　Windows 的基本操作

1．目的

（1）掌握 Windows 的启动和关闭。

（2）掌握窗口和菜单的基本操作。

（3）了解获得帮助的途径。

（4）掌握 Windows 的“附件”的使用方法。

2．操作要求

（1）启动 Windows 观察桌面的组成，认识应用程序和图标。

（2）开机，进入 Windows，打开“我的电脑”窗口。认识窗口的组成，进行如下操作。

① 移动窗口。

② 适当调整窗口的大小，使滚动条出现，利用滚动条来改变窗口显示的内容。

③ 使用“最大化”“最小化”“还原”“关闭”按钮。

（3）打开几个窗口，通过任务栏和快捷键切换当前窗口。

（4）以不同方式排列已打开的窗口（层叠、横向平铺和纵向平铺）。

（5）通过任务栏查看当前日期和时间，如果不正确，请进行修改。

（6）使用“帮助”功能，查找“关闭计算机”的作用和操作。

（7）使用鼠标将任务栏拖放在桌面的四周。

（8）使用写字板或记事本建立一个名为“练习 1.txt”的文件，并将其存放在“我的文档”或 U 盘中，以备后面练习用。

【样文 1】

据中国载人航天工程办公室消息，北京时间 2022 年 4 月 16 日 9 时 56 分，神舟十三号载人飞船返回舱在东风着陆场成功着陆。现场医监医保人员确认航天员翟志刚、王亚平、叶光富身体状态良好，神舟十三号载人飞行任务取得圆满成功。

9 时 6 分，北京航天飞行控制中心通过地面测控站发出返回指令，神舟十三号载人飞船轨道舱与返回舱成功分离。9 时 30 分，飞船返回制动发动机点火，返回舱与推进舱分离。返回舱成功着陆后，担负搜救回收任务的搜救分队及时发现目标并第一时间抵达着陆现场。返回舱舱门打开后，医监医保人员确认航天员身体健康。载人航天工程空间站阶段飞行任务总指挥部有关领导在东风着陆场迎接航天员。

（9）使用计算器计算 12、6、8、20、24 这 5 个数的平均值；用计算器进行不同数制的数值的转换。

（10）用画图工具设计一张生日卡片，并将其设置为桌面墙纸。

1.11.2 Windows 的桌面个性化设置

1．目的

（1）了解 Windows 桌面的组成。

（2）了解 Windows 桌面的新特点。

（3）掌握 Windows 桌面个性化设置的基本操作。

（4）掌握 Windows 桌面小工具的设置方法。

2．操作要求

（1）启动 Windows，观察 Windows 桌面的组成和新特点。

（2）打开“个性化”设置窗口，更改当前的 Aero 主题，并对桌面背景、窗口颜色、声音等做个性化设置。

（3）把当前已打开的桌面小工具全部关闭，再添加“时钟”和“日历”小工具到桌面上，并练习如何设置桌面小工具（如移动、前端显示、不透明度等）。

1.11.3 Windows 文件资源管理器和控制面板的使用

1．目的

（1）了解文件资源管理器的组成。

（2）掌握文件资源管理器的使用。

（3）掌握文件和文件夹的管理。

（4）了解控制面板的组成。

（5）掌握添加、删除应用程序的方法。

2．操作要求

（1）打开“文件资源管理器”，熟悉资源管理器的窗口组成和文件、文件夹的概念，理解目录结构的含义。

（2）运行“文件资源管理器”，在 D 盘的根目录下创建一个新文件夹，并以自己的姓名命名。

（3）将实训 1 中的“练习 1.txt”文件复制到新建的文件夹中。

（4）在桌面上创建“附件”中“画图”程序的快捷方式。

（5）查看新文件夹的属性和已复制的“练习 1.txt”文件属性。

（6）在桌面上建立一个名字为本人学号的文件夹。

（7）自动排列桌面上的图标。

（8）将任务栏设置为“自动隐藏”。

（9）将实训 1 中的“练习 1.txt”文件复制到“我的常用资料”文件夹中。

（10）重命名、删除、恢复在桌面上建立的文件夹。

（11）打开“控制面板”，练习鼠标、键盘及输入法程序的设置。

（12）设置显示属性（如屏幕保护程序、桌面墙纸、显示模式等）。

（13）查看系统资源。

习 题 1

1．简答题

（1）世界上公认的第一台电子计算机于哪年在哪个国家诞生？

（2）计算机由哪些主要部件组成？

（3）评价一个微型计算机系统的主要性能指标有哪些？

（4）叙述当前计算机的主要应用。

（5）计算机的常用输入和输出设备有哪些？

（6）简述 UNIX、Linux 系统的主要特点并与 Windows 系统进行简单比较。

（7）常见的文件类型及其扩展名有哪些？

（8）简述在 Windows 操作系统中添加小工具的操作步骤。

（9）在 Windows 中如何复制、移动文件和文件夹？

（10）谈谈你对云计算、物联网、大数据、区块链和虚拟现实技术的认识。

2．上机题

（11）通过网络进行计算机各部件的市场调查，列出一台 5000 元左右价位的台式计算机或者笔记本电脑的各部件配置清单及详细性能指标，可以通过“京东”“苏宁易购”“天猫”来查找，以 Word 文件来保存，包含配件名称、品牌、型号、价格、性能指标。

（12）利用系统自带的计算器，将十进制数 35 分别转换成二进制数、八进制数和十六进制数。

（13）把当前已打开的桌面小工具全部关闭，再添加“时钟”和“日历”小工具到桌面上。使用 Windows 内置的截图工具，截取桌面上的小工具，以“桌面小工具.jpg”为文件名保存到桌面。

第 2 章

IT

文字处理软件应用

本章学习目标

- ❖ 了解 WPS 文字处理软件的工作界面。
- ❖ 了解 WPS 文字处理软件启动和退出的方法。
- ❖ 掌握 WPS 文字处理软件文档录入和编辑的方法。
- ❖ 掌握 WPS 文字处理软件字符格式和段落格式编排的基本方法。
- ❖ 掌握 WPS 文字处理软件样式设置和分栏设置的基本方法。
- ❖ 掌握 WPS 文字处理软件表格制作和图文混排的基本方法。
- ❖ 掌握 WPS 文字处理软件页面设置和打印文档的基本方法。

WPS 文字处理软件是当今最流行也是功能最强大的文字处理软件之一，适用于制作各种文档，如文件、信函、传真、报纸、简历等，也可以快速制作网页和发送电子邮件等。熟练掌握 WPS 文字处理应用程序，会给我们的办公和生活带来很大方便。

任务 2.1　认识 WPS 文字处理软件

2.1.1　知识导读：WPS 文字处理软件基础知识

以下操作默认在 Windows 操作系统中进行。

1．WPS Office 教育考试专用版的启动和退出

（1）启动 WPS Office 教育考试专用版

<1> 在桌面中单击“开始”→“所有程序”→“WPS Office”→“WPS Office 教育考试专用版”命令，如图 2-1 所示，即可启动 WPS Office。

图 2-1　启动 WPS Office 教育考试专用版

<2> 无论是在“桌面”还是在“文件资源管理器”或“我的电脑”中，双击已经存在的“WPS Office 教育考试专用版”应用程序文档的图标，就会启动相应的应用程序。

（2）退出 WPS Office 教育考试专用版

常用的方法如下：单击应用程序窗口右上角的“关闭”按钮，或者在任务栏找到 WPS Office

教育考试专用版图标，单击右键，然后在弹出的快捷菜单中选择“关闭窗口”命令。

2．WPS 文字处理软件窗口

在 WPS Office 教育考试专用版主界面（如图 2-2 所示）中，单击左侧菜单的“新建”按钮，打开“新建”文档主界面（如图 2-3 所示）；单击“新建空白文档”按钮，打开 WPS 文字处理软件主界面。WPS 文字处理软件主界面主要由功能区、编辑区和状态栏等部分构成，如图 2-4 所示。

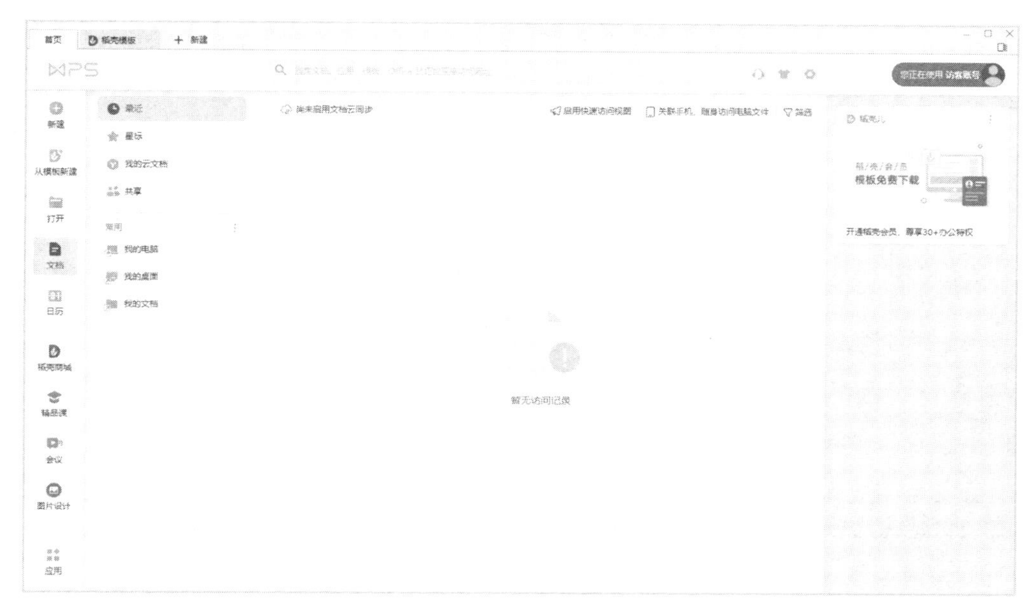

图 2-2　WPS Office 教育考试专用版主界面

图 2-3　新建文档主界面

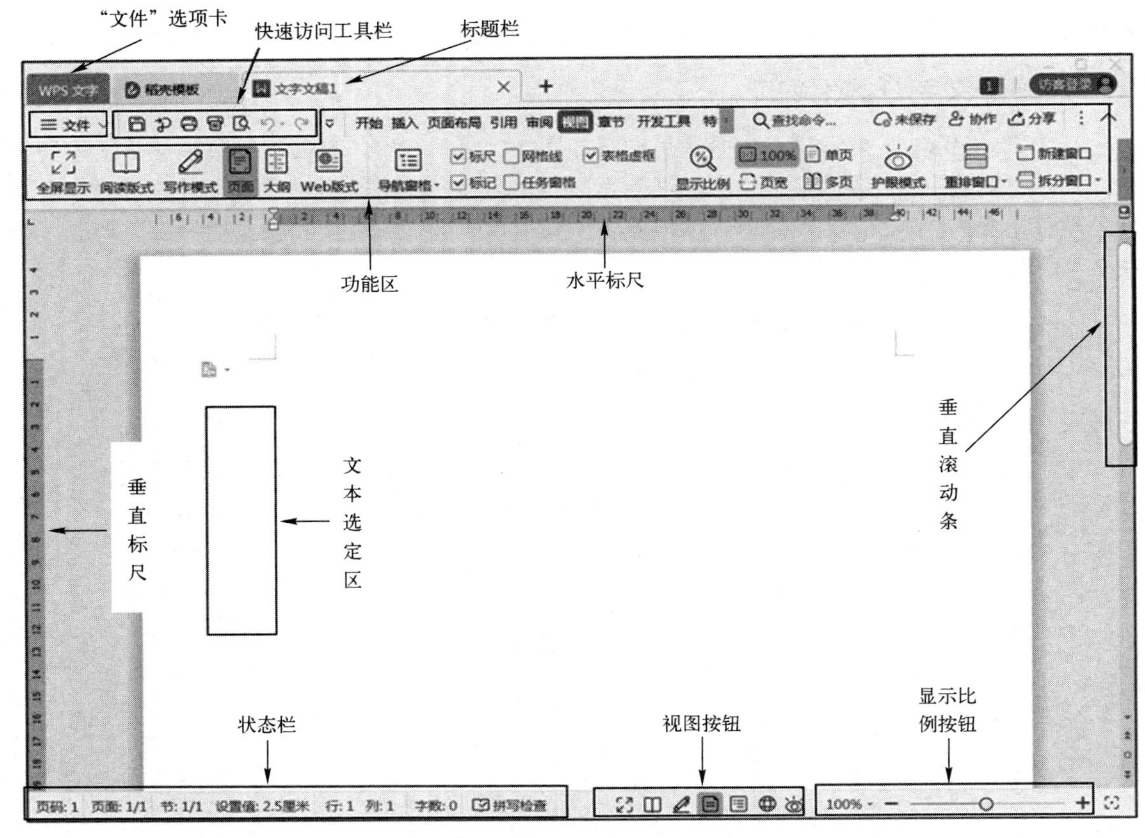

图 2-4　WPS 文字处理软件主界面

（1）功能区

单击功能区的选项卡名称（或标签）可打开对应的选项卡。每个选项卡包含任务类别相同的命令按钮组，组的右下角有一个"对话框启动器"按钮。单击此按钮，可以启动该组对应的对话框或任务窗格。

单击"功能区最小化"按钮^，可以隐藏功能区，仅显示选项卡名称。

（2）快速访问工具栏

快速访问工具栏默认包含"保存""撤销""恢复"等基本的按钮。

单击快速访问工具栏后的"自定义快速访问工具栏"按钮，可以将所需命令按钮添加到快速访问工具栏。

（3）标尺

标尺分为水平标尺和垂直标尺。利用标尺，我们可以查看正文的宽度和高度，显示和设置左、右、上、下页边距和段落缩进以及制表位的位置。单击标尺的"显示/隐藏"切换按钮，可以切换标尺的显示状态，也可以通过在"视图"选项卡的"显示"组勾选或取消"标尺"选项来显示或隐藏标尺。

（4）编辑区

编辑区位于文档窗口的中心位置，用于输入文字、表格、图片和公式等信息。文本选定区位于编辑区的左边，鼠标指针移入该区域时，指针指向右上角，单击或拖曳鼠标，可选定编辑区内对应的文本行。

（5）状态栏

状态栏位于窗口底部，用于显示当前页号和总页数、文档总字数、拼写检查、文档校对等编辑信息。

状态栏右侧为视图快捷方式，单击相应的按钮，可以在全屏显示视图、阅读版式视图、写作模式视图、页面视图、大纲视图、Web 版式视图和护眼模式中进行切换。

拖动状态栏最右侧的“显示比例”滑块，可以调整文档窗口的显示比例。

右击状态栏，会打开“自定义状态栏”菜单，可以自行定义状态栏的显示内容。

3．WPS 文字处理文档的新建、打开和保存

（1）创建新文档

在 WPS Office 教育考试专用版主界面中，选择左侧菜单的“新建”按钮，打开“新建”文档主界面（见图 2-3）；然后，选择该界面中的“新建空白文档”按钮，即创建了一个临时文件名为“文字文稿 1”的新的空白文档。在空白文档窗口中，还可以用以下方式创建新文档：

❖ 选择“文件”选项卡的“新建”命令。

❖ 单击快速工具栏的“新建空白文档”按钮□或标题栏的+按钮。

❖ 使用快捷键 Ctrl+N。

使用第一种方法时会出现“新建文档”任务窗格，如图 2-5 所示。

图 2-5 “新建文档”任务窗格

用户可以根据需要，选择相应的模板来创建一个新文档。使用后三种方法时，系统自动建立一个系统默认模板格式的空白文档。

（2）打开 WPS 文字处理文档

找到计算机上已存在的 WPS 文字处理文档，双击文档图标，可打开该文档。

还可以在启动 WPS 文字处理软件后，用以下方式打开文档：

❖ 选择“文件”选项卡的“打开”命令。

❖ 单击快速工具栏的“打开”按钮。

❖ 使用快捷键 Ctrl+O。

❖ 在“文件”菜单的“打开”命令右侧栏中选择先前打开过的文档名。

使用前 3 种方法时，系统会弹出“打开文件”窗口，要求指定要打开文档的存放位置，选定要打开的文档名，双击文档名或单击对话框下的“打开”按钮，即可打开指定的文档。使用最后一种方法时，系统将直接打开指定的文档。

（3）保存 WPS 文字处理文档

用以下方式都可以保存当前正在编辑的 WPS 文字处理文档：

❖ 选择菜单“文件”→“保存”命令。

❖ 单击快速工具栏的“保存”按钮。

❖ 使用快捷键 Ctrl+S。

如果文档已经保存过，系统就会自动将文档当前最新内容保存起来。如果该文档是第一次执行“保存”操作且还没有进行命名，就会弹出“另存文件”窗口，如图 2-6 所示，可以从中指定保存位置、文件名和保存类型等信息，然后单击“保存”按钮保存。

图 2-6　“另存文件”窗口

WPS 文字处理软件默认保存文档的类型为“Word 文档”，扩展名为“.docx”。若要保存为其他类型，可以在“文件类型”栏中选择要保存的文档类型。

完成文档的第一次保存操作后，可继续对文档编辑修改。在文字录入或编辑过程中，建议经常执行“保存”命令，减少因系统突发故障造成的损失。不同的是，对已经赋予文件名的文档再执行“保存”操作时，不会再出现“另存文件”窗口。

如果想对当前文档另外重新命名保存，可选择菜单“文件”→“另存为”命令，在弹出的“另存文件”窗口中指定新的保存参数进行保存。

（4）关闭 WPS 文字处理文档

用以下几种方式都可以关闭目前已经打开的 Word 文档：

❖ 选择菜单“文件”→“退出”命令。

❖ 使用快捷键 Ctrl+W。

❖ 关闭 WPS 文字处理软件窗口。

如果要关闭的文档被修改后没有执行保存操作，会出现一个对话框，询问是否保存对文档所做的修改，根据需要，单击“是”“否”或“取消”按钮即可。

2.1.2 任务案例：建立“我的第一个文档.docx”

【案例 2-1】 用 WPS 文字处理软件创建一个文档，以文件名“我的第一个文档.docx”保存（文件保存位置为 D:\Word）。

【操作步骤】

<1> 启动 WPS 文字处理软件，创建新文档。在“开始”菜单中选择“所有程序”→“WPS Office”→“WPS Office 教育考试专用版”选项，启动 WPS Office 软件。

<2> 选择左侧导航栏中的“新建”按钮，再选择“新建空白文档”。

<3> 保存文档。选择“文件”菜单的“保存”命令，修改文件名为“我的第一个文档”，并选择保存位置为“D:\Word”后进行保存；选择“文件”菜单的“另存为”命令，可以用新文件名或在新的位置保存文件副本；新文档第一次执行保存操作时，将打开“另存文件”窗口。

<4> 关闭文档。在“文件”菜单中选择“退出”命令，或单击窗口右上角的“关闭”按钮，退出 Word。

任务 2.2 文档录入和编辑

2.2.1 知识导读：文档录入和编辑的方法

1．文档内容输入

用户通过使用鼠标或键盘确定插入点位置，即可直接输入文本，输入文本时自动换行。

每按 Enter 键一次，便插入一个段落标记，文档即可另起一段。段落标记标志一个段落的结束。在段落中按 Shift+Enter 组合键，可强行插入分行符，实现分行不分段。

2．选定文本

完成文本或图形的移动、插入或复制等操作，必须先选定该文本或图形。选定文本常用的方法有以下几种：

- ❖ 要选定一个词，双击该词。
- ❖ 要选定一段，在段落中三击，或在选定区双击。
- ❖ 要选定一行，单击行左侧的选定区。
- ❖ 要选定文档的任一部分，可先在要选定的文本的开始处单击，然后拖曳鼠标到要选定文本的结尾处；也可按住 Shift 键，再按住键盘光标控制键选定。
- ❖ 要选定整篇文档，三击鼠标选定区，或者按 Ctrl+A 组合键。
- ❖ 要选定矩形文本块，按住 Alt+鼠标拖曳。
- ❖ 按住 Ctrl 键拖曳鼠标，可选择非连续文本。

3．移动复制和粘贴

为了提高文档的编辑和排版速度，经常需要将某部分内容从文档中的一个位置移动或复制到另一位置。在 WPS 文字处理软件中，对文本的移动和复制可通过鼠标拖曳或剪贴板来完成。

（1）使用鼠标拖曳移动和复制

文档内容移动或复制的距离较短时，用拖曳的方法相当简便、快速。

鼠标拖曳的方法是：先选定要移动或复制的内容，将鼠标指针移动到选定内容上，此时鼠标指针变成左上斜箭头，单纯拖曳，可移动选定内容到欲插入的新插入点。按住 Ctrl 键并拖曳，就可复制内容到欲复制的位置。

（2）使用命令移动和复制

先选定内容，再单击“开始”选项卡最左侧“剪贴板”组中的“复制”或“剪切”命令，可将选定内容送入剪贴板。单击“剪贴板”组中的对话框启动按钮，打开“剪贴板”对话框（如图 2-7 所示），选择其中的文字可以完成“粘贴”操作。

图 2-7 “剪贴板”对话框

WPS 文字处理软件“剪贴板”组的“粘贴”按钮分为两部分，单击上半部分，就是直接粘贴剪贴板中的已有数据；也可在准备粘贴对象前，单击“剪贴板”组中的“粘贴”按钮的下半部分粘贴，可以在下拉列表中选择粘贴对象的方式，不同的粘贴对象有不同的粘贴选项。

4．文档导航

使用文档导航可以方便地完成在长篇文档中快速定位、重排结构、切换标题等操作。

在“视图”选项卡中单击“导航窗格”按钮，打开导航窗格，导航窗格的“浏览文档标题”选项卡中将显示文档结构图，单击其中一个标题，即可实现跳转，并将插入点光标定位到文档对应部分（注：能实现跳转的前提是段落和标题设置为样式）。右击导航窗格中的文档标题，弹出调整文档结构的快捷菜单，如图 2-8 所示，可根据需要，进行升级、降级、插入新标题等改变文档结构的操作。

5．文档查找和替换

在“开始”选项卡，单击“查找替换”按钮，或者 Ctrl+F 组合键，将打开“查找和替换”对话框，如图 2-9 所示。

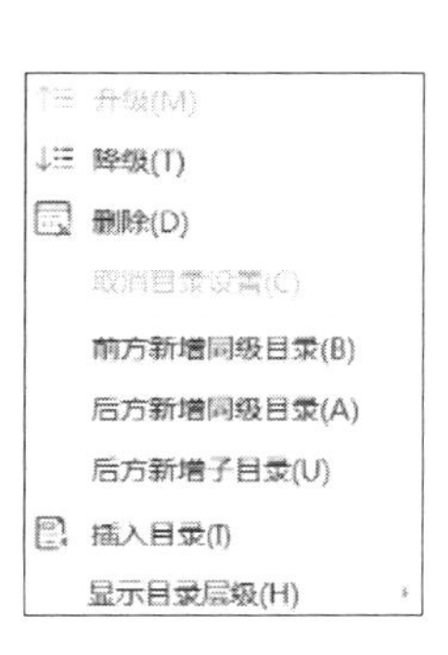

图 2-8　文档导航

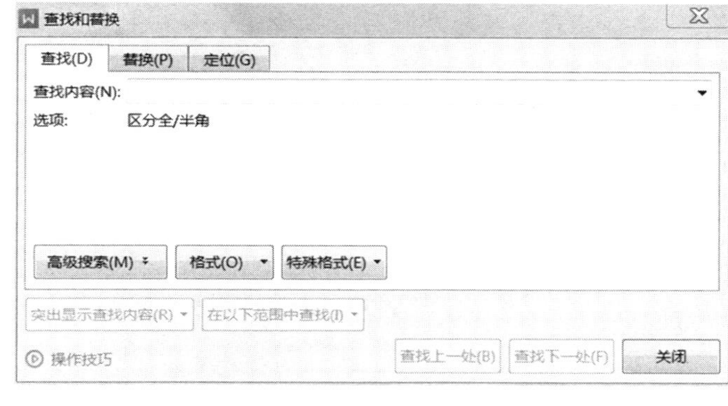

图 2-9　“查找和替换”对话框

在“查找内容”文本框中，输入要查找的文本后按 Enter 键，搜索结果将突出显示。选择其中的“更多”→“格式”或“特殊格式”按钮，可以进行带格式、特殊字符和样式的查找和替换。

2.2.2　任务案例：“求职自荐信”的录入和编辑

【案例 2-2】 录入“求职自荐信”，以文件名“求职自荐信.docx”保存在“D:\Word”文件夹中。录入后，按照要求操作文档。

（1）将光标定位在正文首行“感谢你”后，插入文字“在百忙之中”。

（2）用查找和替换方式，将文档中的所有“你”替换为“您”。

（3）选中正文第二段“我真诚地希望能成为贵单位的一员……”整个段落文本，将该段移到“最后，恭祝你的事业蒸蒸日上……”段落之前。

【操作步骤】

<1> 启动 WPS 文字处理软件，创建新文档，并保存为“求职自荐信.docx”。

<2> 移动光标，将其定位在正文首行“感谢你”后，用键盘输入文字“在百忙之中”。

<3> 在“开始”选项卡中找到“查找替换”命令或使用快捷键 Ctrl+H，打开“查找和替换”对话框，在“查找”文本框中输入“你”，在“替换为”文本框中输入“您”。

<4> 拖动鼠标或者三击文本选定区，选中正文第二段“我真诚地希望能成为贵单位的一员……”整个段落文本。

求职自荐信
尊敬的领导：
您好！
首先向你致以最诚挚的问候！感谢您阅读我的求职信。
我真诚地希望能成为贵单位的一员，请给我一次机会，我会好好珍惜它，并全力以赴，为实现自己的人生价值而奋斗，为贵单位的发展贡献力量。
我是 XXX 校 XXX 专业 XXXX 年应届优秀毕业生。十几年的寒窗苦读，铸就了我的学识与自信。大学阶段的学习与成长更加磨炼了我的意志，提高了我的修养！一分耕耘、一分收获！现在我已具备了扎实的专业基础知识，系统地掌握了 XXX、XXX 等有关理论；熟悉涉外工作常用礼仪；具备较好的英语听、说、读、写、译等能力；能熟练操作计算机办公软件。同时，我利用课余时间广泛地涉猎了大量书籍，不但充实了自己，也培养了自己多方面的技能。更重要的是，严谨的学风和端正的学习态度塑造了我朴实、稳重、创新的性格特点。
最后，恭祝您的事业蒸蒸日上，并热切期待您的回复。
此致
敬礼
自荐人：XXX

<5> 通过拖动鼠标，将选中的段落移动到“最后，恭祝您的事业蒸蒸日上……”段落之前或者按快捷键 Ctrl+X，剪切选中的段落，然后在“最后，恭祝您的事业蒸蒸日上……”段落之前按快捷键 Ctrl+V 进行粘贴。

<6> 关闭文档并保存。

2.2.3 知识扩展：插入符号

当需要向文档中输入一些诸如“￡”“®”“Σ”“ξ”等这些键盘上没有的符号时，可以使用 WPS 文字处理软件提供的插入符号功能。

选择“插入”选项卡中的“符号”按钮，在打开的界面中选择需要的符号即可插入文档，如图 2-10 所示；如果当前符号中没有找到需要的符号，可以选择“其他符号”命令，打开“符号”对话框，如图 2-11 所示，可以在“符号”选项卡下选择不同的字体和字体子集，或者在“特殊字符”中找到所需要的字符。

任务 2.3 字符格式编排

2.3.1 知识导读：字符设置基础

1．字符格式设置方法

在 WPS 文字处理软件中对字符进行格式化，要先选定需设置格式的文字，选定后可通过

图 2-10　插入“符号”界面

图 2-11　“符号”对话框

下述方法完成字符格式设置。

利用“开始”选项卡的“字体”组完成格式设置，单击按钮下的“清除格式”命令，可以清除所有所选文本的格式。

单击“字体”组右下角的对话框启动器，打开“字体”对话框，可以从字体和字符间距两方面进行字符格式化。

简单的格式设置可以通过选定文字后，将鼠标指针移到被选中文字的右侧位置，将出现一个半透明状态的浮动工具栏，其中包含常用的设置文字格式的命令，如设置字体、字号、颜色、居中对齐等。将鼠标指针移动到浮动工具栏上，将使这些命令完全显示，进而可以方便地设置文字格式。

2．**文字效果**

单击“字体”对话框的“文本效果”按钮，打开“设置文本效果格式”对话框，可进行文本填充、文本轮廓、阴影、倒影，以及发光、三维格式等效果的设置。

2.3.2　任务案例：“求职自荐信”的字体设置

【案例 2-3】 按以下要求对“求职自荐信”文档的字体进行格式设置，效果如图 2-12 所示。设置完毕，以文件名“求职自荐信 1.docx”保存在原位置。

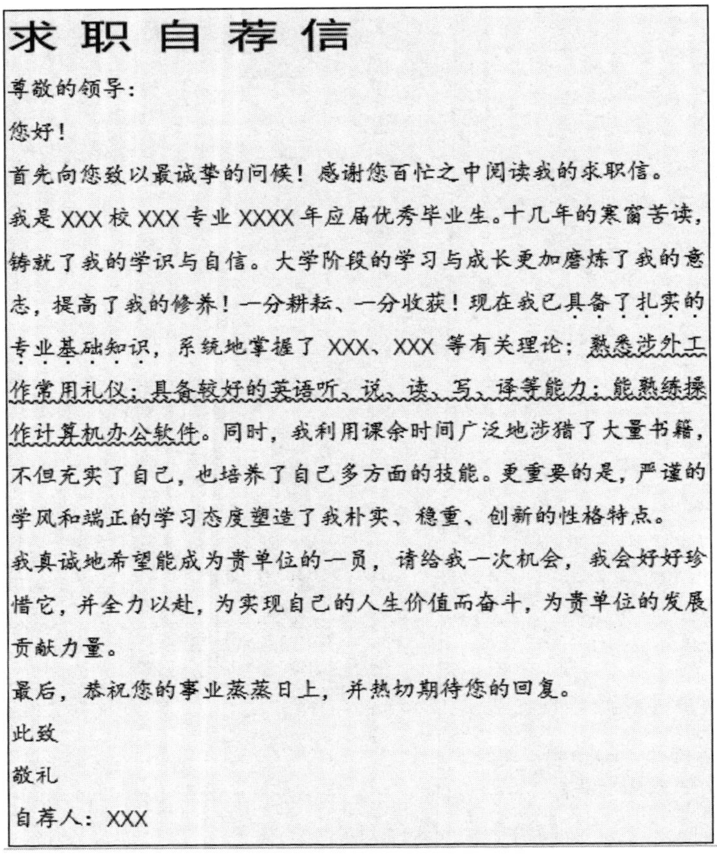

求 职 自 荐 信

尊敬的领导：

您好！

首先向您致以最诚挚的问候！感谢您百忙之中阅读我的求职信。

我是XXX校XXX专业XXXX年应届优秀毕业生。十几年的寒窗苦读，铸就了我的学识与自信。大学阶段的学习与成长更加磨炼了我的意志，提高了我的修养！一分耕耘、一分收获！现在我已具备了扎实的专业基础知识，系统地掌握了XXX、XXX等有关理论；熟悉涉外工作常用礼仪；具备较好的英语听、说、读、写、译等能力；能熟练操作计算机办公软件。同时，我利用课余时间广泛地涉猎了大量书籍，不但充实了自己，也培养了自己多方面的技能。更重要的是，严谨的学风和端正的学习态度塑造了我朴实、稳重、创新的性格特点。

我真诚地希望能成为贵单位的一员，请给我一次机会，我会好好珍惜它，并全力以赴，为实现自己的人生价值而奋斗，为贵单位的发展贡献力量。

最后，恭祝您的事业蒸蒸日上，并热切期待您的回复。

此致

敬礼

自荐人：XXX

图 2-12　案例 2-3 效果图

（1）设置标题行“求职自荐信”格式为二号、黑体、加粗，字符间距的缩放为150%，间距加宽5磅。

（2）设置正文字体格式为楷体、四号；为文档中的文字“具备了扎实的专业基础知识”加“着重号”，为“熟悉涉外工作常用礼仪；具备较好的英语听、说、读、写、译等能力；能熟练操作计算机办公软件”加波浪下画线。

【操作步骤】

<1> 启动WPS文字处理软件，在“D:\Word”中打开“求职自荐信.docx”。

<2> 拖动鼠标选中标题行“求职自荐信”，然后打开“字体”对话框，设置“中文字体”为“黑体”，“字号”为“二号”。

<3> 在“字体”对话框中选择“字符间距”选项卡，在“缩放”下拉菜单中选择“150%”。

<4> 在“字符间距”选项卡的“间距”中选择“加宽”下拉菜单，设置“磅值”为5磅。

<5> 拖动鼠标选中正文文字，打开“字体”对话框，设置“中文字体”为“楷体”，“字号”为“四号”。

<6> 拖动鼠标选中正文文字“具备了扎实的专业基础知识”，打开“字体”对话框，在“着重号”下拉菜单中选择“·”即可添加。

<7> 拖动鼠标选中正文文字“熟悉涉外工作常用礼仪；具备较好的英语听、说、读、写、

译等能力；能熟练操作计算机办公软件”，打开“字体”对话框，在“下划线线型”下拉菜单中选择“﹏﹏”。

<8> 选择“文件”菜单的“另存为”命令，将文档另存为“求职自荐信 1.docx”，并保存在“D:\Word”文件夹下。

任务 2.4　段落格式编排

2.4.1　知识导读：段落设置基础

段落格式化可以通过套用“样式”完成（关于“样式”的使用见“任务 2.5”），也可以通过“开始”选项卡的“段落”组中的常用段落格式按钮完成。单击“段落”组的对话框启动器 ，打开“段落”对话框，可以进行更多段落格式设置。段落格式的设置主要包括以下几方面。

1．缩进和间距

在“段落”对话框的“缩进和间距”选项卡中，可以进行如下设置：调整段落的左、右缩进，段前和段后间距，特殊格式缩进（首行缩进、悬挂缩进），行间距；通过标尺的控制标记，也可以调整段落缩进和左右页边距，如图 2-13 所示。

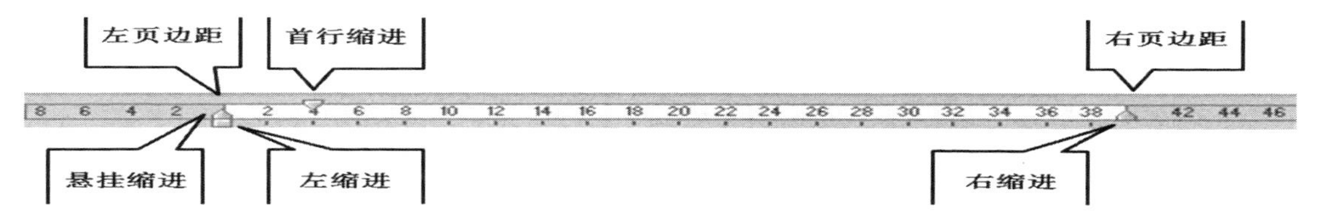

图 2-13　标尺的控制标记

2．对齐方式

对齐方式可以利用“开始”选项卡的“段落”组中的命令按钮设置，也可以在“段落”对话框的“缩进和间距”选项卡的“对齐方式”下拉列表框中，选择段落的左、右、居中、两端、分散等对齐方式进行。

3．项目符号和编号

单击“段落”组的“项目符号”按钮 的下拉列表，可以打开“项目符号库”，从中单击“自定义项目符号”命令，可以自定义新的项目符号。单击“编号”按钮 的下拉列表，可以打开“编号库”，在“编号库”中单击“自定义编号”命令，可以自定义新的编号格式。

4．边框与底纹

单击“开始”选项卡的“段落”组的“底纹按钮” ，可以给所选文本或段落添加底纹；单击“边框”按钮 ，可以给所选文本或段落添加所需边框。

还可以利用“页面布局”选项卡的“页面布局”组中的“页面边框”按钮进行对文字、段落、表格等对象添加边框和底纹，或者对整个页面添加边框。

5．首字下沉

首字下沉即段落的第一个字下沉的格式效果。

单击“插入”选项卡的“文本”组的“首字下沉”按钮 首字下沉 ，打开下拉列表，单击“首字下沉选项”，在弹出的对话框中设置下沉的位置、字体、下沉行数等参数。

2.4.2 任务案例：“求职自荐信”和“在你身边”的段落设置

【案例 2-4】 按以下要求对“求职自荐信 1.docx”文档进行格式设置，效果如图 2-14 所示。设置完毕，以文件名“求职自荐信 2.docx”保存在原位置。

求 职 自 荐 信

尊敬的领导：

您好！

首先向您致以最诚挚的问候！感谢您在百忙之中阅读我的求职信。

我是 XXX 校 XXX 专业 XXXX 年应届优秀毕业生。十几年的寒窗苦读，铸就了我的学识与自信。大学阶段的学习与成长更加磨练了我的意志，提高了我的修养！一分耕耘、一分收获！现在我已具备了扎实的专业基础知识，系统地掌握了 XXX、XXX 等有关理论；熟悉涉外工作常用礼仪；具备较好的英语听、说、读、写、译等能力；能熟练操作计算机办公软件。同时，我利用课余时间广泛地涉猎了大量书籍，不但充实了自己，也培养了自己多方面的技能。更重要的是，严谨的学风和端正的学习态度塑造了我朴实、稳重、创新的性格特点。

真诚地希望能成为贵单位的一员，请给我一次机会，我会好好珍惜它，并全力以赴，为实现自己的人生价值而奋斗，为贵单位的发展贡献力量。

最后，恭祝您的事业蒸蒸日上，并热切期待您的回复。

此致

敬礼

自荐人：XXX

图 2-14 案例 2-4 效果图

（1）将“求职自荐信”居中设置。

（2）将“您好”到“此致”这几个段落设置为“首行缩进 2 字符”。

（3）将文档最后的“自荐人”段落“右对齐”。

（4）添加一段文字：“我真诚地希望能够成为贵单位的一员，请给我一次机会，我会好好珍惜，并全力以赴，为实现自己的人生价值而奋斗，为贵单位的发展贡献力量。”，并设置首字下沉效果，下沉行数 2 行，首字字体为“楷体”，距正文 0.5 厘米。

【操作步骤】

<1> 启动 WPS 文字处理软件，在“D:\Word”中打开“求职自荐信 1.docx”。

<2> 用鼠标选中“求职自荐信”，打开“段落”对话框，在“常规”的“对齐方式”下拉菜单中选择“居中对齐”。

<3> 用鼠标选中“您好”到“此致”的段落，打开“段落”对话框，在“特殊格式”下拉菜单中选择“首行缩进”，并设置缩进值为“2 字符”。

<4> 用鼠标选中文档最后的“自荐人”，打开“段落”对话框，在“常规”的“对齐方式”下拉菜单中选择“右对齐”。

<5> 输入文字：“我真诚地希望能够成为贵单位的一员，请给我一次机会，我会好好珍惜，并全力以赴，为实现自己的人生价值而奋斗，为贵单位的发展贡献力量。”将光标移动到“我真诚”一段，选择“插入”选项卡，打开“首字下沉”对话框，选择“下沉”选项，并设置下沉行数为 2 行，首字字体为“楷体”，距正文 0.5 厘米。

<6> 选择“文件”菜单“另存为”命令，将文档另存为“求职自荐信 2.docx”，并保存在“D:\Word”文件夹下。

【案例 2-5】 输入如下文字，以文件名“一起向未来.docx”保存在“D:\Word”文件夹中。按要求完成文档的设置，效果如图 2-15 所示。

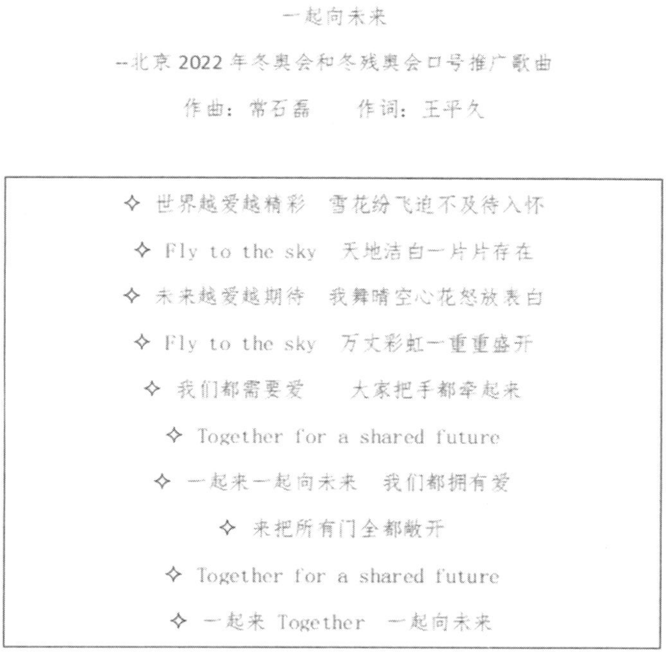

一起向未来

--北京 2022 年冬奥会和冬残奥会口号推广歌曲

作曲：常石磊　　作词：王平久

✧ 世界越爱越精彩　雪花纷飞迫不及待入怀

✧ Fly to the sky　天地洁白一片片存在

✧ 未来越爱越期待　我舞晴空心花怒放表白

✧ Fly to the sky　万丈彩虹一重重盛开

✧ 我们都需要爱　　大家把手都牵起来

✧ Together for a shared future

✧ 一起来一起向未来　我们都拥有爱

✧ 来把所有门全都敞开

✧ Together for a shared future

✧ 一起来 Together　一起向未来

图 2-15　案例 2-5 效果图

（1）将正文居中，设置正文字体为：仿宋、四号、绿色，行距设置成“1.5 倍行距”。

（2）为正文中的歌词每行加项目符号“✧”，项目符号颜色为红色，四号、黑体。

（3）为正文段落加上红色边框。

【操作步骤】

<1> 在“D:\Word”中新建文档，命名为“一起向未来.docx”。打开文档，启动 WPS 文字处理软件，录入如上文字。

<2> 选中所有文字，打开“字体”对话框，设置仿宋、四号、绿色；打开“段落”对话框，在“常规”的“对齐方式”下拉菜单中选择“居中对齐”，在“行距”下拉菜单中选择“1.5 倍行距”。

<3> 选中正文所有文字，在“开始”选项卡的“段落”组中选择“项目符号”→“自定义项目符号”，然后选择“自定义”，从中找到“✧”；然后单击“字体”按钮，并设置字体“颜色”为红色，“字号”为四号、“中文字体”为“黑体”。

<4> 选中正文所有文字，选择“边框”下拉菜单中的“边框和底纹”命令，打开“边框和底纹”对话框。选择“方框”，“颜色”为红色，“宽度”为“0.5 磅”，最后应用于“段落”。

<5> 保存文档。

2.4.3 知识扩展：文档视图

为了满足不同场合的需要，WPS 文字处理软件提供了全屏显示视图、阅读版式视图、写作模式视图、页面视图、大纲视图和 Web 版式视图 6 种视图模式。不同视图以不同的方式显示文档，并能利用一些视图的特殊功能对文档进行管理。

1．全屏显示视图

单击文档编辑区右下角的“全屏显示”按钮，或单击“视图”选项卡的“全屏显示”按钮，即可切换到全屏显示视图模式。在全屏显示视图中，文档将以全屏的形式显示文档内容，方便查看文档的整体编辑效果。

2．阅读版式视图

单击文档编辑区右下角的“阅读版式”按钮，或单击“视图”选项卡的“阅读版式视图”按钮，即可切换到阅读版式视图。在阅读版式视图中，文档将以书籍的形式显示文档内容，从而增加文档的可读性。

3．写作模式视图

单击文档编辑区右下角的“写作模式视图”按钮，或单击“视图”选项卡的“写作模式视图”按钮，即可切换到写作模式视图。在写作模式视图中，用户可以输入、编辑、排版和设置文本格式，也可以显示文本格式，但简化了页面的布局，只适用于编辑一般性的文档。

4．页面视图

单击文档编辑区右下角的“页面视图”按钮，或单击“视图”选项卡的“页面视图”按钮，即可切换到页面视图。在页面视图显示中，用户可以看到文本、图片和其他对象的实际位置，与打印效果一样，也可以编辑页眉和页脚、调整页边距、设置分栏，或者处理图形对象等。

5．大纲视图

单击文档编辑区右下角的“大纲视图”按钮，或单击“视图”选项卡的“大纲视图”按钮，即可切换到大纲视图。大纲视图简化了文本格式的设置，用缩进文档标题的形式表示标题在文档结构中的级别，把编辑重点放在了文档的结构上。在大纲视图中，用户可以方便地调整和组织文档的大纲结构。

6．Web 版式视图

单击文档编辑区右下角的“Web 版式视图”按钮，或单击“视图”选项卡的“Web 版式视图”按钮，即可切换到 Web 版式视图。Web 版式视图显示了文档在 Web 浏览器中观看时的外观，无论文档有多少内容，都会将文档显示为不带分页符的一页长文档，而且其中的文本和表格会随窗口的缩放而自动换行，以适应窗口的大小。

此外，WPS 文字处理软件还提供了一种“护眼模式”，单击文档编辑区右下角的“护眼模式”按钮，即可进入“护眼模式”。在该模式下，文档将变为浅绿色，有助于缓解眼疲劳。

任务 2.5　样式设置

2.5.1　知识导读：WPS 文字处理软件的样式

样式是系统自带的或由用户自定义的一系列排版格式的总和，包括字体、段落、制表位和边距等。一篇文档中常包含各种标题，如果每排一个标题都执行多次相同的命令，将增加很多机械性的重复操作，而通过样式功能，就可以简化排版操作，加快排版速度。样式与标题、目录都有着密切的联系。

1．使用样式

先选中需要设置样式的文本，鼠标悬停于“开始”选项卡的“样式”组的快速样式列表框中的某种样式，可实现预览所选样式，单击该样式，就可套用到所选内容上。单击快速样式列表框右下角的按钮▿，即可打开包含当前文档所有样式的“样式”窗格，显示全部样式。

2．新建样式

WPS 文字处理软件的标准样式虽然能够满足一般文档格式化的需要，但在实际工作中常会遇到一些特殊格式的文档，这时就需要新建样式。用户可以根据自己的爱好或者工作需要创建段落样式或者字符样式。通过单击“开始”选项卡的“样式”组的“新样式”按钮，即可打开“新建样式”对话框，进行新样式的设置；也可以通过单击“样式”组的按钮，打开“样式和格式”窗格，单击“新样式”命令，可以进行新样式的设置。

3．修改样式

右击快速样式列表框中的某样式，在弹出的快捷菜单中选择“修改样式”命令，打开“修改样式”对话框，单击左下角的“格式”按钮，可以重新为该样式设定具体格式；也可以通过单击样式组右下角的 按钮，打开“样式和格式”窗格，右击样式列表框中的某样式，在弹出的快捷菜单中选择“修改”命令，进行修改样式的设置。

2.5.2 任务案例：“一起向未来”的样式设置

【案例 2-6】 按以下要求对“一起向未来”进行格式设置，效果如图 2-16 所示。设置完毕，以文件名“一起向未来 1.docx”保存在原位置。

（1）设置主标题“一起向未来”为“标题 1”样式，居中、矢车菊蓝，着色 1。

一起向未来

—北京 2022 年冬奥会和冬残奥会口号推广歌曲

作曲：常石磊　　作词：王平久

- ✧ 世界越爱越精彩　雪花纷飞迫不及待入怀
- ✧ Fly to the sky　天地洁白一片片存在
- ✧ 未来越爱越期待　我舞晴空心花怒放表白
- ✧ Fly to the sky　万丈彩虹一重重盛开
- ✧ 我们都需要爱　　大家把手都牵起来
- ✧ Together for a shared future
- ✧ 一起来一起向未来　我们都拥有爱
- ✧ 来把所有门全都敞开
- ✧ Together for a shared future
- ✧ 一起来 Together　一起向未来

图 2-16　案例 2-5 效果图

（2）设置副标题“——北京 2022 年冬奥会和冬残奥会口号推广歌曲”为“标题 2”样式，居中，矢车菊蓝，着色 1，黄色底纹。

（3）设置词、曲作者行为“标题 5”样式，居中，自定义颜色，加粗。

【操作步骤】

<1> 启动 WPS 文字处理软件，打开“D:\Word”中的文档“一起向未来.docx”，另存为“一起向未来 1.docx”。

<2> 选中主标题“一起向未来”，在“开始”选项卡的“样式”中选择“标题 1”。

<3> 右击“标题 1”，选择“修改”，打开“修改样式”对话框，从中设置“居中、矢车菊蓝，着色 1”。

<4> 采用同样的方法，设置副标题“——北京 2022 年冬奥会和冬残奥会口号推广歌曲”为“标题 2”样式，居中，蓝色”；选中副标题的文字，在“开始”选项卡中打开“边框和底纹”对话框，在“底纹”选项卡中设置黄色底纹。

<5> 采用同样的方法，设置作曲、作词行为“标题 5”样式，居中，自定义颜色为 RGB (255, 51, 204)，同时设置加粗效果。

<6> 保存文档。

任务 2.6　实现分栏

2.6.1　知识导读：分栏的方法

分栏是报刊中最常用的排版方式，Word 提供的分栏功能非常强大，不仅可以创建最简单的双栏，还可以创建多栏，并且各栏的宽度与栏间距可由用户自定义，允许多种分栏并存在同一页中。

创建分栏的具体操作如下：

<1> 选定需要分栏的文本，单击“页面布局”选项卡的“页面设置”组的“分栏”按钮，然后选择“更多分栏”命令，打开“分栏”对话框。

<2> 根据需要，进行相应设置。

❖ 预设：提供了 5 种预设的分栏格式，直接选取一种即可。

❖ 栏数：设置分栏的数量。

❖ 宽度和间距：设置栏的宽度、栏与栏之间的距离。

❖ 栏宽相等：决定是否排成等分的栏。如果清除该复选项，就可以在“宽度和间距”框的每个栏中输入不同的数值。如果选中该复选项，就会自动计算栏宽。

❖ 分隔线：确定是否在栏间加分隔线。

❖ 应用于：用于指定栏设置的范围。这里一般不需选择，在第一步中已完成。

需要注意的是：

① 只有在“写作模式视图”“页面视图”和“打印预览”中可观察到分栏效果。

② 如果将文本设置在同一栏中，或者不希望某段文本分排在不同的栏中，先要将插入点定位在要插入分栏的位置处，再单击“页面布局”选项卡的“页面设置”组的“分隔符”按钮，然后选择“分栏符”命令，就可以将该段的内容移到下一栏。

③ 如果对文档最后几段进行分栏，应先在最后一段末按 Enter 键，产生一个空段，再选中最后几段（不包括空格段）后进行分栏。

2.6.2　任务案例：“一起向未来”的分栏设置

【案例 2-7】 将“一起向未来 1.docx”文档的正文文字左对齐，并分两栏排版，栏宽相同，栏间距为 3 字符，加分隔线，并保存为“一起向未来 2.docx”。效果如图 2-17 所示。

一起向未来

--北京 2022 年冬奥会和冬残奥会口号推广歌曲

作曲：常石磊　　作词：王平久

❖ 世界越爱越精彩　雪花纷飞迫不及待入怀

❖ Fly to the sky　天地洁白一片片存在

❖ 未来越爱越期待　我舞晴空心花怒放表白

❖ Fly to the sky　万丈彩虹一重重盛开

❖ 我们都需要爱　　大家把手都牵起来

❖ Together for a shared future

❖ 一起来一起向未来　我们都拥有爱

❖ 来把所有门全都敞开

❖ Together for a shared future

❖ 一起来 Together　一起向未来

图 2-17　案例 2-7 的效果图

【操作步骤】

<1> 启动 WPS 文字处理软件，打开“D:\Word”中的文档“一起向未来 1.docx”，另存为“一起向未来 2.docx”。

<2> 选中所有正文文字，打开“段落”对话框，选择“常规”标签，从中设置“对齐方式”为左对齐。

<3> 选中正文文本，选择“页面布局”选项卡的“页面设置”的“分栏”下拉菜单中的“更多分栏”，打开“分栏”对话框，从中设置为“两栏”，间距为“3 字符”，并勾选“分隔线”。

<4> 保存文档。

任务 2.7　制作表格

2.7.1　知识导读：表格基础

1．创建表格

通常，创建表格的基本步骤是先插入空白表格，然后输入文本或插入图形。单击“插入”选项卡的“表格”组的“表格”命令，可以从下拉列表中选择如下 4 种方法插入表格。

❖ 利用如图 2-18 所示的模拟表格单元格，可以插入最多 8 行 17 列的表格。

❖ 单击“插入表格”按钮，打开如图 2-19 所示的“插入表格”对话框，指定所需表格的行数、列数等，单击“确定”按钮。

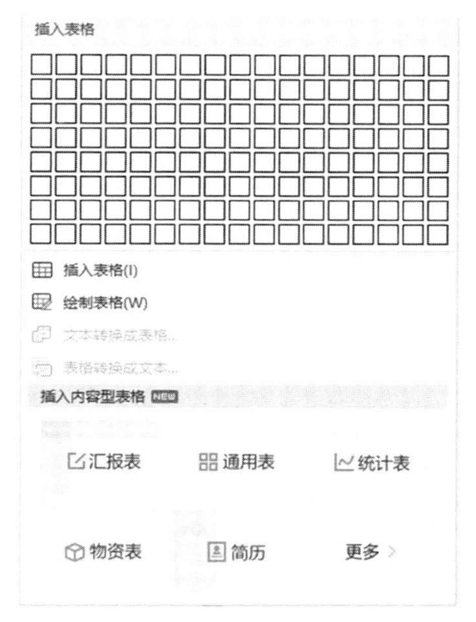

图 2-18 “插入表格”面板

图 2-19 “插入表格”对话框

❖ 单击“绘制表格”按钮，鼠标光标变成一支笔的形状，此时拖曳可绘制表格的边框和斜线。

❖ 单击“插入内容型表格”打开内置表格库，利用内置表格模板生成有格式的表格。

2. 编辑表格

表格创建完成后，自动显示“表格工具”动态面板（如图 2-20 所示）和“表格样式”动态面板（如图 2-21 所示），前者侧重表格的设计，后者侧重表格的样式，可以完成表格的编辑。

图 2-20 “表格工具”动态面板

图 2-21 “表格样式”动态面板

（1）选择单元格、行、列或整个表格

将插入点定位在任意单元格中，表格左上角会出现一个全选按钮，单击此按钮，可以选择整个表格；或者单击“表格工具”选项卡的“选择”按钮，可以分别选择插入点所在的单元格、行、列或整个表格。

（2）删除和插入单元格、行、列

单击“表格工具”动态面板中的“删除”按钮，可以删除选定的单元格、行、列或整个表格；单击“插入”按钮在上方插入行 在左侧插入列 在下方插入行 在右侧插入列，可以以不同方式插入单元格、行或列。

（3）合并和拆分单元格、表格

单击“表格工具”动态面板中的“合并单元格”“拆分单元格”或“拆分表格”按钮，可以在表格中进行合并、拆分表格或单元格，从而改变单元格大小。

3．格式化表格

（1）表格样式

单击“表格样式”动态面板中的快速表格样式列表，可以快速套用其中的表格格式模板。

单击“表格样式”动态面板中的“底纹”和“边框”按钮，打开下拉列表，或单击“边框”按钮，打开“边框和底纹”对话框，可以自定义表格的边框和底纹。

（2）设置表格文本格式

设置表格中的文本格式，与前面介绍的设置字符和段落格式相同。

（3）设置表格对齐方式

单击“表格工具”动态面板中的“对齐方式”组，进行对齐方式的设置。

2.7.2 任务案例：建立“学生成绩统计表”

【案例 2-8】 新建一个 WPS 文字处理空白文档，命名为“学生成绩统计表.docx”，并按照以下要求完成相应操作。

（1）表标题为“学生成绩统计表”，文字格式为“黑体、三号、居中对齐”。

（2）插入一个 6 列、9 行的表格，设置表格固定列宽为 1.5 厘米。

（3）设置表格居中，设置各行的“行高”为 0.5 厘米；标题的“行高”为 0.75 厘米。

（4）表头项目名称分别输入“学号、姓名、数学、英语、计算机、总分”，除“总分”外，表格前 5 列分别输入具体的对应内容。

（5）设置表格中的文字和数字格式为“宋体、5 号，表头字体加粗”，对齐方式均为“水平居中”。

（6）用公式计算每个学生的总分。

（7）按“总分”由高到低的顺序对学生成绩表排序。

（8）在表格的最后插入一列，新列的表头项目输入“名次”，并输入排序名次序号 1～8，再将表格按“学号”从低到高排序。

（9）为表格第一行表头填充橙色底纹。

学生成绩统计表样例如图 2-22 所示。

【操作步骤】

<1> 启动 WPS 文字处理软件，在“D:\Word”中新建文档“学生成绩统计表.docx”。

<2> 在空白文档中输入表标题“学生成绩统计表”，并设置文字格式为“黑体、三号、居中对齐”。

<3> 在“插入”选项卡中单击“表格”按钮，然后选择“插入表格”命令，在弹出的“插入表格”对话框中设置列数为 6 列、行数为 9 行，固定“列宽”为 1.5 厘米。

学生成绩统计表

学号	姓名	数学	英语	计算机	总分	名次
01001	赵明	79	98	89	266	4
01002	钱颖	86	96	88	270	2
01003	孙祥	96	85	78	259	5
01004	李东	66	92	72	230	8
01005	周浩	73	87	86	246	6
01006	吴凡	78	69	96	243	7
01007	郑海	86	87	95	268	3
01008	王铁	89	96	89	274	1

图 2-22　学生成绩统计表样例

<4> 选择插入好的表格，单击右键，在弹出的快捷菜单中选择“表格属性”命令，或者在“表格工具”动态面板中单击“表格属性”按钮，打开“表格属性”对话框，设置“居中”选项，再设置各行“行高”为 0.5 厘米，设置标题“行高”为 0.75 厘米。

<5> 在表格中输入相应文字。

<6> 选中表格，在“开始”选项卡中设置文字和数字格式为“宋体”“五号”；选中表头文字，设置为加粗；再选择“开始”选项卡的“段落”中的对齐方式为“水平居中”。

<7> 找到“公式”列对应的单元格，在“表格工具”动态面板中单击“公式”按钮，然后从中输入公式“=SUM(LEFT)”，如图 2-23 所示，即可求出所需结果。

图 2-23　表格“公式”对话框

<8> 选中表格第一行表头，单击右键，通过快捷菜单打开“表格属性”对话框，在“表格”选项中单击“边框和底纹命令”按钮，打开“边框和底纹命令”对话框，在“填充”选项卡中设置填充颜色为橙色。

<9> 保存文档。

2.7.3　知识扩展：表格与文字之间的相互转换

WPS 文字处理软件提供了文字和表格相互转换的功能。

1．将表格转换成文字

要将表格中的某几行或整个表格转换成文字，需先选定表格中的行或整个表格，然后选择“插入”选项卡的“表格”→“表格转换成文本”命令，弹出“表格转换成文本”对话框，如图 2-24 所示。选定希望转换后的“文字分隔符”后，单击“确定”按钮，即可将表格转换成文本文字。

分隔符是根据需要选用的“段落标记”“制表符”或“逗号”等字符，主要作用是将表格转换成文字时，用分隔符标识分隔文字的位置，或者在将文字转换成表格时，用其标识新行或新列的起始位置。如果希望每个单元格中的内容都自成一段，可选用段落标记作为分隔符。

2．将文字转换成表格

要将文字转换成表格，需先选定要转换的文字段落，选择“插入”选项卡中的“表格”按钮 中的“文本转换成表格”命令，弹出“将文字转换成表格”对话框，如图 2-25 所示。指定表格尺寸和文字分隔符等选项后，单击“确定”按钮，即可将文本文字转换成表格。

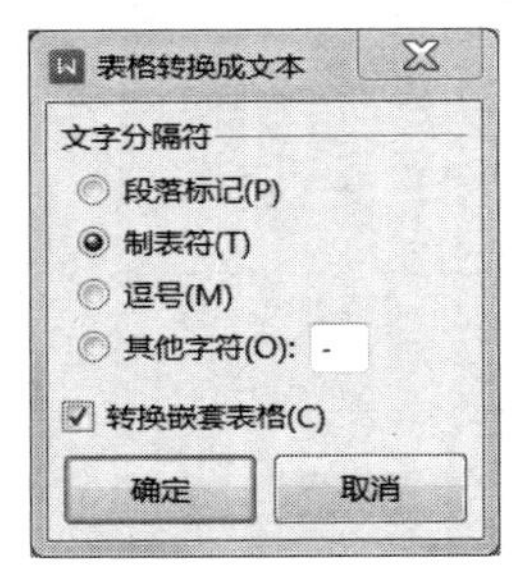

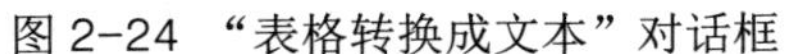
图 2-24 “表格转换成文本”对话框

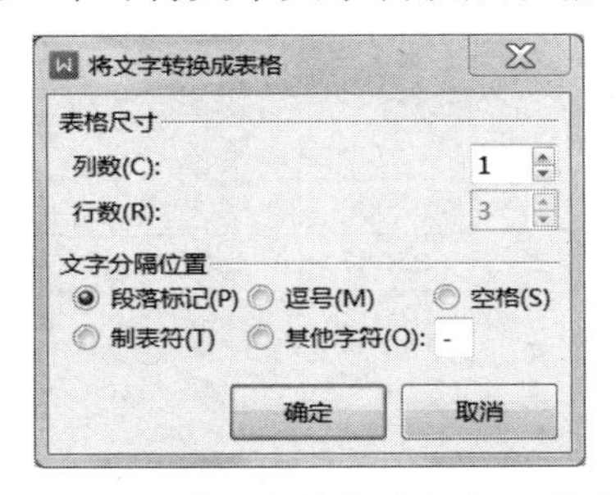

图 2-25 “将文字转换成表格”对话框

WPS 文字处理软件会将段落标记所在的位置作为行的起点，将制表符、逗号或其他所选标记所在的位置作为列的起点，自动将选定的段落转换成文字。如果希望新表格中只包括一列，可选择段落标记作为分隔符。

任务 2.8 实现图文混排

2.8.1 知识导读：Word 文档中的各种图形

使用 WPS 文字处理软件编辑文档时，为了使文档内容更加生动，产生图文并茂的效果，可以在文档中插入图片、图形等内容，还可以进行格式、效果、美化等设置。

1．插入并编辑艺术字

艺术字是经过特殊设置的文字，插入艺术字前首先要选择使用的艺术字样式，插入艺术字后，可以对艺术字的填充、效果等内容进行设置。

（1）插入艺术字

单击“插入”选项卡的“文本”组中的“艺术字”按钮，在展开的样式库中选择要使用的艺术字样式，在文档中就可看到艺术字文本框，将原有文字删除，直接输入需要的艺术文字，然后将光标指向文本框的框线处，拖动鼠标，将艺术字移到目标位置。

插入文档的艺术字是浮于文字上方的，所以在插入艺术字时，不需确定文字添加的位置，直接选择要使用的艺术字样式，然后编辑艺术字内容即可。

（2）编辑艺术字

为文档添加艺术字后，只是对艺术字的样式进行了设置，至于艺术字的轮廓、发光、映像、阴影等效果，用户可以进行自定义编辑。

选中艺术字文本框，切换到“文本工具”动态面板或者“绘图工具”动态面板，单击“文本效果”等按钮，可以对艺术字进行编辑。

2. 插入并编辑图片

（1）插入图片

为文档插入图片时，可以使用不同的方式完成插入，WPS 文字处理软件能够插入的图片类型包括计算机中保存的图片、截屏、二维码、地图等。下面介绍 3 种插入图片的方法。

① 插入计算机中保存的图片

单击“插入”选项卡的“插图”组中的“图片”按钮，弹出“插入图片”对话框，选中目标文件，然后单击“插入”按钮，就可以在文档中插入所需的图片了。

② “截屏”功能

“截屏”功能可以直接将打开的程序窗口截取到文档中。截图时，可根据需要，截取全屏图像，也可以自定义截取画面范围。

将要截取画面的程序打开后，将光标定位在要插入图片的位置，选择“插入”选项卡的“插图”组的“截屏”按钮，在弹出的下拉列表中单击所需的截图选项；打开截图的程序窗口后，等待几秒，程序的画面就会进入一种等待截屏的状态，拖动鼠标，选择要截图的范围，将要截取的范围全部选中后释放鼠标。返回文档，在光标所在位置处就可以看到所截的图。

③ 插入二维码

二维码是日常生活中常用的一个小工具，使用 WPS 文字处理软件可以制作所需二维码。

单击“插入”选项卡的“插图”组的“更多”按钮，选择“二维码”命令，弹出“插入二维码”对话框（如图 2-26 所示），在“输入内容”文本框中输入生成二维码的内容，即可在文档中插入所需的二维码。

图 2-26 “插入二维码”对话框

（2）编辑和调整图片

为文档插入图片后，WPS 文字处理软件会根据图片原有效果，对图片的大小、形状、样式等内容进行默认设置。为了使文档与图片完美地结合起来，用户也可以对图形格式进行自定义编辑。

① 调整图片大小和位置

通过拖动鼠标，或在功能组中直接输入图片大小的数值来完成设置，可以调整图片大小。

在“图片工具”动态面板中单击“环绕”按钮，在展开的下拉列表中单击要使用的环绕方式，可以调整图片位置；单击该面板的“对齐”按钮，可以设置图片的对齐方式。

② 裁剪

根据需要，可以对文档中插入的图片进行适当的裁剪。选择需要裁剪的图片，在“图片工具”动态面板中单击“裁剪”按钮 裁剪，在弹出的任务窗格中选择裁剪的类型，用鼠标拖动图片周围的 9 个控制点，改变图片大小。裁剪完成后，点击图片外任意空白处即可。

3. 插入智能图形

智能图形能够实现强大的绘图功能。

在“插入”选项卡的“插图”组中单击“智能图形”按钮，打开“选择智能图形”对话框（如图 2-27 所示），选择所需图形后，单击“确定”按钮。

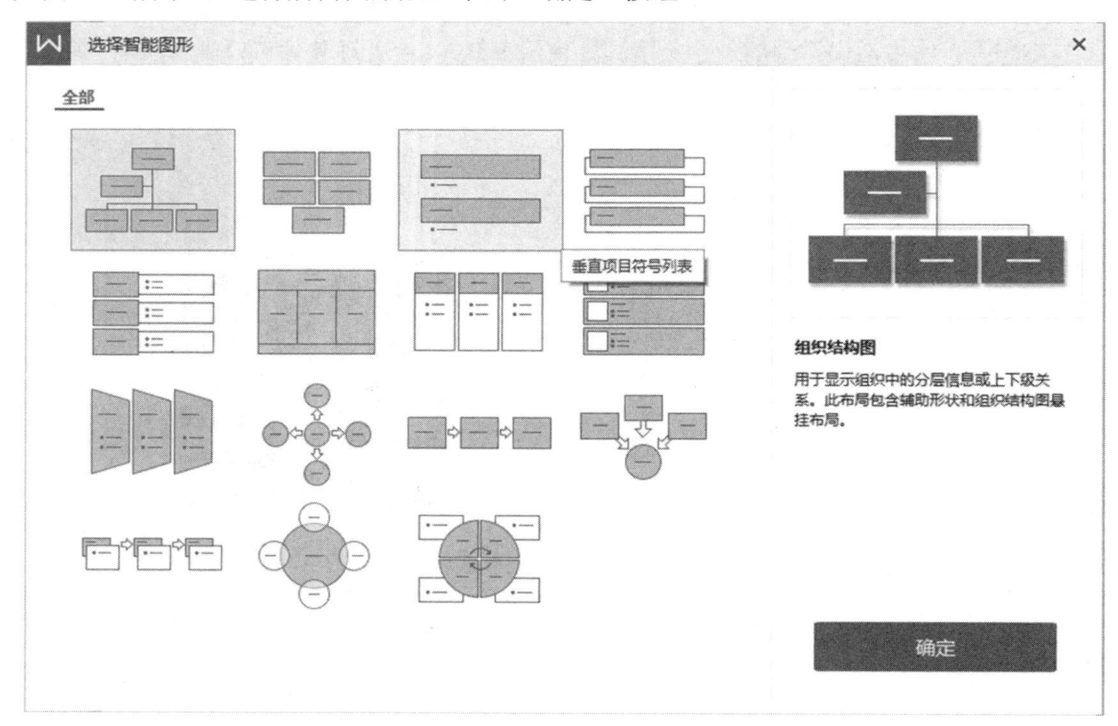

图 2-27　插入智能图形

智能图形的默认布局方式是“嵌入型”。插入智能图形后，可以在智能图形中输入相应文字，WPS 文字处理软件会显示智能图形的“设计”和“格式”两个动态选项卡，可利用其中的工具分别调整智能图形中每个元素的布局、样式。

如果需要给智能图形增加项目，可以单击相应的文本框，在弹出的按钮组中选择“添加项目”按钮，再选择不同的添加项目的命令即可。

4．插入自选图形

在“插入”选项卡的“插图”组中单击“形状”，打开自选图形列表，选择一个自选图形后，鼠标的光标变成“十”字形，拖曳鼠标，可以在文档中插入自选图形。

形状的默认布局方式是“浮于文字上方”。插入形状后，会自动显示“绘图工具”动态标签。利用“绘图工具”选项卡，可以调整自选图形的填充、轮廓、效果等样式，以及大小和排列方式等。

5．插入文本框

文本框的最主要的优点是能够将文本定位在页面任意位置，并可实现文档中局部文字的横排或者竖排以及图文混排。

在“插入”选项卡的“文本”组中单击文本框，可以从下拉列表中选取多种内置格式的文本框，单击按钮，可以绘制横排文字文本框，单击按钮，可以绘制竖排文字文本框，也可以绘制更多不同类型和效果的文本框。

2.8.2 任务案例：“一起向未来”的图文混排

【案例 2-9】 对“一起向未来 2.docx”文档进行如下格式设置后，以“一起向未来 3.docx”保存。最终效果如图 2-28 所示。

（1）将标题“一起向未来”设置为艺术字，艺术字样式自选，删除原标题；在页面底部插入艺术字“北京邀您共赴冰雪之约”；调整艺术字的格式和大小，达到美观效果。

（2）在正文底部空白处插入“冰墩墩”图片。

（3）设置图片的格式，将图片版式分别设置为“四周型”效果。

（4）插入竖排文本框，输入文字“携手共进步”，文字样式为“华文行楷、一号、红色”。

（5）复制文本框，将其中的文本内容改为“世界更美好”；将两个竖排文本框分别放在页面两侧。

（6）设置两个“文本框”格式，版式“衬于文字下方”，线条颜色为“无线条颜色”，文本框上、下、左、右内部边距均为“0”。

【操作步骤】

<1> 启动 WPS 文字处理软件，在“D:\Word”中打开“一起向未来 2.docx”。

<2> 选择“插入”选项卡的“艺术字”命令，找到一种艺术字样式，进行插入，并将文字改为“一起向未来”，删除原标题；使用同样的方法，在页面底部插入艺术字“北京邀您共赴冰雪之约”，调整艺术字的格式和大小，达到美观效果。

<3> 选择“插入”选项卡的“图片”命令，找到“冰敦敦”图片，并完成插入。

<4> 选中图片，在“图片工具”的“格式”选项卡中选择“环绕”命令，然后选择“四周型环绕”。

<5> 选择“插入”选项卡的“文本框”命令，在其下拉菜单中选择“绘制竖排文本框”命令，在绘制好的文本框中输入文字“携手共进步”，并将文字样式设置为“华文行楷”“一号”“红色”。

一起向未来

–北京 2022 年冬奥会和冬残奥会口号推广歌曲

作曲：常石磊　　作词：王平久

- 世界越爱越精彩　雪花纷飞迫不及待入怀
- Fly to the sky　天地洁白一片片存在
- 未来越爱越期待　我舞晴空心花怒放表白
- Fly to the sky　万丈彩虹一重重盛开

- 我们都需要爱　　大家把手都牵起来
- Together for a shared future
- 一起来一起向未来　我们都拥有爱
- 来把所有门全都敞开
- Together for a shared future
- 一起来 Together　一起向未来

携手共进步

世界更美好

北京邀您共赴冰雪之约

图 2–28　案例 2–9 效果

<6> 复制刚才插入的文本框，将其中的文本内容改为“世界更美好”；拖动两个竖排文本框放在页面两侧。

<7> 选中插入的文本框，在“格式”选项卡中选择“环绕”命令，然后选择版式“衬于文字下方”。

<8> 选中插入的文本框并单击右键，在弹出的快捷菜单中选择“设置对象格式”命令，打开“属性”面板，如图 2-29 所示，在“线条颜色”中选择“无线条”；在“文本框”选项中，设置上、下、左、右内部边距均为“0”，如图 2-30 所示。

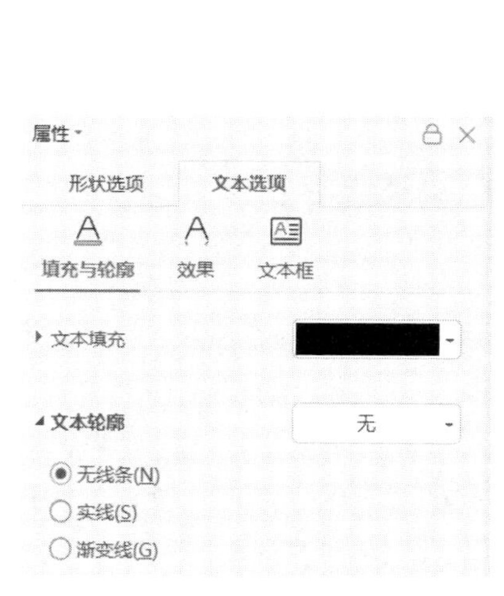

图 2-29　设置线条颜色面板

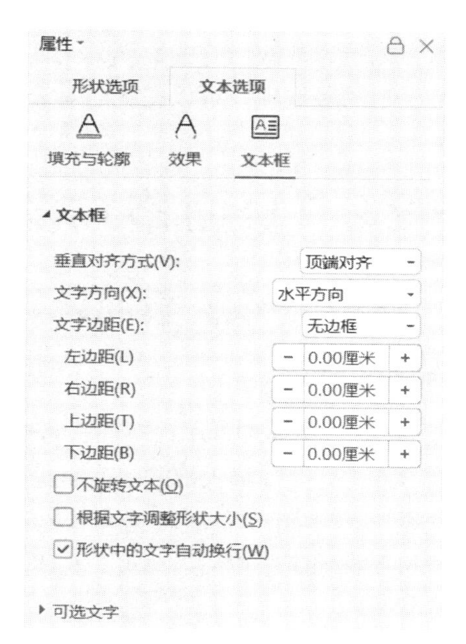

图 2-30　设置文本框边距面板

<9> 选择“文件”菜单的“另存为”命令，将文档另存为“一起向未来 3.docx”，并保存在“D:\Word”文件夹下。

2.8.3　知识扩展：插入数学公式

有时需要在文档中插入一些专业的数学公式，WPS 文字处理软件提供了完善的数学公式编辑功能，可以输入各种复杂的数学公式。

单击“插入”选项卡的“公式”按钮，弹出“公式编辑器”窗口，如图 2-31 所示，通过选择窗口工具栏中的公式按钮，可以完成公式录入；单击窗口右上角的关闭按钮，即可将录入的公式插入文档。

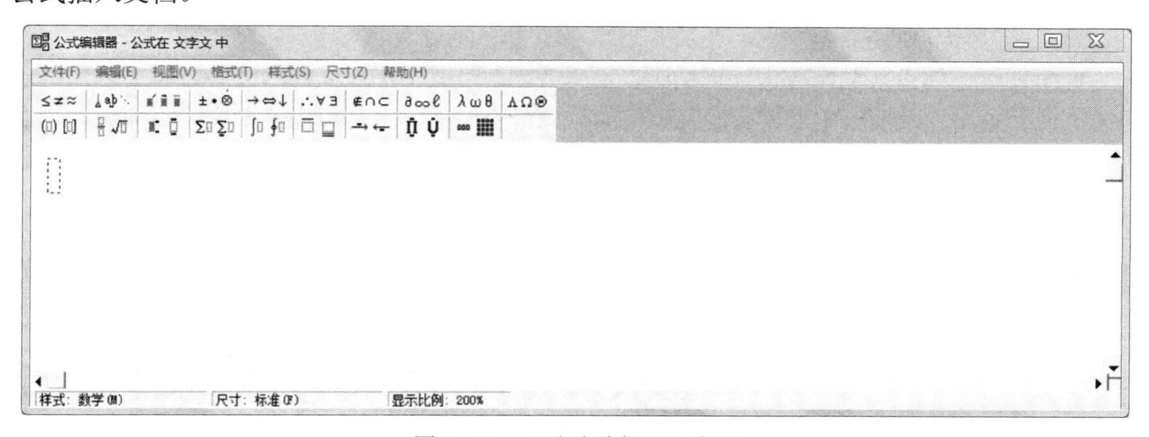

图 2-31　“公式编辑器”窗口

“公式”编辑器的工具栏第一行提供了 100 多种数学符号供用户选择，第二行提供了包含分式、积分、求和及矩阵等众多的样板和框架。

若需要编辑、修改已有的数学公式，只要双击要编辑的公式，即可调出“公式”工具栏，利用工具栏上的各选项，可以完成已有公式的编辑。

任务 2.9　页面格式设置和文档打印

2.9.1　知识导读：页面设置和文档打印的方法

1．设置页眉、页脚

在 WPS 文字处理软件中，页眉、页脚和页码需要用“插入”选项卡的“页眉和页脚”组的相关命令完成。选择插入页眉、页脚或页码后，会自动显示“页眉和页脚工具/设计”动态选项卡，如图 2-32 所示，同时根据插入内容，进入页眉或页脚编辑状态，此时文档内容暗淡显示。页眉和页脚编辑结束后，单击“关闭”按钮或双击文档编辑区任意空白处，可切换回普通文本编辑状态。

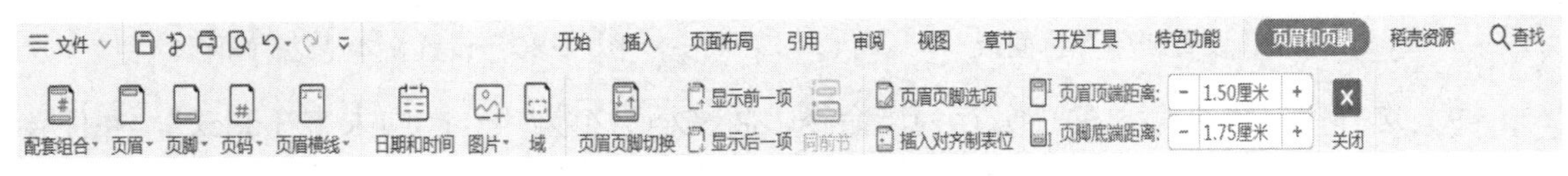

图 2-32　“页眉和页脚”动态选项卡

2．主题

文档主题和模板类似，包括主题颜色、主题字体（包括各级标题和正文文本字体）和主题效果（包括线条和填充效果），不同的主题呈现不同的风格。

在“页面布局”选项卡的“主题”组中单击“主题”按钮，可从随后出现的下拉列表中实时预览和选取内置主题。

应用的文档主题会影响已经存在文档中使用的样式。

3．页面设置

页面设置包括设置文字方向、页边距、纸张方向、纸张大小、分栏和分隔符等内容，可以通过“页面布局”选项卡的“页面设置”组的相应命令完成，也可以通过单击“页面设置”组的对话框启动器，在弹出的“页面设置”对话框中进行设置。

4．页面背景

页面背景包括背景和页面边框两方面内容，可分别通过“页面布局”选项卡的“页面背景”组的相应命令按钮完成。

5．打印文档

优化“页面设置”是为了更理想地打印文档。在打印之前，最好先预览打印效果，然后单击“文件”按钮，从弹出的快捷菜单中选择“打印”命令。

2.9.2　任务案例：“求职自荐信”的页面设置

【案例 2-10】 对“求职自荐信”进行如下格式设置，效果如图 2-33 所示。

XXX 校 XX 届毕业生求职自荐信

求 职 自 荐 信

尊敬的领导：

您好！

首先向您致以最诚挚的问候！感谢您在百忙之中阅读我的求职信。

我是 XXX 校 XXX 专业 XXXX 年应届优秀毕业生。十几年的寒窗苦读，铸就了我的学识与自信。大学阶段的学习与成长更加磨练了我的意志，提高了我的修养！一分耕耘、一分收获！现在我已具备了扎实的专业基础知识，系统地掌握了 XXX、XXX 等有关理论；熟悉涉外工作常用礼仪；具备较好的英语听、说、读、写、译等能力；能熟练操作计算机办公软件。同时，我利用课余时间广泛地涉猎了大量书籍，不但充实了自己，也培养了自己多方面的技能。更重要的是，严谨的学风和端正的学习态度塑造了我朴实、稳重、创新的性格特点。

我真诚地希望能成为贵单位的一员，请给我一次机会，我会好好珍惜它，并全力以赴，为实现自己的人生价值而奋斗，为贵单位的发展贡献力量。

最后，恭祝您的事业蒸蒸日上，并热切期待您的回复。

此致

敬礼

自荐人：XXX

图 2-33　案例 2-10 效果

（1）设置页面，纸型为 A4 纸张，上、下、左、右边页边距分别为 3 厘米、2.5 厘米、3 厘米、2.5 厘米。

（2）为文档添加页眉“XXX 校 XX 届毕业生求职自荐信”，居中，字体为仿宋、五号。

【操作步骤】

<1> 启动 WPS 文字处理软件，在“D:\Word”中打开文档“求职自荐信.docx”文档，另存为“求职自荐信.docx”文档。

<2> 选择“页面布局”选项卡，打开“页面设置”对话框，单击“纸张大小”按钮，选择“纸张大小”为 A4；在“页边距”选项卡中设置上、下、左、右边页边距分别为 3 厘米、2.5 厘米、3 厘米、2.5 厘米。

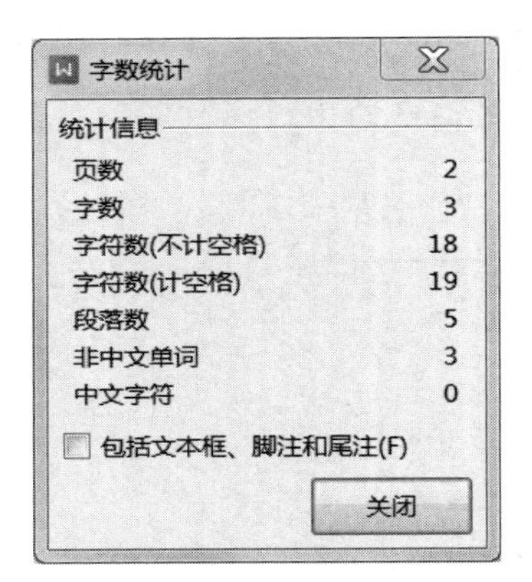

图 2-34 “字数统计”对话框

<3> 在“插入”选项卡中单击“页眉和页脚”，在页眉中输入文字“XXX 校 XX 届毕业生求职自荐信”，并设置文字为居中，字体为仿宋、五号。

<4> 保存文档。

2.9.3 知识扩展：统计文档字数

文档的字数统计是 WPS 文字处理软件的常用功能之一，可以详细列出 Word 文档的中、英文字数和字符数。

打开需要统计字数的文档，选择“审阅”选项卡，单击“字数统计”按钮，即可打开“字数统计”对话框（如图 2-34 所示），从中可以看到文档的字数。

任务 2.10 综合案例

2.10.1 康德海报的实现

1．完成效果

本案例的目的是制作一份关于德国哲学家康德的人物介绍。为了完成此任务，同学们需要应用样式设置正文和各级标题的字体和段落格式，还需要插入图片和文本框，并设置它们的样式与格式，最终完成效果如图 2-35 所示。

康德

生平

1724年 4月22日康德出生于东普鲁士首府哥尼斯堡的一个马鞍匠家庭；1740 年进入哥尼斯堡大学攻读哲学，1745 年毕业；从 1746 年起康德去一个乡间贵族家庭担任家庭教师九年；1755 年康德重返哥尼斯堡大学，1786 年升任哥尼斯堡大学校长；1797 年辞去大学教职；1804 年 2 月 12 日病逝。

主要思想

康德的一生可以以 1770年为标志分为前期和后期两个阶段，前期主要研究自然科学，后期则主要研究哲学。前期的主要成果有 1755 年发表的《自然通史和天体论》，其中提出了太阳系起源的星云假说。在后期从 1781 年开始的 9年里，康德出版了一系列涉及领域广阔、有独创性的伟大著作，给当时的哲学思想带来了一场革命，其探讨的领域包括：

- 我们如何认识外部世界？
- 我们应该怎样做？
- 我们可以抱有什么希望？
- 通过对以上问题的批判和总结，康德分别探讨了认识论、伦理学以及美学，标志着康德哲学体系的完成。

知识论

康德带来了哲学上的哥白尼式转变。他说，不是事物在影响人，而是人在影响事物。是我们人在构造现实世界，在认识事物的过程中，人比事物本身更重要。我们其实根本不可能认识到事物 的本质，只能认识事物的表象。康德的著名论断就是：知性为自然立法。

伦理学

康德告诉我们说：我们要尽我们的义务。但什么叫“尽义务”？为了回答这一问题，康德提出了著名的“(绝对)范畴律令”：“要这样做，永远使得你的意志的准则能够同时成为普遍制订法律的原则。”康德认为，人在道德上是自主的，人的行为虽然受客观因果的限制，但是人之所以成为人，就在于人有道德上的自由能力，能超越因果，有能力为自己的行为负责。

康德的主要著作

主要著作	出版年份
纯粹理性批判	1781 年
自然形而上学导论	1786 年
实践理性批判	1788 年
判断力批判	1790 年

关于康德的轶事

康德生活中的每一项活动，如起床、喝咖啡、写作、讲学、进餐、散步，时间几乎从未有过变化，就像机器那么准确。每天下午 3 点半，工作了一天的康德先生便会踱出家门，开始他那著名的散步，邻居们纷纷以此来校对时间，而教堂的钟声也同时响起。唯一的一次例外是，当他读到法国浪漫主义作家卢梭的名著《爱弥尔》时，深为所动，为了能一口气看完它，不得不放弃每天 例行的散步。这使得他的邻居们竟一时搞不清是否该以教堂的钟声来对自己的表。

2022年 2月 10日

图 2-35 案例完成效果

2．制作流程

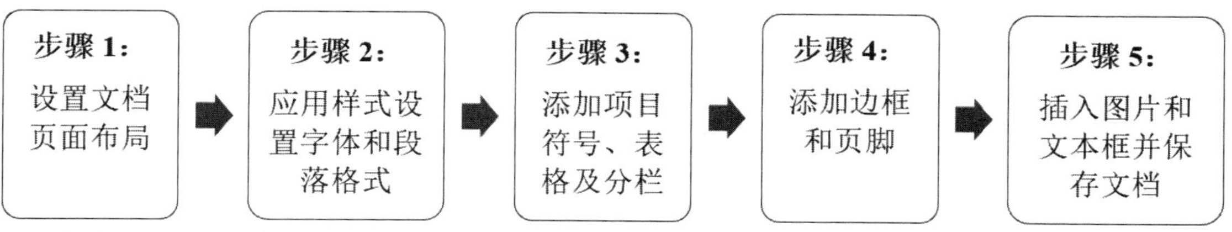

步骤 1：设置文档页面布局。

（1）操作要求

❖ 纸张方向：横向。

❖ 页边距：上，0.5 厘米；下，0.5 厘米；左，1.5 厘米；右：8.5 厘米。

❖ 页眉和页脚：页眉距边界，0.8 厘米；页脚距边界，0.6 厘米。

（2）操作过程

<1> 新建一个 Word 文档，将其命名后保存到自己定义的目录下。

<2> 单击“页面布局”选项卡的“页边距”→“自定义边距”。

<3> 在打开的“页面设置”对话框的“页边距”选项卡中，单击“纸张方向”组的“横向”按钮。

<4> 在“页边距”组，将“上”“下”“左”“右”页边距的数值分别设置为“0.5 厘米”“0.5 厘米”“1.5 厘米”“8.5 厘米”。

<5> 单击“版式”选项卡，在“页眉”和“页脚”文本框中分别输入“0.8 厘米”和“0.6 厘米”。

<6> 单击“确定”按钮，完成页面设置。

步骤 2：应用样式设置字体和段落格式。

（1）操作要求

❖ 标题 1 样式：字体，二号、黑体、加粗、钢蓝，深色 25%；段落间距，段前及段后间距为 1 行；行距，2 倍行距；应用文本，首行的“康德”两个字。

❖ 标题 2 样式：字体，四号、黑体、加粗、加粗、钢蓝，深色 25%；段落间距，段前及段后间距为 0.5 行；行距：单倍行距；应用文本，“生平”“主要思想”“知识论”“伦理学”和“康德的主要著作”。

❖ 正文文字样式：字体，11 号、宋体、加宽间距，磅值为 0.8；段落间距，段前及段后间距为 0.5 行；行距，单倍行距；应用文本，表格上方除标题之外的所有文字。

（2）操作过程

<1> 按下文输入《康德生平》的文字内容作为本例文字素材。

康德生平

1724 年 4 月 22 日康德出生于东普鲁士首府哥尼斯堡的一个马鞍匠家庭；1740 年进入哥尼斯堡大学攻读哲学，1745 年毕业；从 1746 年起康德去一个乡间贵族家庭担任家庭教师九年；1755 年康德重返哥尼斯堡大学，1786 年升任哥尼斯堡大学校长；1797 年辞去大学教职；1804 年 2 月 12 日病逝。

主要思想

康德的一生可以以 1770 年为标志分为前期和后期两个阶段，前期主要研究自然科学，后期则主要研究哲学。前期的主要成果有 1755 年发表的《自然通史和天体论》，其中提出了太阳系起源的星云假说。在后期从 1781 年开始的 9 年里，康德出版了一系列涉及领域广阔、有独创性的伟大著作，给当时的哲学思想带来了一场革命，其探讨的领域包括：

我们如何认识外部世界？

我们应该怎样做？

我们可以抱有什么希望？

通过对以上问题的批判和总结，康德分别探讨了认识论、伦理学以及美学，标志着康德哲学体系的完成。

知识论

康德带来了哲学上的哥白尼式转变。他说，不是事物在影响人，而是人在影响事物。是我们人在构造现实世界，在认识事物的过程中，人比事物本身更重要。我们其实根本不可能认识到事物 的本质，只能认识事物的表象。康德的著名论断就是：知性为自然立法。

伦理学

康德告诉我们说：我们要尽我们的义务。但什么叫“尽义务”？为了回答这一问题，康德提出了著名的“（绝对）范畴律令”：“要这样做，永远使得你的意志的准则能够同时成为普遍制订法律的原则。”康德认为，人在道德上是自主的，人的行为虽然受客观因果的限制，但是人之所以成为人，就在于人有道德上的自由能力，能超越因果，有能力为自己的行为负责。

康德的主要著作

主要著作;出版年份;纯粹理性批判;1781 年;自然形而上学导论;1786 年;实践理性批判;1788 年;判断力批判;1790 年

<2> 打开“样式”任务窗格，然后单击“标题 1”样式右侧的下拉箭头，在下拉菜单中单击“修改”。

<3> 在打开的“修改样式”对话框中，将字体设置为“黑体”，字号选择“二号”，字形选择加粗，字体颜色选择“钢蓝，深色 25%”。

<4> 单击“格式”按钮，在菜单中选择“段落”，在打开的“段落”对话框中，将“段前”和“段后”间距都调整为“1 行”，行距设置为“2 倍行距”。

<5> 单击“确定”按钮，关闭“段落”对话框。

<6> 单击“确定”按钮，完成对“标题 1”样式的修改。

<7> 与设置“标题 1”的样式方法相同，按照任务要求完成“标题 2”样式的设置。

<8> 单击“样式”任务窗格中的“新建样式”按钮。

<9> 在“根据格式创建新样式”对话框中，在“名称”文本框中输入“正文文字”。

<10> 将新样式的字体设置为“宋体（中文正文）”，字号设置为“11”。

<11> 单击“格式”按钮，在菜单中选择“字体”。

<12> 在打开的“字体”对话框中的“字符间距”组，将间距设置为“加宽”，在“磅值”文本框中输入“0.8 磅”。

<13> 单击“确定”按钮，关闭“字体”对话框。

<14> 再次单击“格式”按钮，然后选择“段落”。

<15> 在打开的“段落”对话框中，将新建样式的“段前”和“段后”间距分别设置为“0.5 行”，将“行距”设置为“单倍行距”。

<16> 单击“确定”按钮，关闭“段落”对话框。

<17> 单击“确定”按钮，完成新样式的创建。

<18> 选中文档开头的文本“康德”。

<19> 单击“样式”任务窗格的“标题 1”样式，将选中文本设置为“标题 1”。

<20> 同时选中文档中所有需要设置为标题 2 的文本。

<21> 单击“样式”任务窗格的“标题 2”样式，将选中文本设置为“标题 2”。

<22> 同时选中文档中标题 2“康德的主要著作”以上的所有正文文字。

<23> 单击“样式”任务窗格的“正文文字”样式，将选中文本设置为“正文文字”。

至此已经完成了对文档样式的设置。

步骤 3：添加项目符号、表格及分栏。

（1）操作要求（见图 2-35）

❖ 项目符号：左侧缩进量为 0.74 厘米；应用文本。

❖ 表格：列数，2；行数，5；段落格式，段前和段后间距为 0；应用文本。

❖ 分栏：分为 2 栏，栏间距为 2 字符；应用文本，标题 1“康德”后面的正文文本。

（2）操作过程

<1> 选定标题“主要思想”下需要添加项目符号的 3 行文字。

<2> 单击“开始”选项卡的“项目符号”按钮。

<3> 保持项目符号列表为被选中状态，单击“开始”选项卡的“增加缩进量”按钮。

<4> 选定要填入表格的文本（标题“康德的主要著作”以下的一段文字）。

<5> 单击“插入”选项卡的“表格”→“文本转换成表格”。

<6> 打开“将文字转换成表格”表格对话框，在“文字分隔位置”组中选择“其他字符”，并在后面的文本中输入“;”（注意：此符号需要在英文半角状态下输入）。

<7> 在“列数”文本框中输入“2”，此时“行数”文本框中的数值会自动调整为“5”。

<8> 单击“确定”按钮，将这段文字转换为表格。

<9> 选中表格，并将其中文字的段前和段后的间距都调整为 0。

<10> 选中文档中需要分栏的文字（标题 1“康德”后面的正文文本，注意不要选中最后的段落标记）。

<11> 单击“页面布局”选项卡的“分栏”→“更多分栏”。

<12> 在打开的“分栏”对话框中，单击“两栏”。

<13> 在“间距”文本框中输入“2 字符”。

<14> 单击“确定”按钮，完成分栏设置。

步骤 4：添加边框和页脚。

（1）操作要求

❖ 边框：自定义下边框，并应用于段落；颜色：钢蓝，着色 1，深色 25%；宽度，2.25 磅；应用于标题 1“康德”。

❖ 页脚：内置样式，空白；内容：2022 年 2 月 10 日。

（2）操作过程

<1> 选中文档中的标题 1 文本“康德”。

<2> 单击“页面布局”选项卡的“页面边框”按钮。

<3> 在打开的边框和底纹对话框中，单击“边框”选项卡。

<4> 在“样式”列表框中选择直线型边框，在“颜色”下拉列表框中选择“钢蓝，深色 25%”，在“宽度”下拉列表框中选择“2.25 磅”。

<5> 在“应用于”下拉列表框中选择“段落”。

<6> 在右侧的“预览”区域中仅保留“下部边框”（可以通过直接单击预览区域或者左侧和下侧按钮来调整）。

<7> 单击“确定”按钮，会看到在文档标题段落“康德”下面添加了一条横线。

<8> 单击“插入”选项卡的“页脚”按钮，在下拉菜单中单击“空白”，此时文档会进入页脚的编辑状态。

<9> 输入文本“2022 年 2 月 10 日”（注意：如果在输入的文本下方产生段落标记，请删除）。

<10> 有时在插入了页脚后会产生一个新的空白页面，那么可以选中空白页面的首行，将其行距设置为“固定值”，数值为“1 磅”，这个空白页面就会消失。

步骤 5：插入图片和文本框，并保存文档。

（1）操作要求

❖ 图片：图片样式，阴影右下斜偏移，黑色，透明度 35%，大小 100%，模糊 23 磅，距离 11 磅，角度 45 度；环绕方式，四周型；绝对水平位置，20.5 厘米（相对于页边距）；绝对垂直位置，1 厘米（相对于页边距）；图片文件，“康德.png”（请自行准备）。

❖ 文本框：绝对水平位置，20.5 厘米（相对于页边距）；绝对垂直位置，8 厘米（相对于页边距）；高度，9.5 厘米；宽度，7 厘米；填充颜色，纸莎草纸；字体，标题行加下划线，居中对齐，字号为四号，行距为 1.5 倍，其余文字字号为五号，首行缩进 2 字符，行距为 1.15 倍。

（2）操作过程

<1> 单击“插入”选项卡的“图片”按钮。

<2> 在打开的“插入图片”对话框中，打开图片“康德.png”所在文件夹，选中该文件。

<3> 单击“插入”按钮。

<4> 插入的图片默认处于被选中状态，单击“图片工具”动态选项卡的“环绕”下拉按钮，从中选择“四周型环绕”，然后将图片拖动到文档右上部。

<5> 右键单击图片，在弹出的快捷菜单中选择“设置对象格式”命令，打开设置对象“属性”面板，选择“效果”选项卡，在阴影下拉列表中选择“右下斜偏移”；颜色设置为黑色，透明度为 35%，大小为 100%，模糊为 23 磅，距离为 11 磅，角度为 45 度，如图 2-36 所示。

<6> 右键单击图片，在弹出的菜单中选择单击“其他布局选项”命令。

<7> 在打开的“布局”对话框的“位置”选项卡中，选中“水平”组中的“绝对位置”,在“右侧”下拉列表框中选择“页边距”作为度量标准，然后在“绝对位置”文本框中输入“20.5 厘米”。

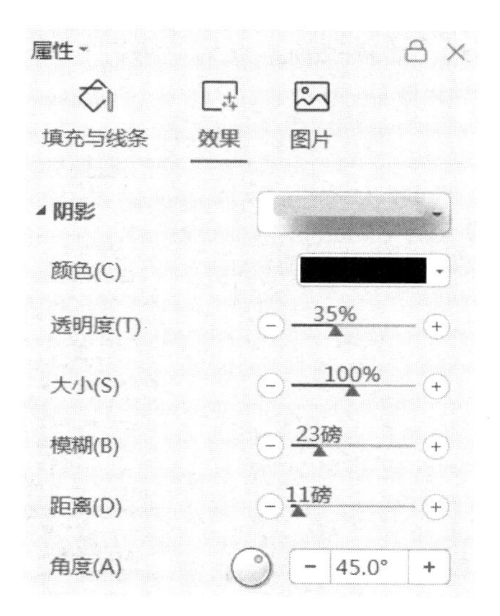

图 2-36　图片样式

<8> 在“垂直”组中选中“绝对位置”，在“下侧”下拉列表框中选择“页边距”作为度量标准，然后再“绝对位置”文本框中输入“1 厘米”。

<9> 单击“确定”按钮，完成对图片精确位置的调整。

<10> 单击“插入”选项卡“文本框”下拉按钮，在下拉菜单中单击“绘制文本框”，然后在文档右下侧拖动出一个文本框。

<11> 确保该文本框处于被选中状态，在“绘图工具”动态选项卡“大小”组的“形状高度”和“形状宽度”文本框中分别输入“9.5 厘米”和“7 厘米”。

<12> 单击文本框，选择命令“其他布局选项”。

<13> 在打开的“布局”对话框的“位置”选项卡中，选中“水平”组中的“绝对位置”，在“右侧”下拉列表框中选择“页边距”作为度量标准，然后在“绝对位置”文本框中输入“20.5 厘米”。

<14> 在“垂直”组中选中“绝对位置”，在“下侧”下拉列表框中选择“页边距”作为度量标准，然后再“绝对位置”文本框中输入“8 厘米”。

<15> 单击“确定”按钮，完成对文本框精确位置的调整。

<16> 将相应的文本内容输入到文本框中，并按照任务要求完成文本框中内容的字体和段落设置。

<17> 单击“绘图工具”动态选项卡“填充”下拉按钮。

<18> 在下拉菜单中单击“图片或纹理”。

<19> 在扩展菜单中单击“泥土 2”，完成对文本框的设置。

<20> 单击“文件”选项卡“保存”按钮，完成整篇文档的保存。

2.10.2　毕业论文的实现

1．完成效果

本案例的目的是实现毕业论文的综合排版。为了完成此任务，同学们需要应用样式设置正文和各级标题的字体和段落格式，还需要插入页眉，页脚和目录，并设置它们的样式与格式，最终完成效果如图 2-37 和图 2-38 所示。

目录

1 绪论......1
1.1 项目背景......1
1.2 个人博客开发的意义......2
1.2.1 发布想法......2
1.2.2 博客的用途......2
1.3 个人博客开发的目标......3
2 个人博客概述......4
2.1 开发方法......4
2.2 关键技术......4
2.2.1 ASP.NET 技术概论......4
2.2.2 ASP.NET 工作原理......5
3.1 可行性分析......7
3.2 需求分析......7
3.2.1 管理员登录......7
3.2.3 个人博客信息管理......8
4.1 公用模块......9
4.1.1 数据库连接文件......9
4.1.2 用户登录和注销......9
4.1.3 地址栏和博客主题设置......9
4.2 客户界面的实现......9
4.2.1 界面头的实现......9
4.2.2 界面尾的实现......10
结　论......11

图 2-37　目录效果

1 绪论

1 绪论

1.1 项目背景

Blog，是 Weblog 的简称。Weblog，其实是 Web 和 Log 的组合词。Web，指 World Wide Web，当然是指互联网了；Log 的原义则是“航海日志”，后指任何类型的流水记录。合在一起来理解，Weblog 就是在网络上的一种流水记录形式或者简称“网络日志”。Blogger 或 Weblogger，是指习惯于日常记录并使用 Weblog 工具的人。虽然在大陆早些时候或者台湾等地，对此概念的译名不尽相同（有的称为“网志”，有的称之为“网录”等等），但目前已基本统一到“博客”一词上来，该词最早是在 2002 年 8 月 8 日由著名的网络评论家王俊秀和方兴东共同撰文提出来的。博客也好，网志也罢，仅仅是一种名称而已，它的本义还是逃不过 Weblog 的范围。只是，通常我们所说的“博客”，既可用作名词 Blogger 或 weblogger——指具有博客行为的一类人；也可以作动词用（相当于英文中的 Weblog 或 blog），指博客采取的具有博客行为反映、是第三方可以用视觉感受到的行为，即博客们所撰写的 Blog。因此，“他/她是一位博客，他/她天天在博客”及“博客博什么客?”在中文语法与逻辑上都是正确，只是不同场合的用法不同罢了。

Blog 究竟是什么？说了半天，其实一个 Blog 就是一个网页，它通常是由简短且经常更新的帖子（Post）所构成，这些张贴的文章都按照年份和日期倒序排列。Blog 的内容和目的有很大的不同，Blog 的内容和目的有很大的不同，从对其他网站的超级链接和评论，有关公司、个人、构想的新闻到日记、照片、诗歌、散文，甚至科幻小说的发表或张贴都有。许多 Blogs 记录着 blog 个人所见、所闻、所想，还有一些 Blogs 则是一群人基于某个特定主题或共同利益领域的集体创作。撰写这些 Weblog 或 Blog 的人就叫做 Blogger 或 Blog writer。

博客存在的方式，一般分为三种类型：一是托管博客，无须自己注册域名、租用空间和编制网页，博客们只要去免费注册申请即可拥有自己的博客空间，是最“多快好省”的方式。如英文的 www.blogger.com、wordpress.com 及多种语言的博客主(blogates.com)等都提供这样的服务；二是自建独立网站的博客，有自己的域名、空间和页面风格，需要一定的条件，如方兴东建立的“博客中国”站（www.blogchina.com）；三是附属博客，将自己的博客作为某一个网站的一部分（如一个栏目、一个频道或者一个地址）。这三类之间可以演变，甚至可以兼得，一人拥有多种博客网站。

目前进行网站开发的语言很多，如 ASP.NET、PHP、JSP、ASP.NET.NET 等，究竟应该选择什么语言来开发一个 BLOG 网站呢，对于一个中小型的网站来说，ASP.NET 无疑是最好的选择，利用简单的 HTML 代码与脚本融合而成的 ASP.NET 技术可以开发强大的 Web 应用程序。ASP.NET（Active Sever Pages）是 Microsoft 推出的一种服

-1-

图 2-38　正文效果

2．制作流程

步骤 1： 设置文档页面布局

步骤 2： 应用样式设置字体和段落格式

步骤 3： 插入分节符，并提取目录

步骤4： 添加页眉，页脚和页码

步骤 1：设置文档页面布局。

（1）操作要求

❖ 纸张大小：A4。
❖ 页边距：上，3 厘米；下，2.5 厘米；左，3 厘米；右，2.5 厘米。
❖ 页眉和页脚：页眉距边界，1.5 厘米；页脚距边界，1.5 厘米。
❖ 文档网格：指定每页 36 行，每行 36 字。
❖ 页眉内容：各章节标题。
❖ 页脚内容：页码格式，居中、五号，宋体；目录和正文需分别单独编页码；目录页码的数字格式用“Ⅰ、Ⅱ、Ⅲ…”的形式；正文页码的数字格式用“1、2、3…”的形式，从“1”开始连续编写到论文最后一页。

（2）操作步骤

<1> 打开尚未排版的“毕业论文（初稿）”电子文档，选择“页面布局”选项卡，打开“页面设置”对话框，然后选择“纸张”选项卡，设置“纸张大小”为“A4 纸（21×29.7 厘米）”，“应用范围”为“整篇文档”。

<2> 选择“页边距”选项卡，分别指定上、下、左、右页边距为：3 厘米、2.5 厘米、3 厘米、2.5 厘米，“应用范围”为“整篇文档”。

<3> 选择“版式”选项卡，指定页眉页脚距边界为 1.5 厘米。单击“确定”按钮。

<4> 选择“文档网格”选项卡，“网格”选项选择“指定行和字符网格”，指定每页 36 行、每行 36 字。

<5> 单击“确定”按钮，完成页面设置。

步骤 2：应用样式设置字体和段落格式。

（1）操作要求

- ❖ 标题 1 样式：字体，小三、黑体、加粗、黑色；段落间距，段前段后各 6 磅（0.5 行）；缩进，居中、不缩进；应用文本，所有章标题。
- ❖ 标题 2 样式：字体，四号、宋体、加粗、黑色；段落间距，段前段后各 3 磅（0.25 行）；缩进，不缩进；应用文本，所有节标题。
- ❖ 标题 3 样式：字体，小四、宋体、加粗、黑色；段落间距，段前段后各 3 磅（0.25 行）；缩进，不缩进；应用文本，所有小节标题。
- ❖ 正文文字样式：字体，小四、宋体；段落间距，段前及段后间距为 0 行；特殊格式，“首行缩进”为 2 字符；行距，单倍行距；应用文本，除了标题之外的所有文字。
- ❖ 图表样式：图表中，汉字、字母、数字为五号、宋体；图注，小四、黑体、加粗，位于图下方居中；表注，小四、黑体、加粗，位于图上方，居中。
- ❖ 中（英）文摘要：摘要标题，小三、黑体、加粗，段前段后各 12 磅；摘要正文，小四、中文摘要用宋体、英文摘要用 Times New Roman。

（2）操作过程

<1> 自定义标题样式。

自定义正文一级标题样式，方法如下。

方法 1：选中第 1 章标题段落，单击“开始”选项卡的“新样式”按钮，打开“新建样式”对话框；修改样式“名称”为“毕业论文标题 1”，“样式类型”为“段落”，“样式基于”和“后续段落样式”均选“正文”；单击“格式”按钮，分别定义字体格式为“小三、黑体、加粗”，定义段落格式为段前段后各“6 磅（0.5 行）”，对其方式“居中”，首行缩进选“无”；完成后，单击“确定”按钮。

方法 2：选中第 1 章标题段落，在“开始”选项卡的“样式和格式”任务窗格上选择文档默认的“标题 1”，右击“修改样式”，字体格式为“小三、黑体、加粗”，定义段落格式为段前段后各“6 磅（0.5 行）”，对齐方式为“居中”，首行缩进为“无”，完成后单击“确定”按钮。

同理，按照上述方法和要求，分别定义“毕业论文标题 2”“毕业论文标题 3”等其他各级标题样式。

<2> 应用样式。

应用一级自定义标题：光标定位在正文的第 1 章标题段落，在“开始”选项卡的“样式和

格式”任务窗格上选择自定义的“毕业论文标题 1”，即可将自定义的“毕业论文标题 1”应用到正文的第 1 章标题上。

同理，把光标分别定位在正文的第 2 章、第 3 章等各章标题，以及致谢、参考文献标题所在的段落，分别将自定义的“毕业论文标题 1”应用到相应段落上。

当然，也可以先选中已经应用了样式的第 1 章标题，双击格式刷，使用格式刷依次应用格式到后续各章同级别的标题上。

其他各级自定义标题的应用方法同上。

参照上述方法，将自定义的标题样式“毕业论文标题 2”“毕业论文标题 3”等分别应用到论文的二级、三级等标题上。

步骤 3：插入分节符，并提取目录。

（1）操作要求

分节符：每章另起一页。

目录：自动生成目录，目录要求包含三级目录；目录标题，字体为小三、黑体、加粗，段前、段后各 12 磅。

（2）操作过程

<1> 插入分节符。

分别在封面、中文摘要、英文摘要、正文各章、致谢等部分后插入分节符。方法是：定位插入点到各部分最后，或下一部分的标题文字前，在“页面布局”中选择“分隔符”命令，在下拉菜单中选择“分节符类型”中的“下一页分节符”，单击“确定”按钮。

<2> 提取目录。

将光标定位到第 1 章的标题之前，或摘要页面的最后，插入“下一页分节符”，在新页上第一行先输入“目　　录”，并设置目录标题格式。

选择“引用”选项卡中的“目录”→“自定义目录”命令，弹出“目录”对话框，按要求设置后，单击“确定”按钮，即可插入自动生成的目录。

<3> 设置目录样式。

选中“目录”，将标题的字体设置为小三、黑体、加粗，段前、段后各 12 磅。

步骤 4：添加页眉，页脚和页码。

（1）操作要求

页眉：每章以章标题作为本章页眉；页眉样式，居中、五号，宋体。

页码：页码格式，目录和正文需分别单独编页码，目录页码的数字格式用“Ⅰ、Ⅱ、Ⅲ…”的形式。正文页码的数字格式用“1、2、3…”的形式，从“1”开始连续编写到论文最后一页；页码样式，居中、五号，宋体。

（2）操作过程

<1> 插入页眉。

因为要求页眉从摘要页开始到论文最后一页，所以光标定位到中文摘要页面，单击“插入”选项卡的“页眉和页脚”按钮，进入页眉编辑状态。

先单击“页眉和页脚”动态选项卡的“同前节”按钮，使其处于“弹起”状态，再依次输入每章标题，按要求设置好字体字号，居中；单击“页眉和页脚”工具栏的“关闭”按钮即可。

注意：页眉文字的下面有一条长横线，如果想删除它，可在页眉编辑状态下，单击“页眉和页脚”动态选项卡的“页眉横线”按钮，选择“删除横线”命令；如果想改变横线的线型，在下拉菜单中选择相应的线型即可。

<2> 插入页码。

因为要求目录和正文分别设置页码，因此需要分两次插入页码。

① 插入目录页码。

先将光标定位到目录第一页，单击“插入”选项卡的“页眉和页脚”按钮，进入页眉编辑状态，单击“页眉和页脚”动态选项卡的“页眉页脚切换”按钮，切换到页脚编辑状态。

先单击“页眉和页脚”动态选项卡的“同前节”按钮，使其处于“弹起”状态；再单击工具栏的“页码”按钮，弹出“页码”对话框，“样式”选择“Ⅰ Ⅱ Ⅲ…”，“页码编号”选择“起始页码”，单击“确定”按钮。

② 插入正文页码。

先将光标定位到正文第一页，双击页脚处，进入页脚编辑状态。

先单击“页眉和页脚”动态选项卡的“同前节”按钮，使其处于“弹起”状态；再把“页码”中的“样式”改为“1 2 3…”，“起始页码”设定为“1”；单击“确定”按钮，正文页码插入完成。

按要求设置封面字体字号，摘要关键词字体字号等，设置完成后预览设置后的整体效果。

任务 2.11　练一练：“河南工学院简介”文档排版

1．目的

（1）掌握字符、段落格式的设置方法。

（2）掌握分栏与首字下沉的设置方法。

（3）掌握图文混排的基本操作方法。

（4）掌握项目符号、边框和底纹、页眉与页脚的设置方法。

（5）掌握页面设置和打印设置的基本方法。

2．操作要求

（1）设置文档页面布局

纸张方向：纵向。

纸张大小：A4。

页边距：上，2.5 厘米；下，2.5 厘米；左，2.5 厘米；右，2.5 厘米。

页眉和页脚：页眉距边界，1.5 厘米；页脚距边界，1.5 厘米。

（2）设置字体和段落格式

输入文字：文字内容，见图 2-39。

标题样式：字体，二号、黑体、加粗、钢蓝、着色 1；段落间距，段前、段后间距为 0.5 行；行距，1.5 倍行距；应用文本，首行的“河南工学院简介”。

正文文字样式：字体，五号、宋体；行距，单倍行距；特殊格式，首行缩进 2 字符；应用文本，除标题之外的所有文字。

河南工学院

河南工学院简介

河南工学院始建于1975年，是省属全日制普通本科高校。学校位于郑洛新国家自主创新示范区、中原城市群核心区重要城市、豫北工业名城——新乡市。

学校全日制在校生17000余名，占地面积1127亩，校舍建筑面积50多万平方米，馆藏适用纸质图书156万余册、电子图书20余万册；教学科研仪器设备总值2.2亿余元，拥有国家级、省级示范性实训基地、职业技能鉴定所11个、省级工程技术中心6个。优美的校园环境和雄厚的实验实训条件为学生的成长成才搭建了良好的平台。

本着"对接产业、突出重点、打造特色、形成品牌"的学科建设思路，紧密对接产业转型升级需要，建设特色优势学科，形成了以工学为主，工学、管理学、经济学、文学、艺术学五大学科门类协调发展的学科布局。现有63个本、专科专业，省部级以上特色（示范、名牌等）专业23个。

学校大力实施人才强校战略，加大"内培外引"力度，不断优化师资队伍结构。现有专任教师800余人，具有博士、硕士学位专任教师600余人，具有高级职称专任教师300余人。享受国务院、省政府特殊津贴专家、省优秀专家、全国优秀教师、国家级、省级教学名师、厅级以上学术技术带头人、省高校青年骨干教师75人。

学校深化教育教学改革，持续创新人才培养模式，建立了完善的教学质量保证体系，形成了"全过程、多平台、多形式"的实践教学体系。教育教学研究成果丰硕，获得国家级教学成果奖1项、省级教学成果奖18项，省级教学团队2个。学校注重学生的创新精神、创业意识和创新

创业能力培养，把创新创业教育与专业教育紧密结合，强化学生动手、动脑能力的训练，学校荣获"全国高校实践育人创新创业基地"。近5年来，学生在全国各种技能竞赛中荣获国家级奖项500余人次。据统计，在毕业5年以上的学生中，在企业的技术研发、质量检验、管理等重要岗位上工作的达91.4%；全校32个工科专业毕业5年以上的学生拥有专利4000多项。

学校高度重视科研工作，积极搭建科研平台，学术研究氛围浓厚，科研创新能力和科技成果水平不断提高，科研项目数量和质量逐年提升，科研经费稳步增长，产学研合作成效明显。学校与新乡市联建的新乡市机电装备科技协同创新创业中心，大力开展协同创新、开放创新、自主创新，努力培养创新性人才，河南省4大班子领导亲临中心考察。

- "厚德、精技、求实、创新"
- "开拓进取、自强不息"
- "开放办学，提升内涵，强化特色、彰显品牌"

图2-39　完成效果

（3）设置首字下沉和分栏

设置首字下沉：样式，下沉；字体，黑体；下沉行数，3行；位置，距正文0.5厘米；应用文本，第二自然段。

设置分栏：分为2栏，栏间距为2字符；应用文本，第三自然段。

（4）插入图片和文本框

插入图片：图片样式，设置阴影效果为柔化边缘，大小为10磅；环绕方式，四周型；位置和大小，见图2-39；图片文件，请自行准备。

插入文本框：位置和大小，见图2-39；填充颜色，纹理为有色纸1；字体，字号为五号，颜色为黑色，文本1，字形为加粗，行距为单倍行距；内容，见图2-39。

（5）添加边框、项目符号和页脚

添加边框：自定义下边框，并应用于段落；颜色，橙色；宽度，3磅；应用于标题"河南工学院简介"。

添加项目符号：应用文本（见图 2-39）。

添加页眉：内置样式，空白；内容，河南工学院。

（6）保存文档

保存文档：保存文档名，学号+姓名；保存位置：自定义。

习 题 2

1．简答题

（1）WPS 文字处理软件有哪几种视图方式？如何切换？

（2）WPS 文字处理软件中选择文本常用的方法有几种？（至少写出 5 种）

2．上机题

（1）有下面一段题目为“抉择”的文本，请按以下要求对 Word 文档进行编辑和排版。

抉 择

人的一生常处于抉择之中，如：读哪一所大学？选哪一种职业？……伤脑筋的事情。一个人抉择力的有无，可以显示其人格成熟与否。

倒是哪些胸无主见的人，不受抉择之苦。因为逢到需要决定的时候，他总是询问别人：“嘿，你看怎么做？”

大凡能够成大功业的人，都是抉择力甚强的人。他知道事之成败，全在乎已，没有人可以代劳，更没有人能代你决定。

在抉择的哪一刻，成败实已露出端倪。

① 设置该段文本的标题为二号、黑体、加粗、居中显示。

② 设置正文的行间距为“单倍行距”。

③ 设置正文字体为“宋体”，字号为“小四”。

④ 设置纸张的大小为 B5，上、下、左、右的页边距均为 2 厘米。

⑤ 排好版的文档以“抉择”命名并保存在自定义目录下。

第 3 章

IT

电子表格软件应用

本章学习目标

- ❖ 了解 WPS 电子表格的工作界面。
- ❖ 了解 WPS 电子表格启动和退出的方法。
- ❖ 掌握 WPS 电子表格数据录入和编辑的方法。
- ❖ 掌握 WPS 电子表格工作表格式化的基本方法。
- ❖ 掌握 WPS 电子表格公式和函数应用的基本方法。
- ❖ 掌握 WPS 电子表格图表分析的基本方法。
- ❖ 掌握 WPS 电子表格数据管理的基本方法。

WPS 电子表格是一款实用方便、功能强大的数据处理软件，除了能完成各种一般性的表格处理、数据排序，还能实现数据分析、数据统计、全面的公式计算、图表化数据、数据库管理等复杂功能。

任务 3.1　数据录入和编辑

3.1.1　知识导读：数据录入与单元格操作

1．工作簿的基本操作

启动 WPS 电子表格，在首页中选择“新建”→“表格”，再单击“新建空白文档”，就会创建一个名为“工作簿 1”的空白工作簿。工作簿是计算和存储数据的文档文件，可以包含多张工作表。

2．工作表的基本操作

工作表是构成工作簿的主要元素，默认情况下，工作簿中包含 1 张工作表，为“Sheet1”。工作表标签最右边的是“新建工作表”按钮＋。上浮且呈绿色显示的标签为当前工作表的标签，对应的工作簿窗口显示的是该工作表的数据内容。

① 插入工作表：单击工作表标签区中“新建工作表”按钮＋，就可以在最右边插入一张空白的工作表。

② 删除工作表：右击要删除的工作表标签，从弹出的快捷菜单中选择“删除工作表”命令，可删除当前工作表。

③ 更名工作表：右击要更名的工作表标签，从弹出的快捷菜单中选择“重命名”命令，可更改当前工作表的表名。

④ 移动工作表：按下鼠标左键，选中要移动的工作表，拖动工作表到合适的位置，松开鼠标左键即可。

3．输入工作表数据

（1）数据的直接输入

在 WPS 电子表格中，可以把数据分为数值型、文本型和日期型等数据类型。数值型数据通常是指数字或者由公式计算而得到的结果，文本型数据通常是指汉字、字母、符号、数字字符等。在 WPS 电子表格中，也可以插入图形、图像、Web 超链接等其他类型的数据。

在单元格中输入数据的方法为：单击要输入数据的单元格，然后在编辑栏中输入或直接在选定的单元格中输入数据，输入的内容显示在单元格中，同时出现在编辑栏中；输入结束后按 Enter 键或单击编辑框中的✓按钮表示确定输入，按 Esc 键或单击编辑框中的✕按钮表示取消输入。

（2）使用自动填充柄输入

自动填充可以帮助用户输入有规律的数据。有规律的数据是指等差数列、等比数列、系统预定义的数据填充序列以及用户自定义的新序列。自动填充是根据初始值决定后面的填充项。

利用自动填充功能输入数据可以大大减少数据的输入量，主要通过“填充柄”来完成。所谓填充柄，就是将鼠标移动到任一选中的单元格或区域的右下角，鼠标会由一个粗的空心“十”字变成一个黑色实心“十”字。

使用自动填充柄输入序列数据的步骤如下：

<1> 选定待填充数据区的起始单元格，输入序列数据的初始值。如果让序列数据按给定的步长增长，就再选定下一单元格，从中输入序列数据的第二个数值。这两个单元格中数值的差额将决定该序列数据的步长。

<2> 选定包含起始值的区域，用鼠标拖动自动填充柄经过待填充区域。如果升序排列，就从上向下或从左到右填充；如果降序排列，就从下向上或从右到左填充。

4．编辑单元格数据

对单元格数据的编辑主要包括移动、复制、插入、删除等操作。这些操作既可以对单元格进行，也可以对行和列进行。

（1）插入和删除单元格

① 插入单元格、行和列

选中单元格并单击右键，在弹出的快捷菜单中选择“插入”命令，再选择“插入单元格，活动单元格右移”，单击鼠标后，可以在当前位置插入一个单元格，活动单元格右移；若选择“插入单元格，活动单元格下移”，单击鼠标后，那么插入单元格后，活动单元格下移；若选择“插入行”，单击鼠标后，就会插入一行，活动单元格所在行整体下移；若选择“插入列”，单击鼠标后，就会插入一列，活动单元格所在列整体右移。

② 删除单元格、行和列

选中单元格并单击右键，在弹出的快捷菜单中选择“删除”命令，在弹出的二级菜单中选择“右侧单元格左移”，可以删除当前单元格，右侧的单元格左移到当前位置；选择“下方单元格上移”，可以删除当前单元格，下方的单元格上移到当前位置；选择“整行”，则删除整行；选择“整列”，则删除整列。

（2）移动、复制和选择性粘贴

我们可以采用鼠标拖拽或选用命令的方法进行移动和复制单元格中的信息，与 WPS 文字处理中文本的移动和复制相类似，这里不再介绍。如果只复制单元格中部分属性，就需要使用“选择性粘贴”命令来完成。

首先选定单元格区域并单击右键，在弹出的快捷菜单中选择“复制”命令，然后在粘贴时单击右键，在弹出的快捷菜单中“粘贴”或“选择性粘贴”命令中进行相应的设置即可。

3.1.2 任务案例：制作“工资表”表格

【案例 3-1】 用 WPS 电子表格创建某公司职工的工资表，效果如图 3-1 所示，以文件名“工资表. xlsx”保存。

【操作步骤】

<1> 启动 WPS，新建一个工作簿。

员工工资表

编号	姓名	部门	基本工资	奖金
580001	李晓丽	研发部	7286	3000
580002	赵建勇	设计部	6937	3000
580003	林强苏	研发部	6558	3000
580004	王洪海	销售部	4930	2000
580005	陈向阳	销售部	5665	2000
580006	张建军	设计部	3980	1000
580007	刘璐璐	设计部	3658	1000

工资表

图 3-1　工资表

<2> 在工作簿的第一个工作表中（默认情况下工作簿中包含 1 张工作表，其默认名为 Sheet1）录入数据，并更改当前工作表的表名为“工资表”。

- 输入表格的列标题：逐个单击要输入数据的单元格，输入相应的列标题。
- 在单元格 A2、A3 中分数输入数字 580001、580002，然后选择单元格 A2 和 A3，将鼠标指针移动到选中区域的右下角的填充柄（黑色小方块）上，鼠标会变成一个黑色的十字形状，按住鼠标左键同时向下拖动到 A8 单元格，即可完成编号的快速输入。
- 逐个单击要输入数据的单元格，输入表中其余内容。
- 双击工作表 Sheet1 的标签，将其重命名为“工资表”。

<3> 以文件名“工资表.xlsx”保存文档。选择“文件”菜单的“保存”命令，确定保存位置后，以文件名“工资表. xlsx”保存文档。

<4> 关闭文档。选择“文件”菜单的“退出”命令，或单击 WPS 窗口右上角的“关闭”按钮，退出 WPS。

3.1.3　知识拓展：数据保护和加密

在制作表格时，可能不希望其他人员修改自己的工作簿，这时可以使用 WPS 电子表格的保护工作表、保护工作簿等功能，将工作表或工作簿保护起来。

1．工作表的保护

打开一个要保护的工作表，切换至“审阅”选项卡，单击“保护工作表”按钮，打开“保护工作表”对话框，如图 3-2 所示；勾选列表中的“选定锁定单元格”和“选定未锁定的单元格”复选框，则选定操作可以执行，其他操作没有选定，都不可以操作。

输入密码后单击“确定”按钮，弹出“确认密码”对话框，在“重新输入密码”文本框中输入刚设置的密码，然后单击“确定”按钮。

当用户需要编辑该工作表时，弹出 WPS 电子表格被保护的对话框，提示“撤销工作表保护”后才能进行操作。

在“审阅”选项卡中单击“撤销工作表保护”按钮，弹出“撤销工作表保护”对话框，在“密码”文本框中输入保护的密码，单击“确定”按钮，即可编辑该工作表。

2．工作簿的保护

在“审阅”选项卡中单击“保护工作簿”按钮，打开“保护工作簿”对话框，如图 3-3 所示。

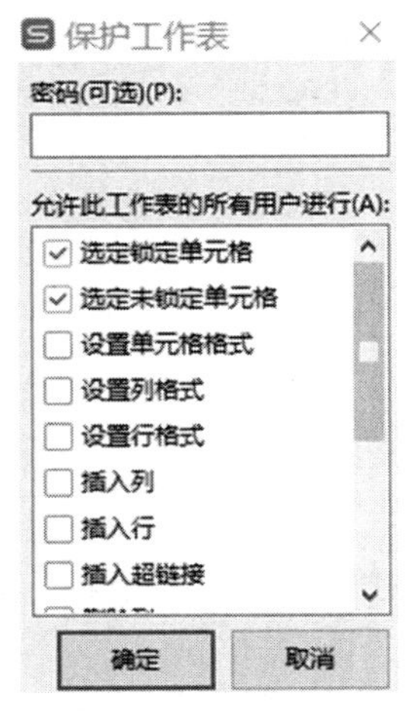

图 3-2　“保护工作表”对话框

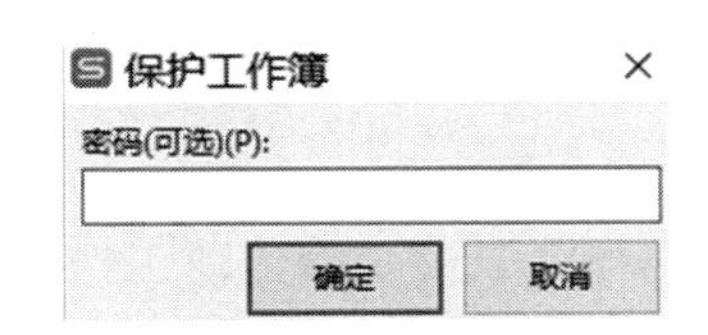

图 3-3　“保护工作簿”对话框

输入密码，单击“确定”按钮后，再次输入密码，工作簿就被保护起来了。

主要的保护功能包括：不能修改工作表名称，不能删除或添加工作表等。

3．加密工作簿

如果希望限定必须使用密码才能打开工作簿时，可以在工作簿打开时进行设置。

选择“文件”菜单的“文档加密”→“密码加密”命令，弹出“密码加密”对话框，从中可为“打开权限”和“编辑权限”分别设置密码，单击“确定”按钮并保存后，此工作簿下次被打开时将提示输入密码，如果不能输入正确的“打开权限”密码，WPS 电子表格将无法打开此工作簿；如果不能输入正确的“编辑权限”密码，WPS 电子表格将此工作簿打开后进行的编辑操作无法保存。

如果要解除工作簿的“打开权限”密码和“编辑权限”密码，可以按上述步骤再次打开“密码加密”对话框，删除现有密码即可。

4．隐藏工作表

为了避免由于用户的误操作导致数据损失，可对一些保存有重要数据的工作表进行隐藏。

在 WPS 电子表格工作表名称上单击右键，在弹出的快捷菜单中选择“隐藏”，可使该工作表不可见。需要恢复时可重新打开快捷菜单，然后选择“取消隐藏”选项。

任务 3.2　格式化工作表

3.2.1 知识导读：表格的格式设置

WPS 电子表格提供了丰富的格式化命令，设置单元格格式、数字格式、改变列宽和行高、添加边框和底纹、使用自动格式和样式等。

1．单元格格式设置

（1）字体

在“开始”选项卡的“字体”组中，可以直接使用其中的按钮对选择单元格或区域进行字体、字号、加粗、倾斜、下划线、字体颜色、边框线、填充颜色等设置。

通过“字体”组中的对话框启动器，在弹出的“单元格格式”对话框中，选中“字体”选项卡也可以进行字体设置。

（2）对齐方式

在默认状态下，单元格中的字符型数据是左对齐，数值型数据是右对齐。在“开始”选项卡的“单元格格式：对齐方式”组中，可对单元格中的数据进行顶端对齐、垂直居中、底端对齐、左对齐、居中、右对齐、自动换行、合并居中等设置。其中，“合并居中”下拉列表中有合并居中、合并单元格、合并相同单元格、合并内容等命令。单击“单元格格式：对齐方式”组中的对话框启动器，弹出“单元格格式”对话框，在“对齐”选项卡中也可以进行对齐方式的设置。

（3）数字

在“开始”选项卡的“单元格格式：数字”组中，可以直接进行数字格式、会计数字格式、百分比样式、增加、减小小数位等设置。其中，通过“数字格式”下拉列表的“其他数字格式”命令可以详细设置数字格式。

单击“单元格格式：数字”组中的对话框启动器，弹出“单元格格式”对话框，在“数字”选项卡中也可以进行数字格式的设置。

2．调整列宽、行高和隐藏列、行

（1）列宽、行高和隐藏列、行

单元格有默认的列宽，而其行高会自动配合字体的大小来调整。

① 改变列宽：选中某列，选择“开始”选项卡的“行和列”→“最适合的列宽”命令，或将鼠标停在该列的右边分隔线，当出现双向箭头时双击，都能自动调整列宽。手动调整列宽的方法是：拖动该列的右边分隔线，到合适为止，或是选中该列，单击右键，在弹出的快捷菜单中选择“列宽”命令，然后输入精确的数值来调整列宽。

② 改变行高：操作方法与改变列宽的方法相似，不再赘述。

（2）隐藏、取消隐藏列或行

① 设置隐藏：将鼠标移动到某列的右分隔线上，从右往左拖动此分隔线，拖动时列宽显示在该列的右上方，当拖动列宽为 0 时，就隐藏了该列的数据。对行数据的隐藏也可以使用相似的方法。或是选中某行或某列后单击右键，在弹出的快捷菜单中选择“隐藏”命令；还可以使用“开始”选项卡的“行和列”→“隐藏和取消隐藏”→“隐藏行”或“隐藏列”命令实现隐藏的功能。

② 取消隐藏：将鼠标指针指向隐藏列标或隐藏行的行号，当指针成为双线箭头时，从左至右拖曳出被隐藏的列或从上到下拖曳出被隐藏的行，或当指针成为双箭头时就双击，也可以取消隐藏。或者选中包含隐藏列左右列或隐藏行的上下行，单击右键，在弹出的快捷菜单中选

择“取消隐藏”命令。

3．自动套用表格样式

WPS 电子表格提供了许多预定义的表格样式，从表格的标题到普通的单元格都可以套用表格样式。如果用户对预定义的表格样式不满意，就可以创建并应用自定义的表格样式。表格套用样式时，可以先选定区域后再套用，也可以先使用套用命令，再选定区域。

具体操作步骤如下：

<1> 打开已有的工作簿文件，单击“开始”选项卡的“表格样式”按钮。

<2> 在弹出的下拉列表中列出了多种表格样式效果，选择其中的样式后，弹出“套用表格样式”对话框。

<3> 选中要套用表格格式的单元格区域，最后返回工作表。

此时选中的单元格区域就会套用用户选中的表格样式，如图 3-4 所示。

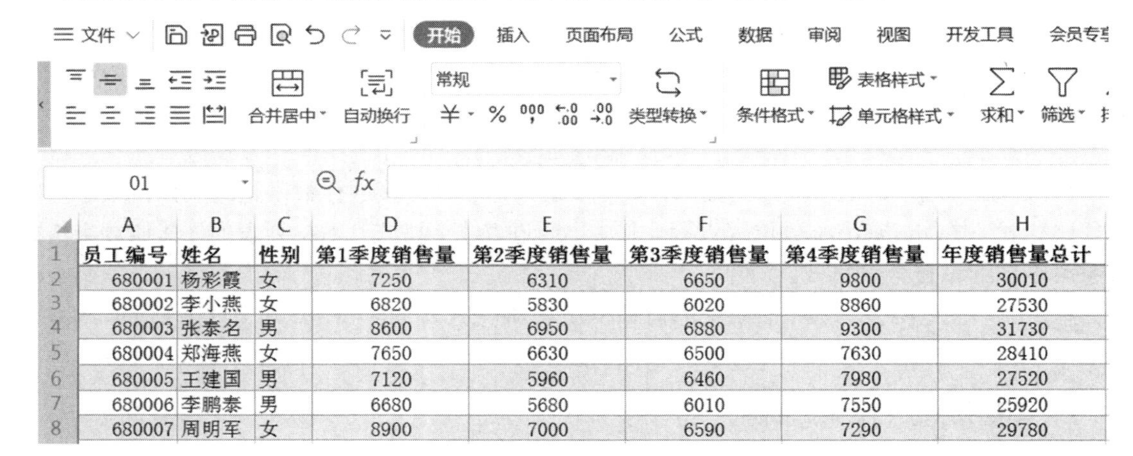

员工编号	姓名	性别	第1季度销售量	第2季度销售量	第3季度销售量	第4季度销售量	年度销售量总计
680001	杨彩霞	女	7250	6310	6650	9800	30010
680002	李小燕	女	6820	5830	6020	8860	27530
680003	张泰名	男	8600	6950	6880	9300	31730
680004	郑海燕	女	7650	6630	6500	7630	28410
680005	王建国	男	7120	5960	6460	7980	27520
680006	李鹏泰	男	6680	5680	6010	7550	25920
680007	周明军	女	8900	7000	6590	7290	29780

图 3-4　套用表格格式后的效果

应用表格样式后，用户还可以使用系统提供的“页面布局”选项卡的“主题”组中的选项继续美化表格。主题样式主要包括字体、颜色和效果等。

4．应用条件格式

条件格式主要包括 5 种默认规则：突出显示单元格规则、项目选取规则、数据条、色阶和图标集，用户可以根据自己的需要，为单元格添加不同的条件格式。

突出显示单元格规则：对规定区域的数据进行特定的格式设置。这种规则比较常用，故在这里就介绍这种规则的使用方法。

比如，在学生成绩表中，要突出显示小于 60 分的分数为红色。操作步骤如下：

<1> 选中要突出显示特定格式的单元格区域，再选择“开始”选项卡的“条件格式”→“突出显示单元格规则”命令。

<2> 在展开的子列表中选择“小于”命令，弹出“小于”对话框，在“为小于以下值的单元格设置格式”文本框中输入“60”。

<3> 在“设置为”下拉列表中选择“红色文本”格式，然后单击“确定”按钮，完成设置。

若要清除条件格式，可以选择“条件格式”下拉列表的“清除规则”选项，再在其展开的

子列表中选择“清除所选单元格的规则”或“清除整个工作表的规则”命令。

3.2.2 任务案例：美化“工资表”表格

【案例 3-2】 对案例 3-1 中的“工资表.xlsx”格式进行设置，使其达到如图 3-5 所示的效果，设置完毕，以文件名“工资表 1.xlsx”另存文档。

	A	B	C	D	E	F	G
1	职工工资明细表						
2	编号	姓名	性别	职称	工龄	基本工资	奖金
3	580001	李晓丽	女	高级工程师	30	7286	3000
4	580002	赵建勇	男	高级工程师	25	6937	3000
5	580003	林强苏	男	高级工程师	21	6558	3000
6	580004	王洪海	男	工程师	12	4930	2000
7	580005	陈向阳	男	工程师	20	5665	2000
8	580006	张建军	男	助理工程师	8	3980	1000
9	580007	刘璐璐	女	助理工程师	6	3658	1000

工资表

图 3-5 格式化后的工资表

具体要求如下：

（1）设置工作表中所有单元格的对齐方式为水平居中、垂直居中。

（2）设置标题文字所在行的行高为 30，其余各行的行高为 25。

（3）修饰工作表的文字，要求标题文字为“黑体”、字号 20、蓝色、加粗；第二行数据项目名称文字为“楷体”、字号 16、黑色、加粗；其余单元格中的文字为“华文细黑”、字号 14、黑色。

【操作步骤】

（1）打开工作表

启动 WPS 电子表格，打开“第 3 章素材”→“任务案例 3-2”文件夹的“工资表.xlsx”。

（2）设置工作表的格式

<1> 插入标题行。右击 A1 单元格，在弹出的快捷菜单中选择“插入”→“插入行”命令，如图 3-6 所示，然后选中 A1 单元格，输入标题文字“职工工资明细表”。

<2> 设置标题居中。选中单元格区域 A1:G1（按下鼠标左键拖动），单击“开始”选项卡的“合并居中”按钮。

<3> 设置表格内容水平居中、垂直居中。选择单元格区域 A1:G9，单击“开始”选项卡的“垂直居中”按钮“≡”和“水平居中”按钮“≡”。

<4> 设置行高。右击第 1 行左侧的行标签，从弹出的快捷菜单中选择“行高”命令，弹出“行高”对话框，输入行高的值“30”，单击“确定”按钮；单击第 2 行左侧的标签，然后向下拖动至第 9 行，在行标签处单击右键，从弹出的快捷菜单中选择“行高”命令，弹出“行高”对话框中输入行高的值“25”，单击“确定”按钮。

（3）修饰工作表中的文字

<1> 选中标题所在的单元格 A1，在“开始”选项卡的“字体”设置中设置字体为“黑体”、字号 20、蓝色、加粗。

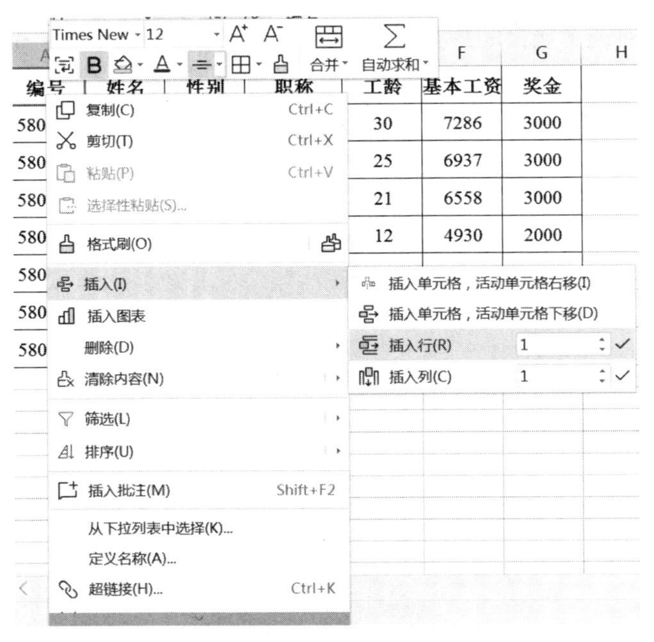

图 3-6　插入行

<2> 选中单元格区域 A2:G2，在“开始”选项卡的“字体”设置中设置字体为“楷体”、字号 16、黑色、加粗。

<3> 选中单元格区域 A3:G9，在“开始”选项卡的“字体”设置中设置字体为“华文细黑”、字号 14、黑色。

（4）关闭文档并保存

<1> 选择“文件”菜单的“另存为”命令，选择保存位置后，将文档另存为“工资表 1.xlsx”。

<2> 在“文件”菜单中选择“退出”命令，或单击 WPS 电子表格窗口右上角的“关闭”按钮，退出 WPS 电子表格。

3.2.3　知识拓展：格式刷的使用

1．“格式刷”功能

“格式刷”功能可以将 WPS 电子表格工作表中选中区域的格式快速复制到其他区域，既可以将被选中区域的格式复制到连续的目标区域，也可以将被选中区域的格式复制到不连续的多个目标区域。

（1）使用格式刷将格式复制到连续的目标区域

打开 WPS 电子表格工作表窗口，选中含有格式的单元格区域，然后在“开始”选项卡的“剪贴板”功能区中单击“格式刷”按钮，当鼠标指针呈现形状时，单击并拖动鼠标选择目标区域，松开鼠标后，格式将被复制到选中的目标区域。

（2）使用格式刷将格式复制到不连续的目标区域

如果需要将 WPS 电子表格工作表所选区域的格式复制到不连续的多个区域中，可以首先选中含有格式的单元格区域，然后在“开始”选项卡的“剪贴板”组中双击“格式刷”按钮，当鼠标指针呈现✚🖌形状时，分别单击并拖动鼠标选择不连续的目标区域。完成格式复制后，按 Esc 键或再次单击“格式刷”按钮，即可取消格式刷。

2．清除样式

选中需要清除格式的单元格区域，然后在“开始”选项卡的“字体设置”组中单击“清除”按钮，在弹出的下拉列表中选择“格式”选项，便可将已设置好的格式直接清除。

任务 3.3　公式与函数的应用

3.3.1　知识导读：公式计算与函数计算

WPS 电子表格具备强大的数据分析与处理功能，其中公式计算和函数计算提供了强大的计算功能，用户可以运用公式和函数实现对数据的计算和分析。

1．创建公式

所谓公式，类似数学中的表达式，以“=”开始，由常数、单元格或区域的引用、函数和运算符组成。例如，在单元格 B2 中输入“=(A2+B4)*B5+SUM(C2:C5)”，表示将 A2 和 B4 单元格中的数据相加后，与 B5 单元格的数据相乘，然后与 C2:C5 区域的单元格数据求和后相加，计算结果显示在 B2 单元格中，公式本身在该单元格的编辑栏中显示。公式可以在编辑栏或单元格中输入，单元格的公式可以像其他数据一样进行编辑，包括修改、复制、移动等操作。

2．单元格引用

单元格引用是指在公式中以某一单元格名来引用存放在该单元格内的数据。在公式中，若使用了单元格的引用，公式的值就依赖引用单元格的值。当该引用单元格的值发生变化时，公式的值也发生变化。

单元格引用可分为相对引用、绝对引用和混合引用。

① 相对引用：当把一个含有单元格名称的公式复制到一个新的位置后，公式中的单元格名称随之作相应的变化。如 B2 单元格中的公式为“=C3+D4”被复制到 D5 单元格后，公式的位移是 2 列、3 行，则 D5 单元格中的公式对单元格的引用自动右移 2 列、下移 3 行，所以 D5 单元格中的公式变成“=E6+F7”。

② 绝对引用：公式复制后，单元格引用保持不变，即引用始终是同一个单元格。如 B2 单元格中的公式为“=$C$3+$D$4”，被复制到 D5 单元格后，仍为“=$C$3+$D$4”。在绝对引用中，单元格的引用是绝对引用，即在行号和列号前各加一个“$”符号。

③ 混合引用：在单元格引用的地址中，行用相对引用而列用绝对引用，或行用绝对引用而列用相对引用，如$A1、A$1。相对引用部分随公式复制的变化而变化，绝对引用部分保持不变。

3．运算符

运算符分为算术运算符、比较运算符、文本运算符、引用运算符。

算术运算符有+（加）、-（减）、*（乘）、/（除）、^（乘幂）、%（百分数）。

比较运算符有=（相等）、<>（不等）、<（小于）、>（大于）、<=（小于等于）、>=（大于等于）。由这些比较运算符构成的公式用于比较两个数据，所得的结果是表示逻辑值真或假的字符串 TRUE 或 FALSE。

文本运算符有&，作用是文字连接。如 A1 单元格中的内容为“大学”，B3 单元格中的内容为“计算机”，B2 单元格中的内容为“=A1&B3”，则在 B2 单元格中得到“大学计算机”。

引用运算符包括：

① 区域运算符“:”：对两个引用之间的所有单元格进行计算。如 SUM(A1:A5)表示 A1～A5 共 5 格单元格之和。

② 联合运算符“,”：将多个引用合并为一个引用。如 SUM(A1:A5, B1:B5)表示计算 A1～A5 和 B1～B5 共 10 格单元格的总和。

③ 空格运算符：产生同时隶属于两个区域的单元格引用。如 SUM(A1:A5 A3:A6)表示计算单元格 A3、A4、A5 三个单元格之和。

4．命令单元格或区域

以单元格的地址来命名单元格或区域，记忆和引用都不方便。在 WPS 电子表格中，可以为单元格或区域命名，用名称代表单元格或区域。

单元格或区域的命名方法如下：选中一个单元格或单元格区域，然后直接在编辑栏的名称框中输入名称，就完成了对该单元格或是该区域的命名；还可以在选中单元格或区域后单击右键，在弹出的快捷菜单中选择“定义名称”命令，在弹出的对话框的“名称”文本框中输入新名称。

单元格或区域命名后，在名称框的下拉列表中就会显示该名称。以后通过在名称框下拉列表中选中该名称来完成对单元格或区域的选取。如果该区域都是由数值型数据组成的，还可以作为函数的参数直接调用。

修改和删除已经定义的名称，可以选择“公式”选项卡的“名称管理器”命令，在弹出的对话框中完成。

5．插入函数

WPS 电子表格提供了众多的函数，除了常用函数，还提供了很多比较专业的函数，如财务和金融方面的函数等。

WPS 电子表格函数由函数名及参数组成，其形式为：

函数名(参数 1，参数 2，…)

其中，函数名指明了是何种运算，参数指出了使用该函数时所需的数据，参数可以是数字、文本、逻辑值、单元格或区域名称，也可以是又一个函数。例如，对于“=SUM(B1:B8)”，SUM 是函数名，说明函数要执行求和运算，区域 B1:B8 是一个参数。

例如，计算某数据区域中满足数据小于 60 的个数。

选中计算结果存放单元格，单击该单元格编辑栏中的“fx”按钮，弹出如图 3-7 所示的对话框，在“选择函数”列表中选择“COUNTIF”函数；确定后，弹出如图 3-8 所示的“函数参数”对话框，在“区域”文本框中输入计算数据区域，在“条件”文本框中输入“<60”，最后

计算出该区域中数据小于 60 的个数。

图 3-7 “插入函数”对话框

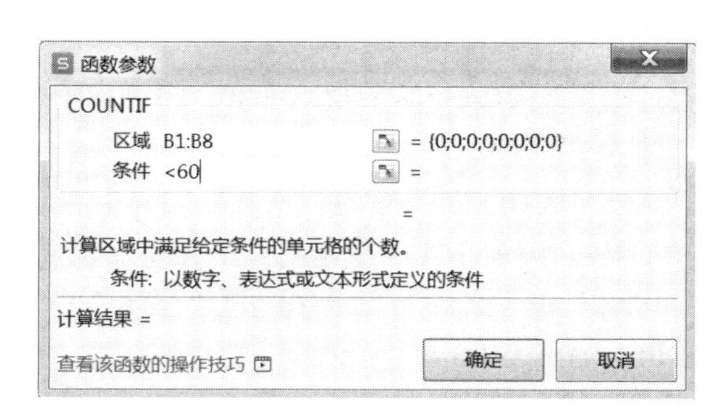

图 3-8 “函数参数”对话框

3.3.2 任务案例：“工资表”表格的数据计算

【案例 3-3】 对案例 3-2 中的“工资表 1.xlsx”结构进行调整，增加“合计”列，利用公式或函数统计每名员工的工资总额，设置完毕，以文件名“工资表 2.xlsx”另存文档，效果如图 3-9 所示。

职工工资明细表							
编号	姓名	性别	职称	工龄	基本工资	奖金	合计
580001	李晓丽	女	高级工程师	30	7286	3000	10286
580002	赵建勇	男	高级工程师	25	6937	3000	9937
580003	林强苏	男	高级工程师	21	6558	3000	9558
580004	王洪海	男	工程师	12	4930	2000	6930
580005	陈向阳	男	工程师	20	5665	2000	7665
580006	张建军	男	助理工程师	8	3980	1000	4980
580007	刘璐璐	女	助理工程师	6	3658	1000	4658

图 3-9 求和后的工资表

【操作步骤】

（1）打开工作表

启动 WPS 电子表格，打开“第 3 章素材”→“任务案例 3-3”文件夹的“工资表 1.xlsx”。

（2）调整表结构

选中 H2 单元格，输入文字“合计”；按照案例 3-2 的要求，格式化单元格区域 A1:G9。

（3）计算每名员工的工资总额

<1> 选中单元格 H3，直接输入公式“=F3+G3”或“=SUM(F3:G3)”，按 Enter 键（或单击

编辑栏左侧的“输入”按钮✓），结束输入状态，则在H3单元格中显示第一位员工的工资总额。

<2> 将鼠标指针移动到H3单元格的右下角的填充柄（黑色小方块）上，会变成一个黑色的十字形状，按住鼠标左键同时向下拖动到H9单元格，即可完成公式的复制。

（4）修饰工作表中的文字

<1> 选中标题所在的单元格A1，在“开始”选项卡的“字体”组中设置字体为“黑体”、字号20、蓝色、加粗。

<2> 选中单元格区域A2:G2，在“开始”选项卡的“字体”组中设置字体为“楷体”、字号16、黑色、加粗。

<3> 选中单元格区域A3:G9，在“开始”选项卡的“字体”组中设置字体为“华文细黑”、字号14、黑色。

（5）关闭文档并保存

<1> 选择“文件”菜单的“另存为”命令，选择保存位置后，将文档另存为“工资表2.xlsx”。

<2> 在“文件”菜单中选择“退出”命令，或单击WPS电子表格窗口右上角的“关闭”按钮，退出WPS电子表格。

3.3.3 知识拓展：公式的高级应用

1．复杂公式的使用

（1）公式的数值转换

在公式中，每个运算符与特定类型的数据连接，如果运算符连接的数值与其所需的类型不同，WPS电子表格将自动更换数值位类型。

（2）日期和时间的使用

WPS电子表格中显示时间和日期的数字是以1900年1月1日星期日为日期起点，数值设定为1；以午夜时（00:00:00）为时间起点，数值设定为0.0，范围是24小时。

日期计算中经常用到两个日期之差，如公式“="2015/10/29"-"2015/10/10"”的计算结果为19，也可以进行其他计算，如公式“="2015/10/29"+"2015/10/10"”的计算结果为84593。

输入日期时，若以短格式输入年份（即年份输入两位数），WPS电子表格将做如下处理：若年份为00～29，作为2000至2029年处理。例如，输入“15/11/2”，WPS电子表格认为该日期是“2015年11月2日”。若年份为30～99，作为1930至1999年处理。例如，输入“89/8/10”，WPS电子表格认为该日期是“1989年8月10日”。

（3）公式返回错误值及产生原因

使用公式时，出现错误将返回错误值。表3-1列出了常见的错误值及产生的原因。

2．数组公式的使用

用数组公式可以执行多个计算并返回多个结果。数组功能是数组公式作用于两个或多个功能区，称为数组参数值，每个数组参数必须具有相同数目的行和列。

（1）创建数组公式

① 如果希望数组公式返回一个结果，就单击输入数组公式的单元格；如果希望数组公式返回多个结果，就选定输入数组公式的单元格区域。

表 3-1　常见的错误值及产生的原因

返回的错误值	产生的原因
#####	公式计算的结果太长，单元格宽度不够，增加单元格的列宽可以解决
@div/0	除数为 0
#N/A	公式中没有可用数值，目标或参数缺失
#NAME?	公式中有不能识别的文本
#NULL!	公式中的区域交集不正确
#NUM!	在需要数字参数的函数中使用了不能接受的参数，或者公式计算结果的数字太大或太小，WPS 电子表格无法表示
#REF!	删除了公式引用的单元格
#VALUE!	需要数字或逻辑值时输入了文本

② 输入公式的内容，然后按 Ctrl+Shift+Enter 组合键，结束输入。

注意：若数组公式返回多个结果，删除数组公式时必须删除整个数组公式。

在数组公式中除了可以使用单元格引用，也可以直接输入数值数组。直接输入的数值数组称为数组常量。

在公式中建立数组常量的方法是，直接在公式中输入数值，并用“{}”括起来；不同列的数值用“,”分开，不同行的数值用“;”分开。

（2）应用数组公式

在图 3-5 所示的工资表中，可以用数组公式计算每名员工的工资总额。具体操作方法是，选定要用数组公式计算结果的单元格区域 H3:H9，输入公式“=F3:F9+G3:G9”，按 Ctrl+ Shift+ Enter 组合键，结束输入并返回计算结果。

任务 3.4　图表分析

3.4.1　知识导读：图表的创建和编辑

图表是将表格中的数据以图形的形式表示，使数据表现得更加可视化、形象化，方便用户了解数据的内容、数据的宏观走势和规律。系统提供了柱形图、折线图、饼图等 10 种图表的类型，用户可以根据自己的情况选择适当的图表类型。

图表的基本结构如下。

① 图表区：图表区是图表工作的区域，图表的所有组成元素都放在此区域中。

② 绘图区：绘制数据图形的区域，包括坐标轴（如分类轴、数值轴等）和数据系列。

③ 坐标轴：位于图形区边缘的直线，为图表提供计量和比较的参照框架。

④ 数据系列：在图表中用于表示一组数据的图形，每个数据系列的图形用特定的颜色和图案表示，数据来源于工作表中的一行或一列。可以增加数据标志以方便查看。

⑤ 标题：有图表标题、坐标轴标题（如分类轴标题、数值轴标题等）是分别为图表、坐标轴增加的说明性文字。

⑥ 图例：图例是一个方框，用于区分图表中为数据系列和分类所指定的图案或颜色。

图 3-10 为某图表的基本结构。

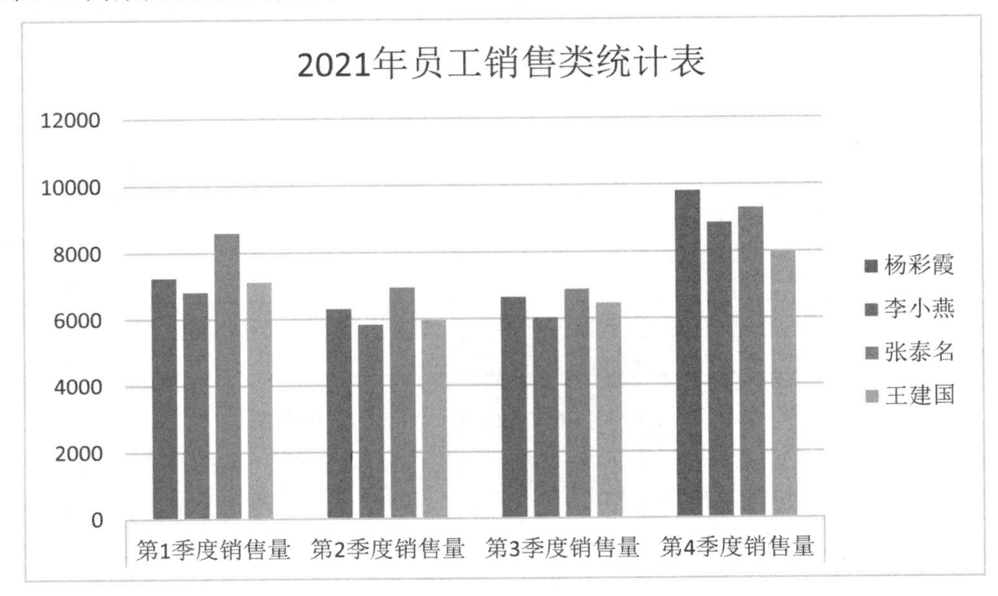

图 3–10 图表的基本结构

1．创建图表

创建图表时，可以先选择创建图表的数据源，再选择“插入”选项卡的“图表”组中的“全部图表”按钮，在弹出的“图表”对话框（如图 3-11 所示）中进一步选择合适的图表类型，单击即可完成插入图表操作。当图表创建完成后，在选中图表状态时，会自动显示“图表工具”和“文本工具”两个选项卡。

“图表工具”选项卡可以完成对图表整个格局的设置，如图表布局、图表样式等；“文本工具”选项卡可以完成对图表中对象格式的设置，如文本轮廓、艺术字样式等。

当希望单独查看图表，即将图表嵌入一个独立的工作表时，可以通过“图表工具”选项卡的“移动图表”命令，在“移动图表”对话框的选择“新工作表”选项来完成。

2．编辑图表中的对象

（1）更改图表类型

如果想把已经创建好的图表类型更改成其他类型，操作方法如下：

① 选中要更改类型的图表，重新单击“插入”选项卡的“全部图表”按钮，在弹出的“插入图表”选项卡（见图 3-11）中选择合适的图表类型。

② 选中要更改类型的图表，在“图表工具”选项卡中单击“更改类型”按钮，在弹出的“更改图表类型”对话框中重新设置所需要的图表类型。

（2）更改图表数据源

创建图表时，WPS 电子表格根据数据源中的行与列直接产生图表的分类轴和数据轴，当用户发现行与列的数据在图表中表现不合适，则可以在选中图表状态下进行修改。在“图表工具”选项卡中单击“切换行列”按钮，可进行行与列的切换。

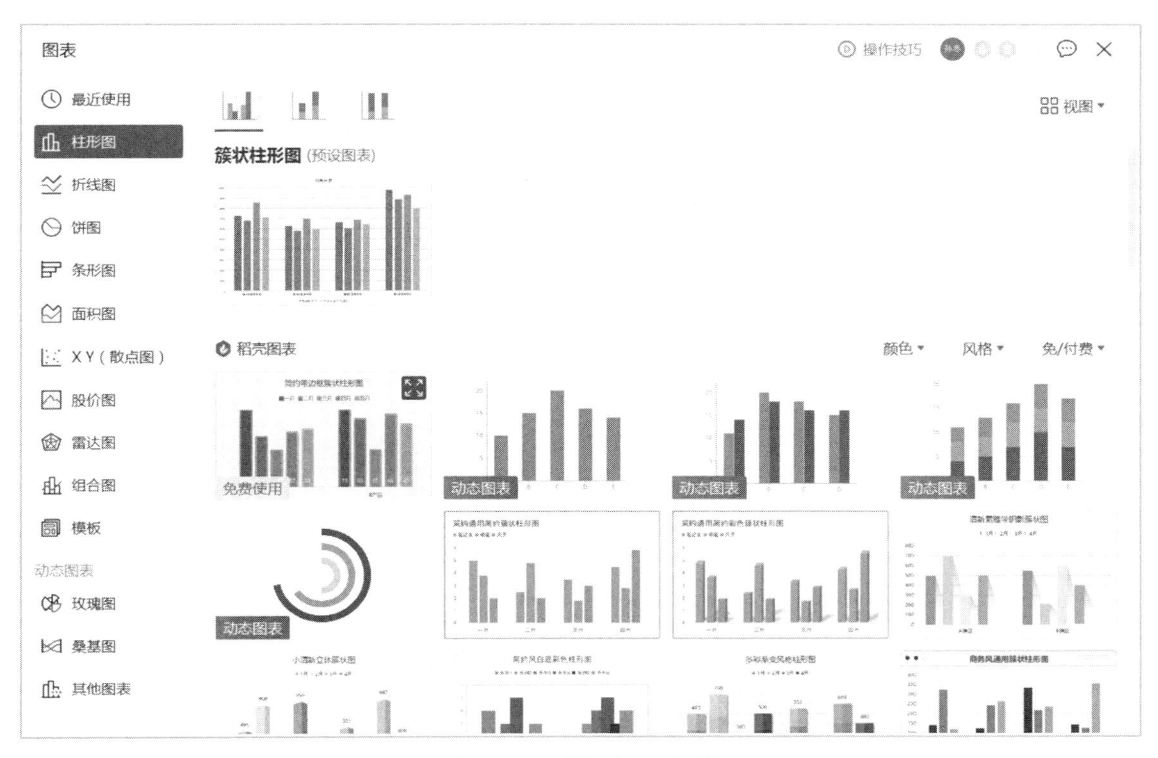

图 3-11　“图表”对话框

在已有的图表中可以重新选择图表的数据源，方法是：在选中图表的状态下，在“图表工具”选项卡中单击“选择数据”按钮，在弹出的“编辑数据源”对话框中重新选择数据区域。

（3）快速设置图表布局和样式

创建好图表后，在选中图表的状态下，在“图表工具”选项卡中单击“快速布局”按钮，从中选择一种布局，即通过设置图表布局的方法来快速设置图表标题和图例的位置。

图表样式包括图表中绘图区、背景、系列、标题等一系列元素的样式，系统预设了多种图表样式。在“图表工具”选项卡中选择“图表预设样式”列表，然后选择其中一种样式，即可以快速完成图表样式的重新设置。

（4）自定义图表布局和样式

除了利用预设的布局和样式来设置图表中的标题、背景、坐标轴、图表区、绘图区等一系列图表对象，用户还可以自定义图表对象。

若图表没有标题，在“图表工具”选项卡中单击“添加元素”按钮，在下拉菜单中选择“图表标题”命令，确定图表标题在图表中的位置，单击标题文本框，使其处于可编辑状态，输入标题。通过下拉菜单的“坐标轴”“轴标题”“数据标签”等命令，可以在图表中添加或删除坐标轴标题、图例、数据标签等图表对象。这些图表对象的文本除了一般的字体格式设置，还可以通过“文本工具”选项卡的选项来设置标题的文本填充、文本轮廓、文本效果。选中这些图表对象，还可以通过“文本工具”选项卡的按钮进行外观设置。快速设置图表对象的方法是：选中该图表对象并单击右键，在弹出的快捷菜单中选择其中的设置该对象格式的命令。

3.4.2 任务案例：“员工销售量统计表”的图表分析

【案例 3-4】 根据图 3-12 所示的“员工销售量统计表”创建簇状柱形图图表，效果如图 3-13 所示。

	A	B	C	D	E
1	员工销售量统计表				
2	姓名	第1季度销售量	第2季度销售量	第3季度销售量	第4季度销售量
3	杨彩霞	7250	6310	6650	9800
4	李小燕	6820	5830	6020	8860
5	张泰名	8600	6950	6880	9300
6	郑海燕	7650	6630	6500	7630
7	王建国	7120	5960	6460	7980
8	李鹏泰	6680	5680	6010	7550
9	周明军	8900	7000	6590	7290

员工销售量统计表

图 3-12　员工销售量统计表

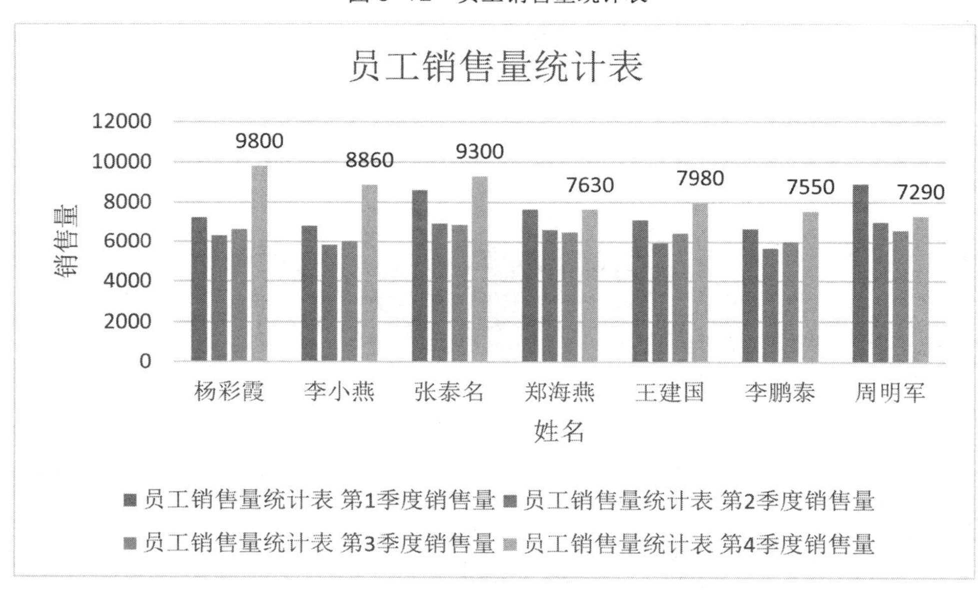

图 3-13　“员工销售量统计表”创建的簇状柱形图

具体要求如下：

（1）针对“员工销售量统计表”中每名员工四个季度的销售量数据，在当前工作表中建立簇状柱形图图表。

（2）设置图表标题为“员工销售量统计表”，横坐标轴标题为“姓名”，纵坐标轴标题为“销售量”。

（3）为图表中“第 4 季度销售量”的数据系列添加数据标签。

【操作步骤】

<1> 打开工作表。启动 WPS 电子表格，打开“第 3 章素材”→“任务案例 3-4”文件夹中的“员工销售量统计表.xlsx”。

<2> 选择用来生成图表的数据区域（本例为 A2:E9）。

<3> 在“插入”选项卡中单击“插入柱形图”按钮，在下拉列表中选择“二维柱形图”中的“簇状柱形图”，在当前工作表中创建了一个柱形图表，单击图表内空白处，然后按住鼠标左键进行拖动，将图表移动到工作表内的一个适当位置。

<4> 双击图表中的图表标题输入框，输入图表标题“员工销售量统计表”，单击图表空白区域完成输入。

<5> 选中图表，在“图表工具”选项卡中单击“添加元素”按钮，在下拉菜单中选择“轴标题”命令，分别完成横坐标与纵坐标标题的设置。

<6> 选中“第 4 季度销售量”数据系列，在“图表工具”中单击“添加元素”按钮，然后选择“数据标签”命令，在弹出的列表中选择“数据标签外”命令，创建的图表见图 3-13。

<7> 关闭文档并保存。选择“文件”菜单的“保存”命令，保存文档。选择“文件”菜单的“退出”命令，或单击 WPS 电子表格窗口右上角的“关闭”按钮，退出 WPS 电子表格。

3.4.3 知识拓展：迷你图的创建与编辑

迷你图是工作表单元格中的一个微型图形，显示在数据表格的旁边，可以直观地反映一系列数据的变化趋势，或者突出显示数据中的最大值和最小值。

这里通过一个例子来讲解如何创建迷你图，对图 3-13 所示的数据表创建一个迷你图。

操作步骤如下：

<1> 打开 WPS 电子表格，在“插入”选项卡中单击“迷你图”组的“柱形图”按钮，打开“创建迷你图”对话框，如图 3-14 所示。

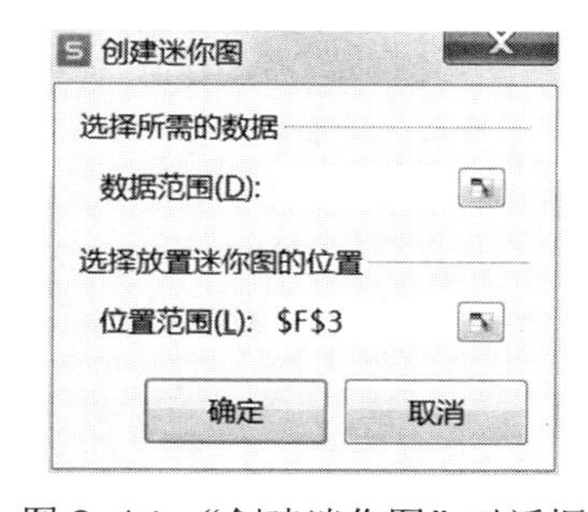

图 3-14 “创建迷你图”对话框

<2> 选择 B3:E3 区域作为“数据范围”，选择 F3 单元格作为“位置范围”。

<3> 单击“确定”按钮，关闭“创建迷你图”对话框。WPS 电子表格在 F3 单元格中创建一个“柱形迷你图”，如图 3-15 所示。

	A	B	C	D	E	F
1	员工销售量统计表					
2	姓名	第1季度销售量	第2季度销售量	第3季度销售量	第4季度销售量	
3	杨彩霞	7250	6310	6650	9800	
4	李小燕	6820	5830	6020	8860	
5	张泰名	8600	6950	6880	9300	
6	郑海燕	7650	6630	6500	7630	
7	王建国	7120	5960	6460	7980	
8	李鹏泰	6680	5680	6010	7550	
9	周明军	8900	7000	6590	7290	

员工销售量统计表 +

图 3-15 柱形迷你图

任务 3.5　数据管理

3.5.1　知识导读：数据管理常用操作

1．排序

为了方便查看数据、分析数据的变化情况，用户经常对数据进行排序，WPS 电子表格提供了多种排序的方法，这里介绍简单排序和复杂排序两种排序方法。

简单排序是根据数据表中的某一字段进行排序。方法是：将光标停在要进行排序的列的任意单元格，在“数据”选项卡中单击“排序”按钮，然后选择“升序”或“降序”。

复杂排序是对两组或两组以上的数据进行排序。方法是：在“数据”选项卡中单击“排序”按钮，然后选择“自定义排序”，设置“主要关键字”的排序依据和次序，再单击“添加条件”按钮，增加设置“次要关键字”的排序依据和次序，可以添加多个次要关键字的排序，也可以通过删除条件来减少次要关键字的排序。排序结果就是数据先根据主要关键字来排序，当关键字中有相同值时，再根据次要关键字排序，以此类推。

2．筛选

与排序不同，筛选并不重排数据。筛选只是显示满足符合条件的数据，不符合条件的其他数据则隐藏起来，WPS 电子表格提供了筛选和高级筛选两种筛选方式。

筛选：选择数据区域中的任一单元格，在“数据”选项卡中单击“筛选”按钮，数据列表中的每个字段旁出现一个小箭头，表明数据列表具有了筛选功能，再单击“筛选”按钮，则会取消筛选功能。单击要筛选的字段旁的下拉按钮，在弹出的列表中可以选择根据列中数据类型显示的“内容筛选”“颜色筛选”“数字筛选”或“文本筛选”等选项，进行指定内容的筛选。

高级筛选：对于筛选条件较为复杂的筛选，则需要高级筛选。使用高级筛选时，必须在工作表的无数据的区域中先输入要筛选的一个或多个条件，作为条件区域来存放筛选条件，然后在“数据”选项卡中单击“筛选”按钮右下角的小三角，选择其中的“高级筛选”，在弹出的“高级筛选”对话框中进行设置，筛选的结果显示在指定位置。

3．分类汇总

分类汇总是对数据表中的记录按某一字段的值进行分类，该字段称为分类字段。分类字段值相同的记录归为同一类，并对同一类记录的数据进行统计计算，如求和、求平均值、计数等。注意，在分类汇总前，必须先按分类字段进行排序。

这里通过一个例子来讲解如何进行分类汇总。对图 3-16 所示的数据表统计各类职称基本工资的平均值。

操作步骤如下：

<1> 对“职称”字段进行排序，使具有相同职称的记录排列在一起。“职称”字段就是分类字段。

<2> 选定数据表中任一单元格，在“数据”选项卡的“分级显示”组中单击“分类汇总”按钮，弹出如图 3-17 所示的“分类汇总”对话框，进行适当设置。

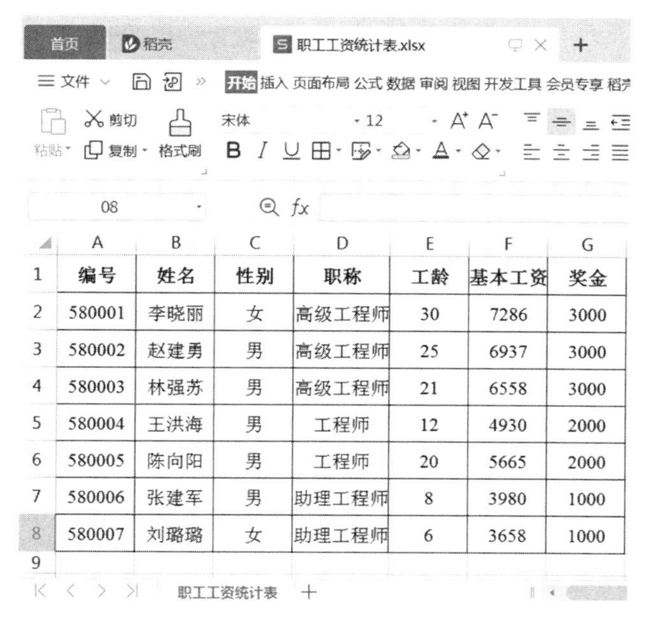

	A	B	C	D	E	F	G
1	编号	姓名	性别	职称	工龄	基本工资	奖金
2	580001	李晓丽	女	高级工程师	30	7286	3000
3	580002	赵建勇	男	高级工程师	25	6937	3000
4	580003	林强苏	男	高级工程师	21	6558	3000
5	580004	王洪海	男	工程师	12	4930	2000
6	580005	陈向阳	男	工程师	20	5665	2000
7	580006	张建军	男	助理工程师	8	3980	1000
8	580007	刘璐璐	女	助理工程师	6	3658	1000

图 3-16 数据表

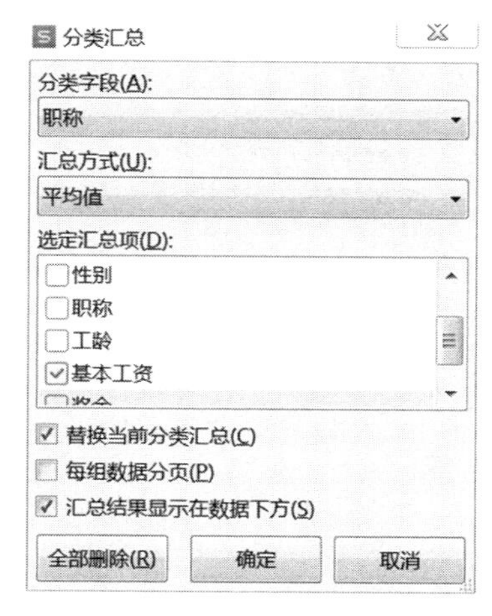

图 3-17 “分类汇总”对话框

❖ 分类字段：选择数据表中要划分成若干类的字段，即上面排序的字段。

❖ 汇总方式：选择用于计算的统计函数，在此选择“平均值”。

❖ 选定汇总项：选择汇总字段，即函数汇总的对象，这里只选中“基本工资”。

❖ 替换当前分类汇总：选择是否用新的分类汇总替换数据表中的原有分类汇总。

如果在已有的分类汇总表上在进行分类汇总，就不能勾选此复选框。

最后单击“确定”按钮，完成分类汇总，在原数据表上会多出由于执行分类汇总命令而增加的若干行统计数据。

分类汇总建立好后，WPS 电子表格会自动对数据表中的数据进行分级显示。在工作表窗口的左边自动出现分级显示区，列出了一些分级显示符号，用户通过左上方的“1”“2”“3”，从整体上可以显示或隐藏相应级别的明细数据。

“分类汇总”对话框中的“全部删除”按钮是用来删除分类汇总的，如果要恢复原来的数据表，单击此按钮即可。

4．数据透视表

上面介绍的分类汇总只能对数据表中的一个字段进行汇总计算，如果要对多个字段进行汇总，使用分类汇总比较烦琐，用数据透视表就比较方便。数据透视表便是一种对大量数据快捷汇总和建立交叉列表的交互式表格。

（1）建立数据透视表

仍用一个例子来讲解如何建立数据透视表。

在图 3-16 所示的数据表中，要求按职称和性别进行分类、统计。操作步骤如下：

① 单击 A2:F9 区域中的任意单元格，在“插入”选项卡的“表格”组中单击“数据透视表”按钮，弹出“创建数据透视表”对话框，如图 3-18 所示。

② 系统自动将单元格区域自动添加到“请选择单元格区域”文本框中，在“请选择放置

数据透视表的位置”选项中选择放置数据透视表的位置，可以放置到新工作表中，也可以放置在现有工作表中；单击“确定”按钮，出现放置数据透视表的区域：“数据透视表字段”任务窗格和“数据透视表工具”选项卡，如图 3-19 所示。

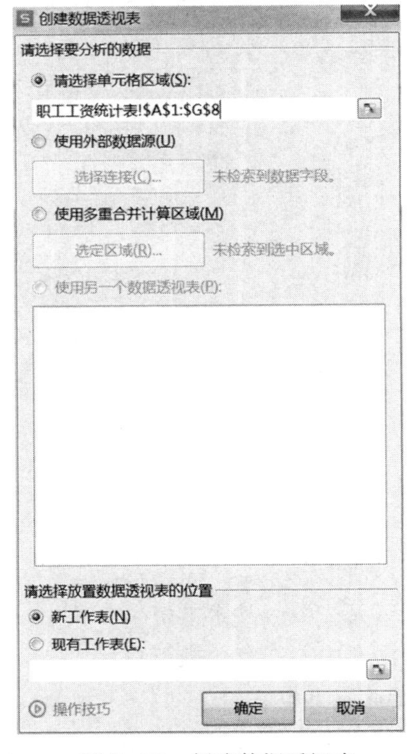

图 3-18　创建数据透视表

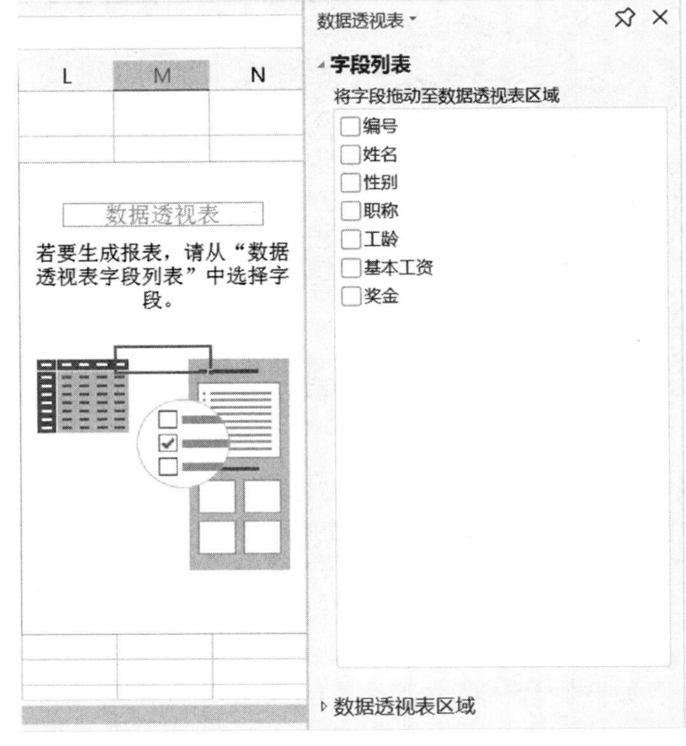

图 3-19　创建数据透视表

③ 此时可以在“数据透视表字段列表”任务窗格中拖曳所需的字段到数据透视表区域，如将“职称”字段拖曳到“数据透视表字段”任务窗格的“行”区域。

④ 将“性别”字段拖曳到“数据透视表字段”任务窗格中的“列”区域。

⑤ 将“基本工资”和“奖金”两个字段拖到“数据透视表字段”任务窗格的“值”区域。

⑥ 拖曳的数据项默认为“求和项”，若要修改为其他计算类型，选择某个需要修改的“求和项”的下拉列表，在弹出的快捷菜单中选择“值字段设置”命令，打开“值字段设置”对话框，选择“值字段汇总方式”中的“平均值”“计数”等选项，结果如图 3-20 所示。

	性别	值				
	男		女		平均值项:基本工资汇总	平均值项:奖金汇总
职称	平均值项:基本工资	平均值项:奖金	平均值项:基本工资	平均值项:奖金		
高级工程师	6747.5	3000	7286	3000	6927	3000
工程师	5297.5	2000			5297.5	2000
助理工程师	3980	1000	3658	1000	3819	1000
总计	**5614**	**2200**	**5472**	**2000**	**5573.428571**	**2142.857143**

图 3-20　创建数据透视表

（2）数据透视表的编辑

数据透视表建立好后，有时会不符合要求，需要进行单元格格式的修改、数据字段的添加或删除、汇总方式的修改等。将光标停在创建好的数据透视表中，单击右键，通过弹出的快捷菜单的命令可以进行快速设置数据透视表中的数据格式，或利用“数据透视表工具”选项卡进行移动数据透视表、更改数据源、排序等操作。

3.5.2 任务案例：“员工工资表”的数据管理

【案例 3-5】 根据图 3-21 所示的“员工工资表”进行排序、筛选和分类汇总操作，具体要求如下。

	A	B	C	D	E
1	员工工资表				
2	编号	姓名	部门	基本工资	奖金
3	580001	李晓丽	研发部	7286	3000
4	580002	赵建勇	设计部	6937	3000
5	580003	林强苏	研发部	6558	3000
6	580004	王洪海	销售部	4930	2000
7	580005	陈向阳	销售部	5665	2000
8	580006	张建军	设计部	3980	1000
9	580007	刘璐璐	设计部	3658	1000

Sheet1

图 3-21　员工工资表

（1）将 Sheet1 工作表中的内容复制至两个新工作表中，将三个工作表名称分别更改为“排序”“筛选”和“分类汇总”。

（2）使用“排序”工作表中的数据，以“基本工资”为主要关键字、“奖金”为次要关键字降序排序。

（3）使用“筛选”工作表中的数据，筛选出“部门”为设计部且“基本工资”大于或等于 3800 的记录。

（4）使用“分类汇总”工作表中的数据，以“部门”为分类字段，将“基本工资”进行“平均值”分类汇总。

【操作步骤】

（1）打开工作表

启动 WPS 电子表格，打开“第 3 章素材”→“任务案例 3-5”文件夹中的“员工工资表.xlsx”。

（2）工作表的管理

<1> 右击工作表中的“Sheet1”标签，在弹出的快捷菜单中选择“创建副本”命令，将增加一个复制的工作表。它与原来的工作表中的内容相同，默认名称为 Sheet1(2)。

<2> 用同样的方法创建另一张工作表，创建完成后，其默认名称为 Sheet1(3)。

<3> 右击工作表 Sheet1 标签，在弹出的快捷菜单中选择“重命名”命令，然后在标签处输入新的名称“排序”。

<4> 用同样的方式分别修改 Sheet1(2)和 Sheet1(3)工作表的名称为“筛选”和“分类汇总”。

（3）数据排序

<1> 使用“排序”工作表中的数据，将鼠标指针定位在数据区域任意单元格中，在“数据”

选项卡中单击“排序”按钮右下角的小三角，在下拉菜单中选择“自定义排序”，弹出“排序”对话框，在“主要关键字”下拉列表中选择“基本工资”选项，在“次序”下拉列表中选择“降序”选项。

<2> 单击“添加条件”按钮，增加“次要关键字”设置选项，在“次要关键字”下拉列表中选择“奖金”选项，在“次序”下拉列表中选择“降序”选项。

<3> 单击“确定”按钮，即可将员工按基本工资降序方式进行排序，基本工资相同则按奖金进行降序排序，如图 3-22 所示。

	A	B	C	D	E
1	员工工资表				
2	编号	姓名	部门	基本工资	奖金
3	580001	李晓丽	研发部	7286	3000
4	580002	赵建勇	设计部	6937	3000
5	580003	林强苏	研发部	6558	3000
6	580005	陈向阳	销售部	5665	2000
7	580004	王洪海	销售部	4930	2000
8	580006	张建军	设计部	3980	1000
9	580007	刘璐璐	设计部	3658	1000
10					

排序　筛选　分类汇总

图 3-22　排序后的员工工资表

（4）数据筛选

<1> 使用“筛选”工作表中的数据，将鼠标指针定位在第 2 行任一单元格中，在“数据”选项卡中单击“筛选”按钮。

<2> 单击“部门”单元格中的下拉按钮，在弹出的下拉列表中选择“设计部”，单击“确定”按钮，即可筛选出部门为“设计部”的数据。

<3> 单击“基本工资”单元格的下拉按钮，在弹出的下拉列表中选择“数字筛选|大于或等于”选项。

<4> 打开“自定义自动筛选方式”对话框，从中设置“基本工资大于或等于 3900”。

<5> 单击“确定”按钮，即可筛选出“基本工资”大于等于 3900 的记录，如图 3-23 所示。

	员工工资表				
2	编号	姓名	部门	基本工资	奖金
4	580002	赵建勇	设计部	6937	3000
8	580006	张建军	设计部	3980	1000
10					

排序　筛选　分类汇总

图 3-23　筛选后的员工工资表

<6> 分别单击“部门”和“基本工资”单元格的下拉按钮，在弹出的下拉列表中选择“全选”选项，则会显示原来的所有数据。

（5）分类汇总

<1> 使用“分类汇总”工作表中的数据，将鼠标指针定位在数据区域任意单元格中，在“数

据”选项卡中单击“排序”按钮右下角的小三角，在下拉菜单中选择“自定义排序”，弹出“排序”对话框，在“主要关键字”下拉列表中选择“部门”选项，在“次序”下拉列表中选择“升序”选项。

<2> 单击“确定”按钮，即可将数据按部门的升序方式进行排序。

<3> 单击“数据”选项卡中的“分类汇总”按钮，弹出“分类汇总”对话框。在“分类字段”下拉列表中选择“部门”，在“汇总方式”下拉列表中选择“平均值”，在“选定汇总项”列表框中选择“基本工资”。

<4> 选中“替换当前分类汇总”与“汇总结果显示在数据下方”两项，单击“确定”按钮，效果如图 3-24 所示。

<5> 单击分类汇总表左侧的减号，即可折叠分类汇总表。

	A	B	C	D	E
1	员工工资表				
2	编号	姓名	部门	基本工资	奖金
3	580002	赵建勇	设计部	6937	3000
4	580006	张建军	设计部	3980	1000
5	580007	刘璐璐	设计部	3658	1000
6		设计部 平均值		4858.3333	
7	580004	王洪海	销售部	4930	2000
8	580005	陈向阳	销售部	5665	2000
9		销售部 平均值		5297.5	
10	580001	李晓丽	研发部	7286	3000
11	580003	林强苏	研发部	6558	3000
12		研发部 平均值		6922	
13			总平均值	5573.4286	

排序　筛选　分类汇总

图 3-24　汇总后的工作表效果图

（6）关闭文档并保存

<1> 选择“文件”菜单的“保存”命令，保存文档。

<2> 选择“文件”菜单的“退出”命令，或单击 WPS 电子表格窗口右上角的“关闭”按钮，退出 WPS 电子表格。

任务 3.6　综合案例：“电脑销售明细表”的数据管理和分析

1．完成效果

本案例的目的是建立规范的数据清单（如图 3-25 所示），并以此为基础应用数据透视表和数据透视图进行数据分析，最终完成效果如图 3-26 所示。

	A	B	C	D	E
1	日期	类型	数量	价格(元)	销售额（百万元）
2	2021/1/1	笔记本电脑	1481	3200	4.7392
3	2021/1/1	上网本电脑	1575	2100	3.3075
4	2021/1/1	平板电脑	882	2800	2.4696
5	2021/1/10	笔记本电脑	1498	3200	4.7936
6	2021/1/10	上网本电脑	1595	2100	3.3495
7	2021/1/10	平板电脑	817	2800	2.2876
8	2021/1/20	笔记本电脑	1576	3200	5.0432
9	2021/1/20	上网本电脑	855	2100	1.7955
10	2021/1/20	平板电脑	1545	2800	4.326
11	2021/1/30	笔记本电脑	1532	3200	4.9024
12	2021/1/30	上网本电脑	888	2100	1.8648
13	2021/1/30	平板电脑	1532	2800	4.2896
14	2021/2/1	笔记本电脑	1535	3200	4.912
15	2021/2/1	上网本电脑	1407	2100	2.9547
16	2021/2/1	平板电脑	1509	2800	4.2252
17	2021/2/10	笔记本电脑	1099	3200	3.5168
18	2021/2/10	上网本电脑	1455	2100	3.0555
19	2021/2/10	平板电脑	1088	2800	3.0464
20	2021/2/20	笔记本电脑	981	3200	3.1392
21	2021/2/20	上网本电脑	1451	2100	3.0471
22	2021/2/20	平板电脑	930	2800	2.604
23	2021/2/28	笔记本电脑	1041	3200	3.3312
24	2021/2/28	上网本电脑	1454	2100	3.0534
25	2021/2/28	平板电脑	1542	2800	4.3176
26	2021/3/1	笔记本电脑	1541	3200	4.9312
27	2021/3/1	上网本电脑	1036	2100	2.1756
28	2021/3/1	平板电脑	1443	2800	4.0404
29	2021/3/10	笔记本电脑	1514	3200	4.8448
30	2021/3/10	上网本电脑	1158	2100	2.4318
31	2021/3/10	平板电脑	1417	2800	3.9676

2021年第一季度电脑销售明细

图 3-25 原始数据

	A	B	C	D	E
1	日期	类型	数量	价格(元)	销售额（百万元）
2	2021/1/1	笔记本电脑	1481	3200	4.7392
3	2021/1/1	上网本电脑	1575	2100	3.3075
4	2021/1/1	平板电脑	882	2800	2.4696
5	2021/1/10	笔记本电脑	1498	3200	4.7936
6	2021/1/10	上网本电脑	1595	2100	3.3495
7	2021/1/10	平板电脑	817	2800	2.2876
8	2021/1/20	笔记本电脑	1576	3200	5.0432
9	2021/1/20	上网本电脑	855	2100	1.7955
10	2021/1/20	平板电脑	1545	2800	4.326
11	2021/1/30	笔记本电脑	1532	3200	4.9024
12	2021/1/30	上网本电脑	888	2100	1.8648
13	2021/1/30	平板电脑	1532	2800	4.2896
14	2021/2/1	笔记本电脑	1535	3200	4.912
15	2021/2/1	上网本电脑	1407	2100	2.9547
16	2021/2/1	平板电脑	1509	2800	4.2252
17	2021/2/10	笔记本电脑	1099	3200	3.5168
18	2021/2/10	上网本电脑	1455	2100	3.0555
19	2021/2/10	平板电脑	1088	2800	3.0464
20	2021/2/20	笔记本电脑	981	3200	3.1392
21	2021/2/20	上网本电脑	1451	2100	3.0471
22	2021/2/20	平板电脑	930	2800	2.604
23	2021/2/28	笔记本电脑	1041	3200	3.3312
24	2021/2/28	上网本电脑	1454	2100	3.0534
25	2021/2/28	平板电脑	1542	2800	4.3176
26	2021/3/1	笔记本电脑	1541	3200	4.9312
27	2021/3/1	上网本电脑	1036	2100	2.1756
28	2021/3/1	平板电脑	1443	2800	4.0404
29	2021/3/10	笔记本电脑	1514	3200	4.8448
30	2021/3/10	上网本电脑	1158	2100	2.4318
31	2021/3/10	平板电脑	1417	2800	3.9676

2021年第一季度电脑销售明细

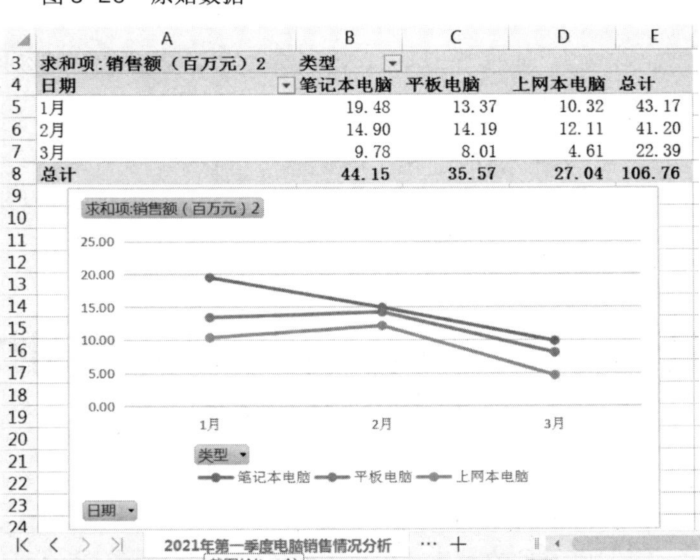

	A	B	C	D	E
3	求和项:销售额（百万元）2	类型			
4	日期	笔记本电脑	平板电脑	上网本电脑	总计
5	1月	19.48	13.37	10.32	43.17
6	2月	14.90	14.19	12.11	41.20
7	3月	9.78	8.01	4.61	22.39
8	总计	44.15	35.57	27.04	106.76

图 3-26 案例完成效果

2．制作流程

步骤 1： 录入和整理数据		步骤 2： 应用数据透视表和数据透视视图分析数据		步骤 3： 保护工作表和工作簿

步骤 1：录入和整理数据。

（1）操作要求

录入数据：按照图 3-25 录入数据；工作表命名为“2021 年第一季度电脑销售明细”。

添加公式：在 E 列显示每种产品当日的销售额（销售额=数量×价格），并以百万元单位来显示。

表格格式：为 A1:E34 单元格区域添加所有内部和外部边框线。

（2）操作过程

<1> 新建一个空白工作簿，并将其命名后保存到自己定义的目录下。

<2> 右键单击工作表标签“Sheet1”，从弹出的快捷菜单中选择“重命名”命令，将其更名为“2021 年第一季度电脑销售明细”。

<3> 按照图 3-25，在“2021 年第一季度电脑销售明细”工作表中录入相应数据作为本例素材。

<4> 选定 E2 单元格，并输入公式“=C2*D2/1000000”，然后按 Enter 键。

<5> 再次选中 E2 单元格，将光标移到单元格右下角填充柄，当光标变为“十”字时，双击填充柄，将 E2 单元格中的函数以相对引用的方式复制到单元格 E31。

<6> 选定单元格区域 A1:E31，在“开始”选项卡中单击“边框”按钮右侧的小三角，在下拉菜单中单击“所有框线”，完成表格格式的设置。

步骤 2：应用数据透视表和数据透视视图分析数据。

（1）操作要求

建立数据透视表：位置，名称为“2021 年第一季度电脑销售情况分析”的新工作表；行标签，日期；列标签，类型；求和项，销售额（百万元）；求和项数字格式，数值，保留两位小数；分组，将“日期”字段按照月份分组。

建立数据透视图：图表类型“带数据标记的折线图”；图例，图表底部。

（2）操作过程

<1> 选中工作表“2021 年第一季度电脑销售明细”中的数据区的任意一个单元格，在单击“插入”选项卡中单击“数据透视表”按钮。

<2> 打开“创建数据透视表”对话框，接受默认设置，直接单击“确定”按钮。

<3> 在打开的“数据透视表字段”任务窗格中，将“日期”字段拖到“行”区域，将“类型”字段拖到“列”区域，将“销售额（百万元）”字段拖到“值”区域。此时可以看到，左侧工作表中已经建立起数据透视表。

<4> 单击“值”区域中的“求和项：销售额（百万元）”字段，然后“值字段设置”。

<5> 打开“值字段设置”对话框，单击左下方的“数字格式”按钮。

<6> 打开“设置单元格格式”对话框，选中“分类”列表框中的“数值”。

<7> 在右侧“小数位数”文本框中输入“2”，单击“确定”按钮。

<8> 返回“值字段设置”对话框后，单击“确定”按钮，完成对于求和项数字格式的设置。

<9> 选中 A5 单元格，在“分析”选项卡中单击“组选择”按钮，打开“组合”对话框，在“步长”列表框中选中“月”。

<10> 选中“起始于”复选框，并在右侧文本框中输入“2021/1/1”，勾选“终止于”复选框，并在右侧文本框中输入“2021/4/1”，单击“确定”按钮。

<11> 在“插入”选项卡中单击“数据透视图”按钮，打开“图表”对话框，选中“折线图”组的“带数据标记的折线图”。

<12> 双击“带数据标记的折线图”，插入数据透视图，并将插入的图表移动到数据透视表的下方。

<13> 选中插入的数据透视图，在“图表工具”选项卡中单击“添加元素”下拉按钮，在下拉菜单中选择“图例”中的“底部”。

<14> 将数据透视表所在工作表的名称更改为“2021 年第一季度电脑销售情况分析”。

步骤 3：保护工作表和工作簿。

（1）操作要求

保护工作表：保护所有工作表；设定密码为 6 位；不允许未经授权用户选定所有锁定和未锁定单元格。

保护工作簿：设定密码为 6 位；仅保护工作簿的结构。

（2）操作过程

<1> 切换到工作表“2021 年第一季度电脑销售明细”，在“审阅”选项卡中单击“保护工作表”按钮，打开“保护工作表”对话框，在“密码”文本框中输入 6 位密码。

<2> 在“允许此工作表的所有用户进行”列表框中，取消所有复选框的选中状态，单击“确定”按钮，弹出“确认密码”对话框，重新输入密码。

<3> 单击“确定”按钮，完成对该工作表的保护。

<4> 依照同样的方法，完成对工作簿中其他工作表的保护。

<5> 在“审阅”选项卡中单击“保护工作簿”按钮，打开“保护工作簿”对话框，从中输入密码，单击“确定”按钮。

<6> 打开“确定密码”对话框，从中重新输入密码。

<7> 单击“确定”按钮，完成工作簿的保护。

任务 3.7　练一练：“西甲射手榜”数据分析

1．目的

（1）熟练掌握 WPS 电子表格的基本操作。

（2）掌握单元格数据的编辑方法。

（3）掌握公式和函数的使用方法。

（4）掌握工作表格式的设置及自动套用格式的使用。

（5）掌握 WPS 电子表格中常用图表的建立方法。

（6）掌握图表格式化方法。

2．操作要求

（1）录入和整理数据

录入数据：按照图 3-27 录入数据；工作表命名为“2020-2021 赛季西甲射手榜”。

	A	B	C	D	E
1	排名	球员	普通进球	点球	总进球数
2	1	梅西	27	3	30
3	2	莫雷诺	13	10	23
4	3	本泽马	21	1	22
5	4	苏亚雷斯	17	3	20
6	5	恩内斯里	18	0	18
7	6	莫拉莱斯	13	0	13
8	7	文森特	11	2	13
9	8	阿斯帕斯	9	4	13
10	9	略伦特	12	0	12
11	10	格列兹曼	11	1	12
12	合计		152	24	176

2020-2021赛季西甲射手榜　2020-2021

图 3-27　原始数据

添加公式：利用公式在 E2 单元格中显示该名球员总进球数（总进球数=普通进球+点球），并利用自动填充柄将公式向下自动填充至 E3:E11 区域；添加函数，利用 SUM 函数在 C12 单元格中显示表中 10 名球员普通进球之和，并利用自动填充柄将函数向右自动填充至 D12:E12 区域。

表格格式：套用表格格式，表样式中等深浅 2。

（2）建立数据图表

建立图表：位置，名称为“2020—2021 赛季西甲射手榜数据分析”的新工作表；数据源，单元格区域 A1:E11；图表类型，簇状柱形图；图表标题，2020—2021 赛季西甲射手榜数据分析；图例位置，右侧；数据标签位置，数据标签外。

完成效果如图 3-28 所示。

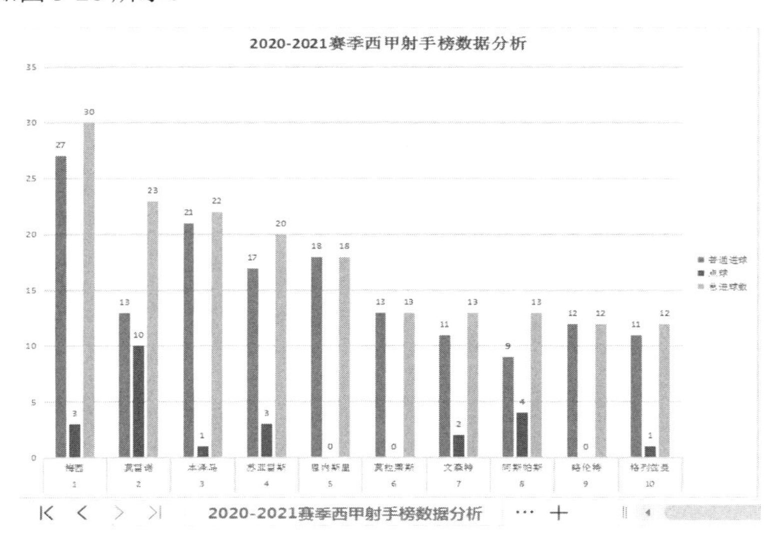

图 3-28　实训效果

（3）保存文档

保存文档：保存文档名，学号+姓名；保存位置，自定义。

习 题 3

1. 简答题

（1）在 WPS 电子表格中如何插入、删除单元格、行和列?

（2）WPS 电子表格的单元格引用方式有哪几种?

2. 上机题

（1）在 WPS 电子表格中有数据清单如图 3-29 所示，按以下要求对该数据清单进行操作。

	A	B	C	D	E
1	球队	积分	进球	失球	净胜球
2	阿森纳	63	62	32	
3	斯旺西	46	37	39	
4	热刺	54	50	45	
5	曼联	62	55	28	
6	曼城	61	62	28	
7	利物浦	54	45	36	
8	切尔西	70	63	26	
9	南安普敦	53	42	22	

图 3-29　上机题（2）数据清单

① 将工作表命名为“2020—2021 赛季英超最新积分榜”。

② 利用公式和自动填充功能在 E 列显示各队净胜球数（净胜球=进球-失球）。

③ 按“积分”的降序方式重新排列表格中的数据。

④ 在“球队”列左侧插入新列“排名”，并以自动填充的方式填入各队名次。

⑤ 将文档以“英超最新积分榜”命名并保存在自定义目录下。

第 4 章

IT

演示文稿软件应用

本章学习目标

- ❖ 掌握 WPS 演示的演示文稿的创建。
- ❖ 掌握 WPS 演示的幻灯片的编辑。
- ❖ 掌握 WPS 演示的版式、主题与母版等幻灯片外观设计。
- ❖ 了解 WPS 演示的幻灯片动画效果设计。
- ❖ 掌握 WPS 演示的切换与放映。

WPS 演示相当于微软的 PowerPoint，兼容 PPT 格式 PPT/PPTX，可以轻松制作集文字、图形、图像、音频、视频、动画于一体的演示文稿，广泛应用于专家讲座、教师授课、产品演示、广告宣传、技术交流和论文答辩等。WPS 演示制作的演示文稿可以通过计算机屏幕、投影仪或互联网等多种途径展示，主题鲜明、内容丰富、图文并茂、灵活生动，将信息展现得淋漓尽致，是展示与交流的最佳选择。

任务 4.1　演示文稿的创建

4.1.1　知识导读：演示文稿界面与基本操作

WPS 演示是一款 WPS 办公软件中的幻灯片播放软件，一般包括为演示而制作的所有幻灯片、演讲者备注和旁白等内容，其默认扩展名是.pptx。演示文稿中的每一张演示单页称为幻灯片，是演示文稿的核心，制作一个演示文稿的过程就是依次制作一张张幻灯片的过程。

在使用 WPS 演示制作演示文稿之前，首先需要了解 WPS 演示的界面，掌握演示文稿的基本操作，包括演示文稿的创建、保存、打开、关闭和幻灯片的插入、复制、移动、删除等。单击桌面图标，或者单击“开始”→“程序”或“所有程序”→“WPS Office”→“新建”→“演示”。

1．WPS 演示的主窗口界面

WPS 演示拥有典型的 Windows 应用程序窗口界面，其组成部分主要有：功能区、工作编辑区、任务窗格、状态栏、视图切换栏、一键美化等。WPS 演示的主窗口界面如图 4-1 所示。

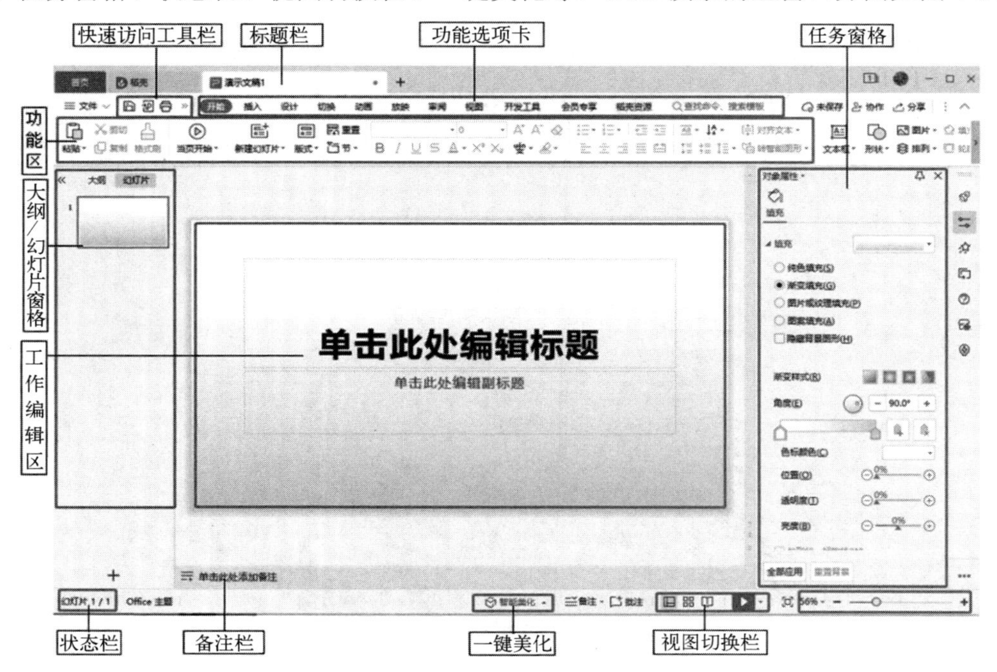

图 4-1　WPS 演示文稿的工作界面

（1）标题栏

标题栏位于主窗口的最上方，显示正在使用的文档名称、程序名称及窗口控制按钮等。

（2）快速访问工具栏

快速访问工具栏位于主窗口左上角，具有快速访问的作用，默认有 4 个最常用的按钮：“保存”“撤消”“恢复”“重头开始”。单击最右侧的展开按钮▾，打开“自定义快速访问工具栏”下拉菜单，用户可以根据需求添加常用的工具按钮。

（3）功能区

在 WPS 演示中，传统的菜单栏和工具栏分别被选项卡和功能区取代。选项卡最左端是“文件”菜单，其中包括针对“文件”的各种操作命令。“文件”菜单右侧是功能选项卡，包括“开始”“插入”“设计”“切换”“动画”“幻灯片放映”“审阅”“视图”等。功能区位于选项卡的下方，选择一个选项卡，其功能区中会显示相应的工具组、常用命令、按钮、列表框等。

（4）“大纲/幻灯片”窗格

“大纲/幻灯片”窗格位于幻灯片编辑窗格的左侧，用于显示当前演示文稿幻灯片的文本大纲、缩略图、数量和位置等，包括“大纲视图”和“普通视图”两种模式。通过“视图”选项卡功能区中的按钮，可以实现“大纲视图”和“普通视图”两种状态的切换。“大纲视图”显示幻灯片的文本大纲，“普通视图”显示幻灯片的缩略图。

（5）幻灯片编辑窗格

幻灯片编辑窗格位于 WPS 演示的主窗口中间，是用于显示和编辑当前幻灯片的重要区域。在幻灯片编辑区中，可以向幻灯片输入文本、编辑文本、插入对象、设置动画和超链接等操作，还可以查看每张幻灯片中各对象设置的整体效果。

（6）备注栏

备注栏位于幻灯片编辑窗格的下方，用于存储和编辑幻灯片的一些备注信息，供演讲者使用。

（7）状态栏

状态栏位于主窗口的最下方，用于显示当前幻灯片的编号、总数、幻灯片主题等信息。

（8）视图切换栏

视图切换栏位于主窗口状态栏右侧，包括“普通视图”“幻灯片浏览”“阅读视图”和“幻灯片放映”按钮。单击某按钮，可以在常用视图模式之间快速切换。

（9）任务窗格

幻灯片编辑时，根据当前对象需要设置的功能，任务窗格显示不同内容，如“动画窗格”“设置幻灯片背景”“设置形状格式”等。任务窗格可以由用户设置显示或关闭。

（10）一键美化

“一键美化”是 WPS 演示的智能排版功能。用户只需要准备好内容，排版、配色、特效等，后续可以通过“一键美化”来完成。

2. 创建演示文稿

在 WPS 演示中创建演示文稿的步骤如下：打开 WPS 演示的主界面，单击窗口左侧的菜单“新建”；打开新建页面后，在顶部单击“演示”选项；切换到演示页面后，单击“新建空白文档”（如图 4-2 所示），就会打开空白演示文稿的编辑页面。

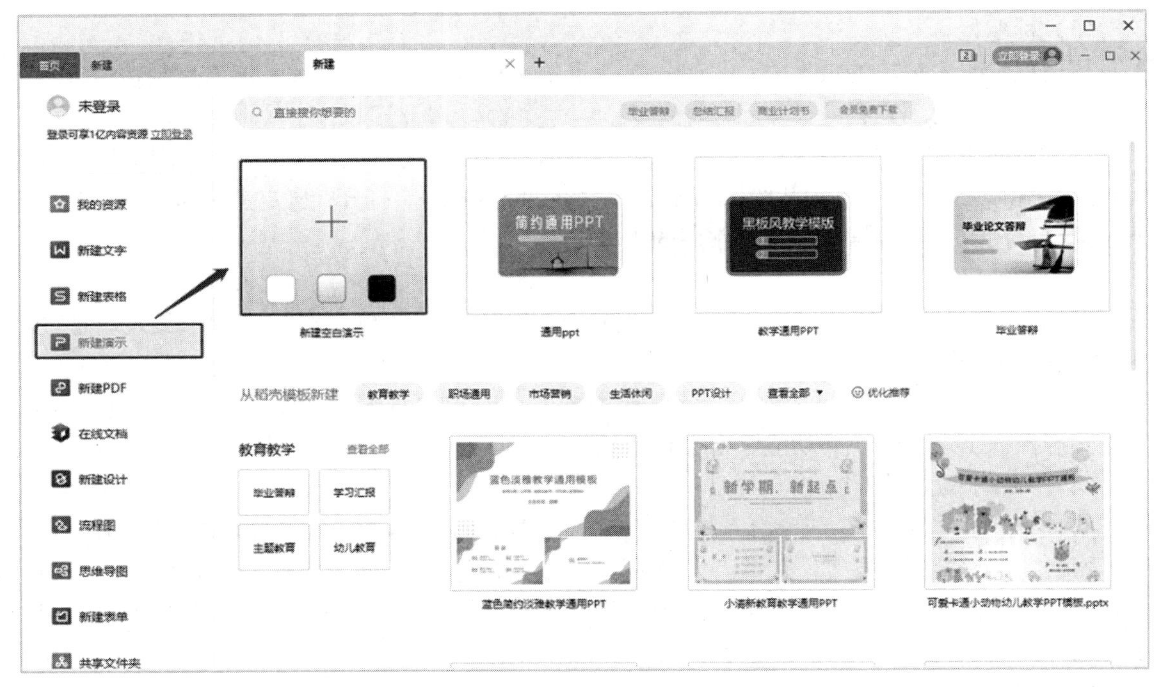

图 4-2　WPS 演示启动首界面

用户既可以创建空白演示文稿，也可以使用系统自带或联机搜索的模板和主题创建相应的演示文稿。

（1）创建空白演示文稿

空白演示文稿是 WPS 演示中最简单、最普通的演示文稿，没有文字内容和背景颜色，没有应用模板设计、配色方案及动画方案等，只有框架。

启动 WPS 演示后，选择“新建空白文档”（见图 4-2），默认创建名为“演示文稿 1”的空白演示文稿。选择“文件”菜单的“新建”命令，也可创建空白演示文稿。

（2）利用模板和主题创建演示文稿

主题规定了演示文稿的母版、配色、文字格式和效果设置等。使用主题创建演示文稿，可以快速地统一和美化每张幻灯片的风格。模板是预先设计好的演示文稿样本，包括多张幻灯片，所有的幻灯片风格一致，并且每张幻灯片包含了建议的文本内容。使用模板创建演示文稿，用户只需修改幻灯片的内容即可快速制作出具有专业水准的演示文稿。

① 查找模板

打开 WPS 演示的启动首界面（见图 4-2），在“搜索框”中输入需要的模板和主题，单击“搜索”按钮，或直接选择“建议的搜索”中的相应内容，如“清明”，打开相应模板列表，向后拉，可以找到免费的模板（如图 4-3 所示），选择其中一种模板创建演示文稿即可。

② 查找主题

WPS 演示拥有强大的模板和主题功能。用户可以使用内置模板和主题，选择 WPS 的“演示”选项，在打开的首界面（见图 4-2）中，先单击“视图”→“幻灯片母版”按钮，再单击“主题”组的下拉三角，选择某种配色方案（如图 4-4 所示）。关闭母版，出现“清明”模板（如图 4-5 所示）。

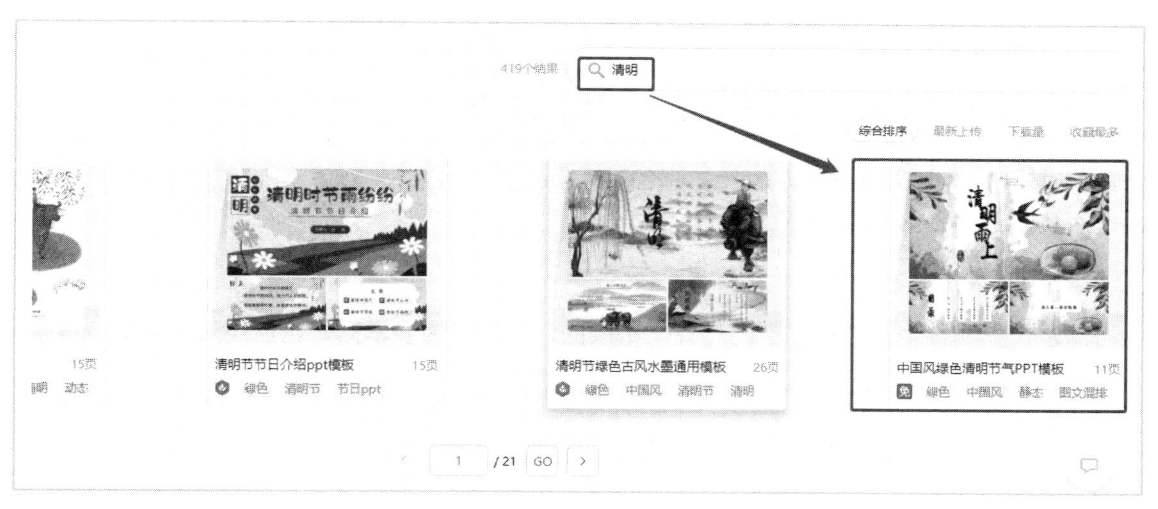

图 4-3　相关模板

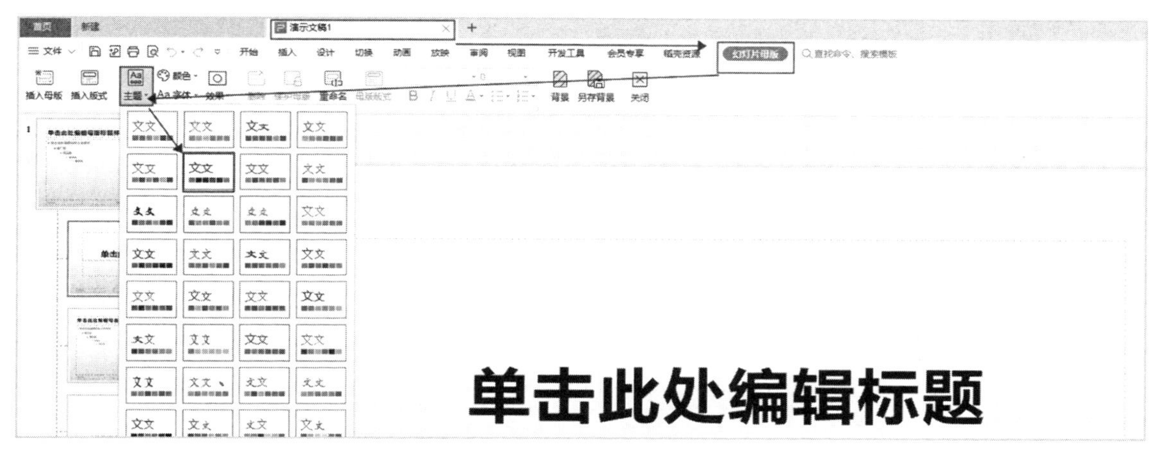

图 4-4　主题的配色方案

图 4-5　“清明”模板演示文稿

3．保存演示文稿

制作中和制作后的演示文稿文件要及时保存。在 WPS 演示的快速访问工具栏中单击“保存”按钮，弹出“另存为”对话框（如图 4-6 所示），直接选择“最近访问的文件夹”或单击“浏览”按钮，找到合适位置，输入文件名，保存演示文稿文件，文件扩展名为 .pptx。也可直接使用快捷键 Ctrl+S 实现演示文稿的保存。

4．幻灯片的基本操作

演示文稿文件是由若干张“幻灯片”组成的。幻灯片的基本操作包括插入、复制、移动、删除等。

图 4-6　保存演示文稿

（1）插入新幻灯片

在“开始”选项卡中单击“新建幻灯片”按钮，在演示文稿中直接插入一张新幻灯片，默认版式与上一张幻灯片相同（除标题幻灯片之外）；若单击“新建幻灯片”→“母版”选项，则展开版式库（如图 4-7 所示），选择所需版式，将新建相应版式的幻灯片。

插入新幻灯片的方法还有：

❖ 在“插入”选项卡中单击“新建幻灯片”图标或文字按钮，新建幻灯片。
❖ 在“大纲/幻灯片”窗格的幻灯片缩略图上单击右键，在弹出的快捷菜单中选择“新建幻灯片”命令。

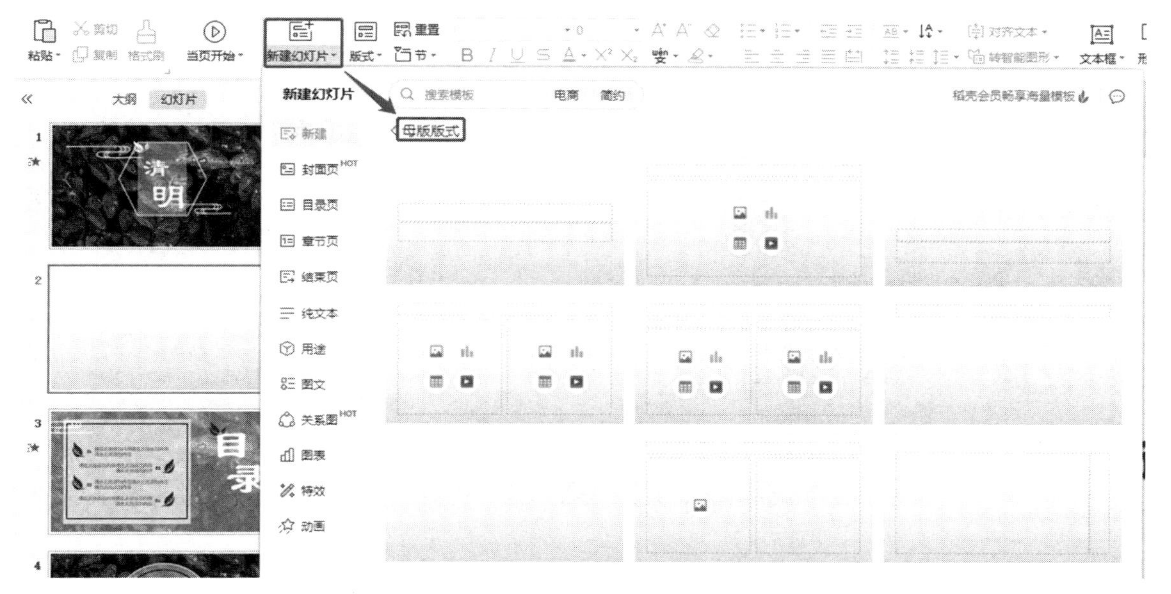

图 4-7　新建幻灯片

❖ 在“大纲/幻灯片”窗格中定位要插入新幻灯片的位置，使用 Ctrl+M 组合键插入新幻灯片。
❖ 在“大纲/幻灯片”窗格中，在某幻灯片后按 Enter 键，可以快速插入一张相同版式的新幻灯片。

（2）复制与移动幻灯片

在“大纲/幻灯片”窗格中，右击需要复制或移动的幻灯片，在弹出的快捷菜单中选择“复制”或“剪切”命令，在目标位置单击右键，在弹出的快捷菜单中选择“粘贴”命令，完成幻灯片的复制和移动。

右击某张幻灯片，在弹出的快捷菜单中选择“复制幻灯片”，可以直接复制当前幻灯片到当前位置。

（3）删除幻灯片

在大纲/幻灯片窗格中，选择需要删除的幻灯片，直接按 Delete 键，或右击幻灯片，在弹出的快捷菜单中选择“删除幻灯片”命令，均可删除当前幻灯片。

4.1.2　任务案例：“中国传统吉祥图案”演示文稿制作

【案例 4-1】 使用 WPS 演示制作“中国传统吉祥图案”演示文稿。

操作步骤如下：

<1> 启动 WPS 演示，打开首界面。

<2> 选择“中国传统吉祥图案”模板，在弹出的对话框中选择“免费”选项，出现如图 4-8 所示的演示文稿。

<3> 新建“中国传统吉祥图案”演示文稿，可以任意选择一种模板，如“中国传统吉祥图案”，如图 4-9 所示。

图 4-8　创建“中国传统吉祥图案”

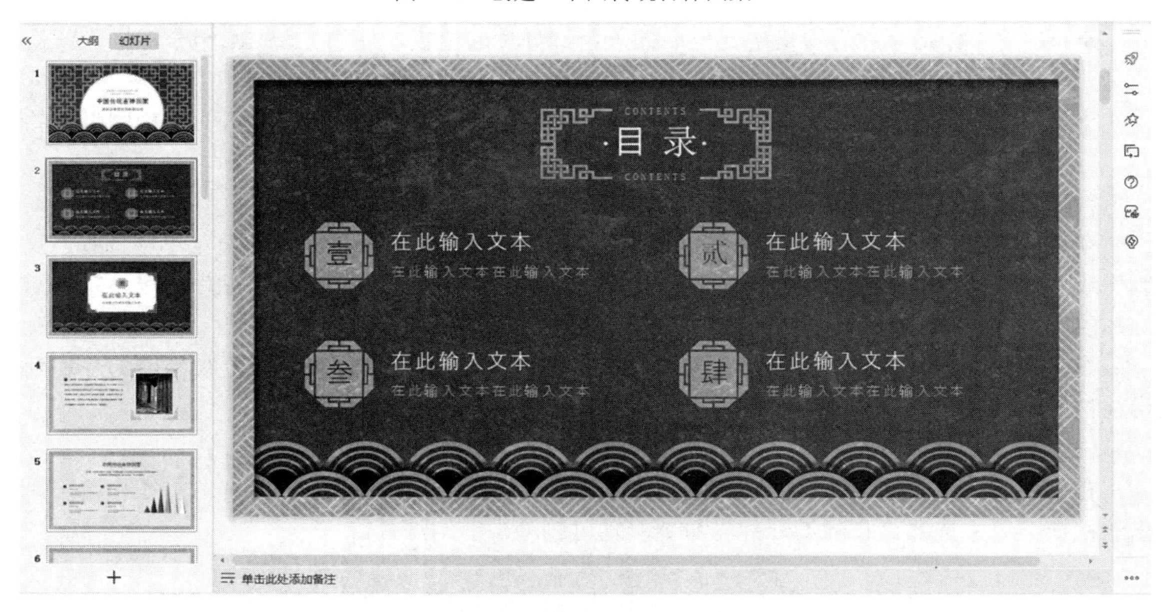

图 4-9　“中国传统吉祥图案”演示文稿

<4> 保存演示文稿为“中国传统吉祥图案.pptx”。

任务 4.2　幻灯片的编辑

4.2.1　知识导读：幻灯片中的对象

幻灯片的编辑操作通常是在普通视图的幻灯片编辑窗格中完成的。编辑幻灯片时，为了增强视觉效果和音效，配合文字可添加一些图形、图像、图表、艺术字、声音、视频、动画等对象，起到画龙点睛的作用。幻灯片中的对象主要包括文本对象、图形对象和多媒体对象等。

1．文本对象

文本是幻灯片中的重要组成部分，可以使表达的信息更加清楚、详尽。在使用自动版式创建的幻灯片中，为用户预留了输入文本的占位符。单击幻灯片中相应的占位符位置，即可将光标定位其中，并向其中输入文本。在幻灯片中，没有占位符的地方也可以通过插入文本框添加文本。

2．图形对象

要做一份漂亮的演示文稿，仅在幻灯片上输入文字是不够的，还要插入一些图片、剪贴画或艺术字，使幻灯片更加美观，还可以使用图表、表格或智能图形，使数据描述更清晰和明确。主界面的“插入”选项卡（如图 4-10 所示）用于实现各类图形对象的插入。

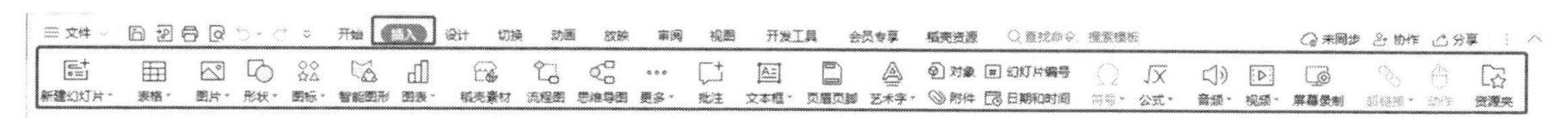

图 4-10 “插入”选项卡

3．多媒体对象

在幻灯片中添加音频、视频，可以增加演示文稿的丰富效果，制作生动的演示文稿。主界面的“插入”选项卡用于实现各种多媒体对象的插入。

4．占位符

占位符是指应用版式创建新幻灯片时出现的一些虚线矩形框。不同版式的占位符不尽相同，每个占位符均有文字提示，根据提示信息，在占位符中可输入或选择相应的对象，主要的对象类型包括文本、表格、图形、声音和视频等。

4.2.2 任务案例：实用的演示文稿制作

【案例 4-2】 使用 WPS 演示制作“学校简介”演示文稿。

操作步骤如下：

<1> 打开 WPS 演示，出现“空白演示”幻灯片，单击“设计”选项卡的“更多设计”选项，选择“免费专区”中的“方案介绍”，单击“应用风格”，弹出主题的配色方案，默认为黑白色，可创建该主题空演示文稿。

<2> 默认第 1 张幻灯片的版式是“标题幻灯片”，在标题文字占位符位置单击，输入文本“河南工学院”，在副标题文字占位符位置单击，输入文本“欢迎您！”；选中文本“欢迎您！”，在“开始”选项卡的功能按钮区中设置“字号”大小为“48”，效果如图 4-11 所示。

<3> 在“大纲/幻灯片”窗格中添加新幻灯片，选择版式为“第一章”，在标题占位符位置输入文本“学校简介”，在标题下方文本占位符位置输入学校简介的内容，并设置文字大小为“28”，效果如图 4-12 所示。

图 4-11 “学校简介”第 1 张幻灯片

图 4-12 “学校简介”第 2 张幻灯片

<4> 在“大纲/幻灯片”窗格中，在第 3 张幻灯片缩略图后按 Enter 键，添加新幻灯片，默认版式与第 2 张幻灯片版式一样；选择“版式”→“通用”版式，在内容占位符位置输入文本“校园风光”，在编辑区添加本章素材“学子湖畔.jpg”图片文件，效果如图 4-13 所示。

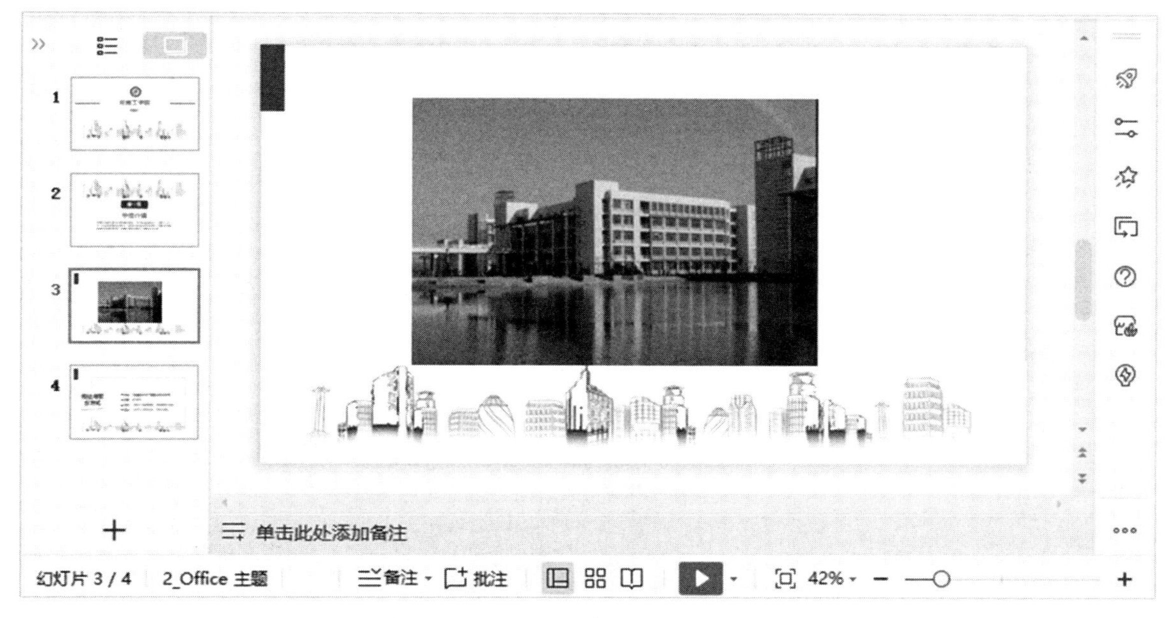

图 4-13 “学校简介”第 3 张幻灯片

<5> 在当前幻灯片后添加新幻灯片，在标题占位符位置输入文本“地址与联系方式”，在文本占位符位置输入相应文字（文字参考本章素材“学校简介.docx”），并适当调整字号，效果如图 4-14 所示。

图 4-14 “学校简介”第 4 张幻灯片

<6> 一键美化。将图片、文字添加到幻灯片上，单击“一键美化”按钮，即可一键将幻灯片更换样式，如图 4-15 所示。

图 4-15　一键美化的效果

<7> 保存幻灯片演示文稿，在“文件”菜单中选择“另存为”命令，在弹出的对话框中可以选择文件保存所在的路径，文件命名为“河南工学院.pptx”保存。

【案例 4-3】 应用 WPS 演示轻松制作精美的电子相册。

操作步骤如下：

<1> 在 WPS 演示中，在查询框中输入“相册”，选择自己喜欢的模板（可以免费使用），如图 4-16 所示。

图 4-16 “电子相册”模板

<2> 选择第 5 张幻灯片，把模板中的风景照片替换为自己的照片。右击幻灯片中的任意一张图片，在弹出的快捷菜单中选择“更改图片”（如图 4-17 所示），则弹出“插入新图片”对话框，从中可以选择插入所需的图片。

图 4-17 “电子相册”更换照片

<3> 对于已创建的相册，可以通过单击幻灯片的文字进行编辑操作。

<4> 如果照片多，可以复制喜欢的幻灯片，以添加更多的照片。如右击第 5 张幻灯片，在弹出的快捷菜单中选择“复制幻灯片”命令（如图 4-18 所示），复制幻灯片。

图 4-18 复制幻灯片

<5> 保存演示文稿文件为“相册.pptx”。

【案例 4-4】 使用 WPS 演示制作数据图表展示幻灯片。

操作步骤如下：

<1> 打开 WPS 演示，单击“新建空白文档”，新建一个空白的 PPT 文档。在右边界面出现“空白演示文稿”图标，表明创建了空白演示文稿。

<2> 单击“插入”选项卡的“图表”按钮，弹出“插入图表”对话框，如图 4-19 所示，选择需要的图表类型，单击“插入”按钮。

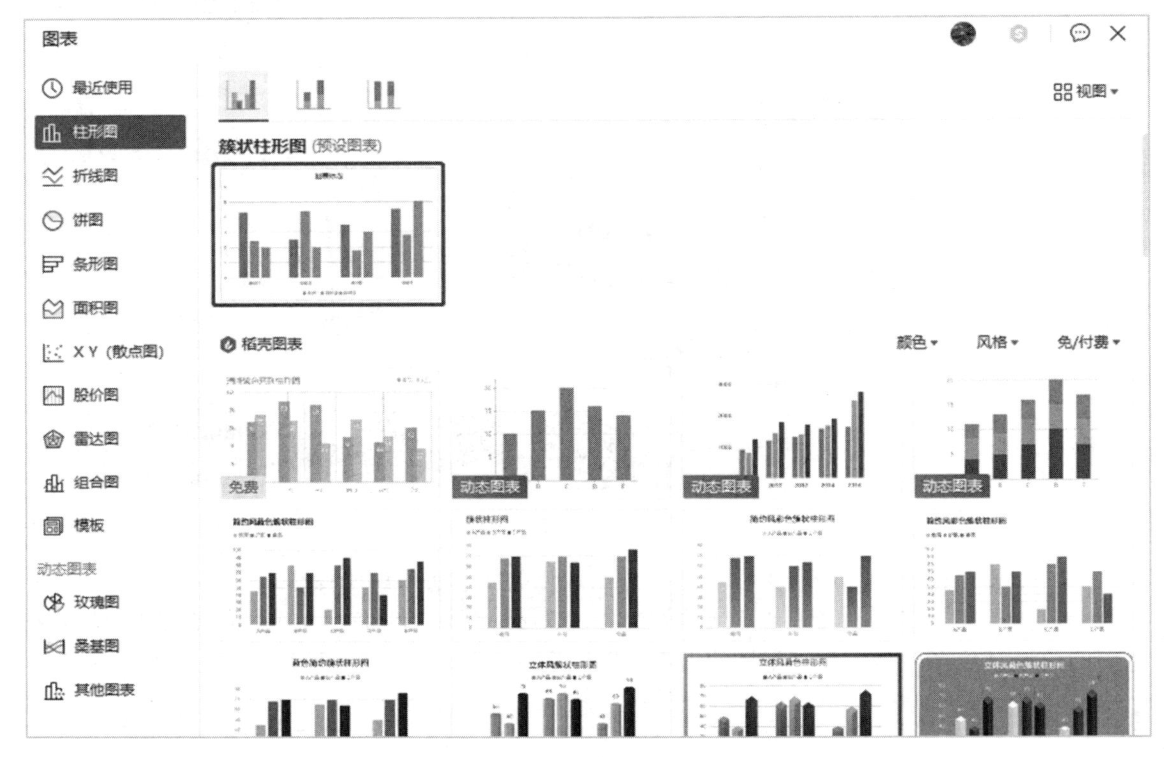

图 4-19 插入图表

<3> 打开 Excel 表格的“编辑数据”，如图 4-20 所示，在“编辑数据”中输入需要的数据，如图 4-21 所示。

图 4-20 显示“数据区域”

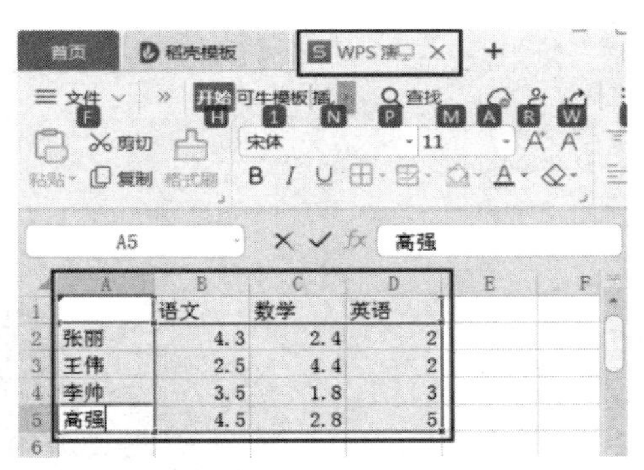

图 4-21 更改“数据区域”

<4> 关闭 Excel 后，演示文稿会根据“编辑数据”中的数据自动生成一个图表，如图 4-22 所示。

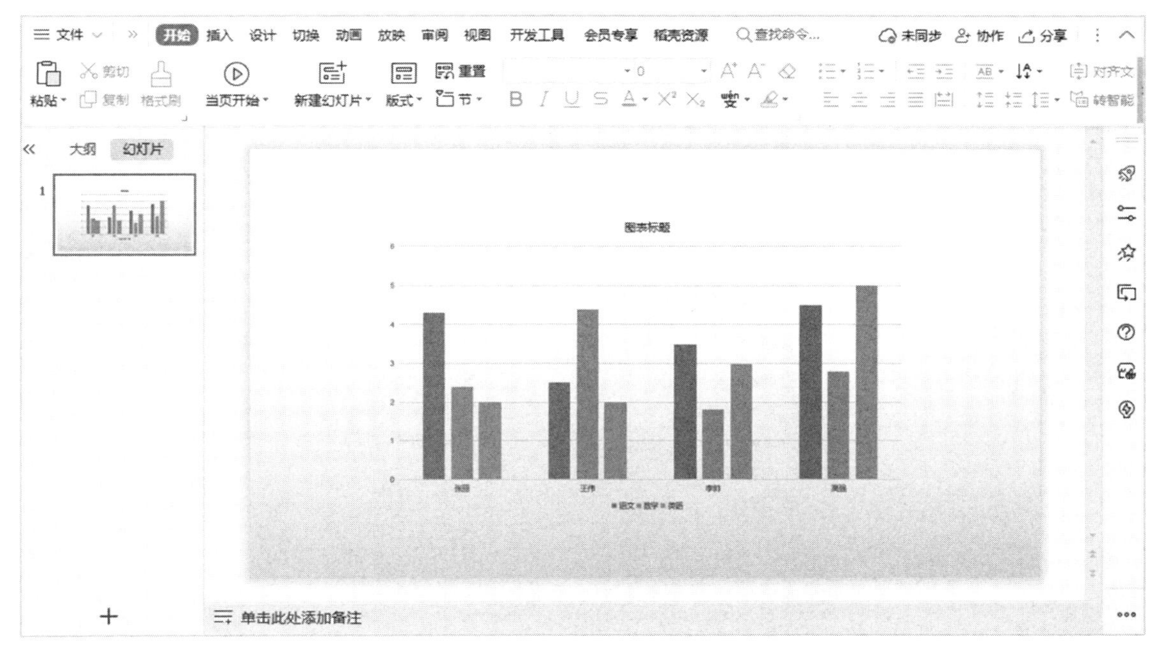

图 4-22　根据数据生成图表

<5> 保存演示文稿文件为“图表.pptx”。

4.2.3　知识拓展：演示文稿中对象的格式设置

1．文本格式设置

（1）设置文本的字体、字号和颜色

在演示文稿中对文本的字体、字号和颜色进行设置的方法同前面介绍的“WPS 文字”和“WPS 表格”是一样的。

选定需要设置的文本（包括需要设置的占位符）并单击右键，在弹出的快捷菜单中选择“字体”命令，弹出“字体”对话框，如图 4-23 所示，从中可根据需要设置字体、字号和颜色；或者选中需设置的文本，会出现“字体”浮动工具栏，直接使用“字体”工具栏的“字体”“字号”“字体颜色”按钮进行相应的设置。

（2）设置段落格式

选定需要设置的段落并单击右键，在弹出的快捷菜单中选择“段落”命令，弹出“段落”对话框，如图 4-24 所示，从中可根据需要设置所需的段落对齐方式、缩进、段前和段后间距、行间距等。

（3）设置项目符号

选定需要设置项目符号的位置并单击右键，在弹出的快捷菜单中选择“项目符号和编号”→“项目符号”命令。

图 4-23 “字体”对话框

图 4-24 “段落”对话框

2．其他对象的格式设置

演示文稿都是由文本、图像、表格、图表等对象组成的，对除文字以外的这些对象的格式化主要包括大小、在演示文稿中的位置、填充颜色、边框线等。这些对象格式的设置与“WPS文字”中的格式设置是一样的，选中要格式化的对象并单击右键，在弹出的快捷菜单中选择“设置对象格式”命令，然后在选项卡的功能区中设置相应的选项即可。

任务 4.3　幻灯片外观设计

4.3.1　知识导读：版式、主题与母版

1．版式

幻灯片版式是预先定义好的幻灯片内容在幻灯片中的排列和放置方式，主要包括幻灯片中标题和副标题文本、列表、图片、表格、图表、形状和视频等元素的排列方向，版式也包括幻灯片的主题颜色、字体、效果和背景等。演示文稿的每张幻灯片都是基于某种自动版式创建的。在新建幻灯片时，可以从 WPS 演示提供的幻灯片版式中选择一种，每种版式预定义了新建幻灯片的各种占位符的布局情况。

制作演示文稿时如果用户对幻灯片的版式不满意，可以更改幻灯片的版式、版式中各占位符的位置。选中要更改版式的幻灯片，单击“开始”选项卡的“版式”按钮，从弹出的下拉列表中选择要更改的版式，即将当前幻灯片的版式更改为所选版式。

2．主题

主题是一组统一的设计元素，使用颜色、字体和效果来设置幻灯片的外观。可以应用 WPS 演示提供的多个标准的预设主题，通过更改其颜色、字体和效果后生成自定义主题。

（1）设置主题

在“设计”选项卡中单击“更多设计”选项，在 WPS 演示的操作界面中会弹出很多主题，当然不是所有的主题都是免费的，可以从展开的主题样式中选择所需的预设主题样式应用于当前演示文稿中的幻灯片，如图 4-25 所示。如果希望仅对选定的幻灯片应用主题，可右击所需的主题样式，从弹出的快捷菜单中选择“应用于选定幻灯片”命令。

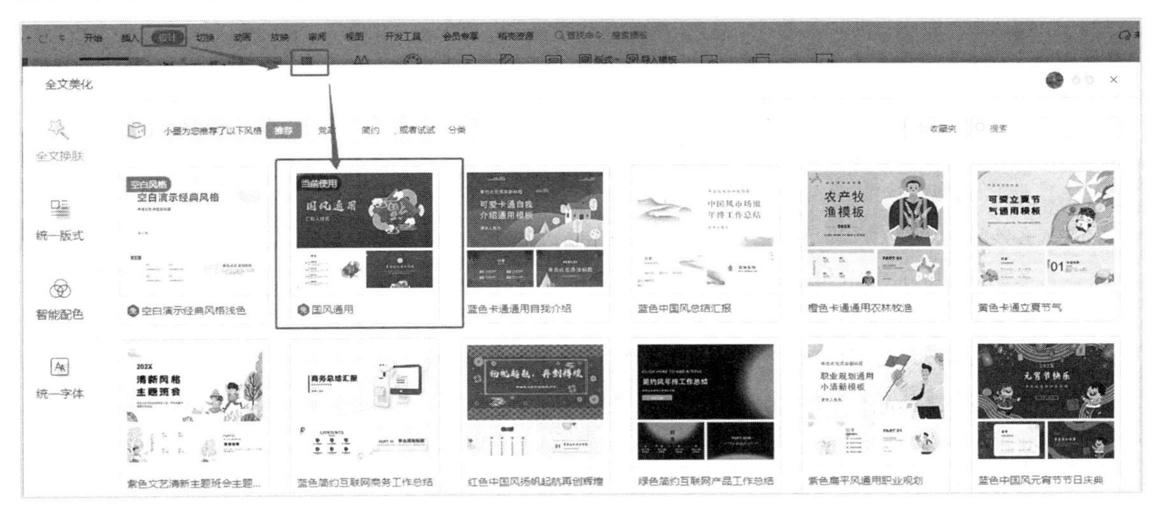

图 4-25　主题样式

（2）自定义主题

单击“设计”选项卡的“配色方案”组的 按钮，展开如图 4-26 所示的菜单，单击“颜

色”按钮，选择所需的颜色方案；单击“字体”按钮，选择所需的字体样式；单击“效果”按钮，选择所需的效果样式；单击“背景样式”按钮，选择并设置背景颜色和格式。

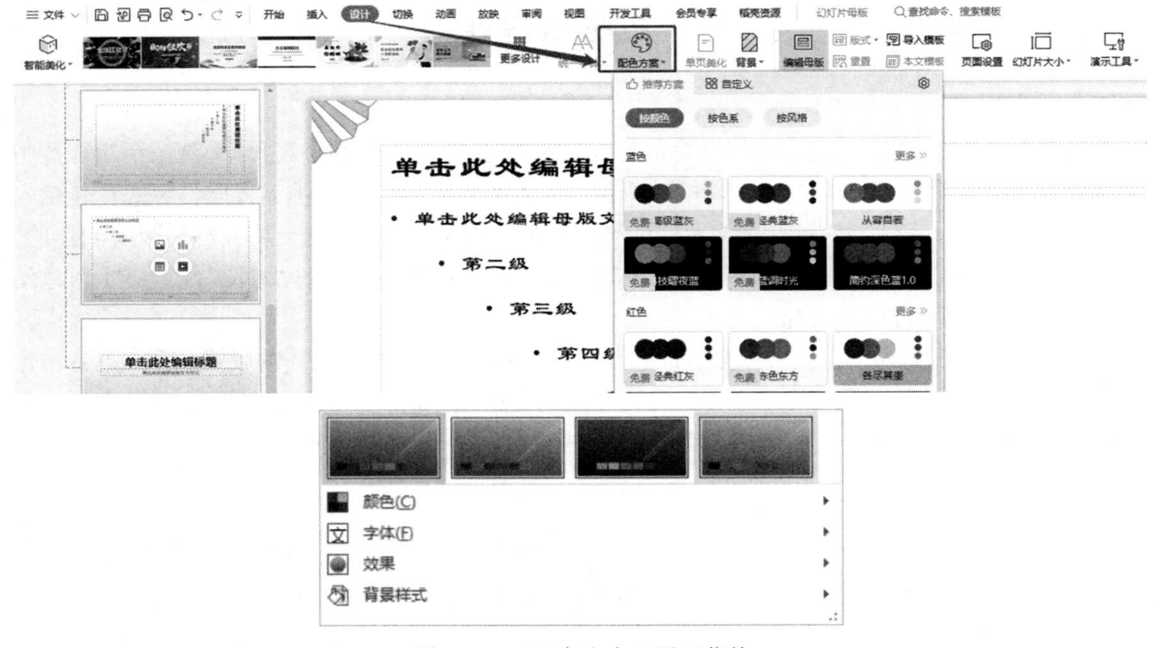

图 4-26 “配色方案”展开菜单

3．幻灯片母版

WPS 演示有 3 种母版类型：幻灯片母版、讲义母版和备注母版。每个母版可以拥有多个不同的版式，版式是构成母版的元素。

（1）认识母版和版式

在“视图”选项卡的“母版视图”组中单击“幻灯片母版”按钮，进入幻灯片母版视图，并自动显示“幻灯片母版”选项卡。幻灯片母版是最常用的母版，包含 5 个区域：标题区、对象区、日期区、页脚区和数字区，如图 4-27 所示。

（2）插入版式

进入幻灯片母版视图，选中要插入版式的插入位置，在“幻灯片母版”选项卡中单击“插入版式”按钮，即在指定位置插入了新版式，默认包含标题区、日期区、页脚区和数字区。

（3）设置版式布局

在幻灯片母版视图中可以通过如下操作来设置版式布局。

❖ 隐藏占位符：在“母版版式”组中对母版进行保护，只能先删除占位符，才能够隐藏标题和页脚、日期区与数字占位符；需要时，再勾选“标题”和“页脚”复选框。
❖ 插入占位符：在“幻灯片母板”组中单击“母版版式”按钮，在弹出的窗格中勾选所需的占位符选项即可。

（4）插入母版

进入幻灯片母版视图，在“幻灯片母版”选项卡的“编辑母版”组中，单击“插入母版”按钮，即可完成插入母版。新插入的母版默认自带 12 种版式。

图 4-27 幻灯片母版视图

（5）设置母版格式

在幻灯片母版视图中，可以通过如下操作来设置母版格式。

❖ 设置字体格式：在“开始”选项卡，通过选择或单击“字体”组中各按钮来实现。

❖ 调整占位符：拖动占位符边界上的控制点至适当大小，即可调整占位符大小；拖动占位符边界至适当的位置，即可移动调整占位符位置。

（6）关闭母版视图

幻灯片母版编辑完毕，在“幻灯片母版”选项卡的最右边，单击“关闭”按钮，退出母版视图编辑界面。

4. 添加页眉和页脚

在“插入”选项卡中单击“页眉和页脚”，打开“页眉和页脚”对话框，如图 4-28 所示，单击“幻灯片”选项卡，可以添加编号、日期和时间、页脚等。

5. 设置幻灯片背景

设置幻灯片背景有以下两种方法：

❖ 在“设计”选项卡中单击“背景”组的“背景”按钮，在窗口右侧弹出设置背景格式对象属性窗格；再选择“填充”，弹出设置背景各种颜色。

❖ 可以设置背景的纯色填充、渐变填充、图片或文理填充、图案填充和透明度等艺术效果，如图 4-29 所示。

图 4-28 “页眉和页脚”对话框

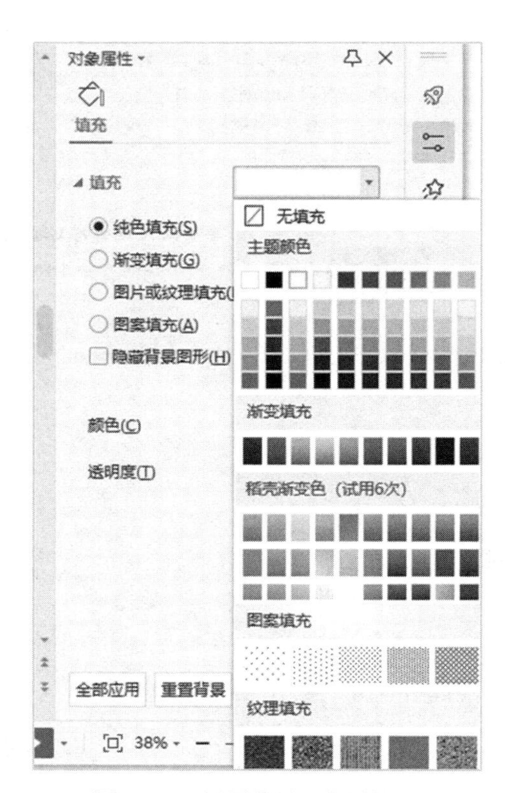

图 4-29 设置背景对象属性

4.3.2 任务案例：“诗词赏析”演示文稿制作

【案例 4-5】 使用 WPS 演示制作秋韵唯美的《山行》诗词赏析演示文稿。

操作步骤如下：

<1> 打开 WPS 演示，单击“新建空白文档”，新建一个空白的演示文稿。在右边界面出现“空白演示文稿”图标，创建了空白演示文稿。

<2> 封面设计，在“设计”选项卡中单击“更多设计”按钮，在弹出的对话框中输入“秋天”查询，选择“枫叶秋天汇报总结”模板应用，新建该主题演示文稿，第 1 张幻灯片默认版式为“标题幻灯片”，在标题占位符位置输入“诗词赏析”，删除副标题占位符，幻灯片效果如图 4-30 所示。

<3> 目录设计，新建第 2 张幻灯片，选择“目录”应用，根据内容修改目录，效果如图 4-31 所示。

<4> 内容设计，新建第 3 张幻灯片，默认版式为“标题和内容”；选中此幻灯片，单击“版式”按钮，从弹出的下拉列表中选择“两栏内容”选项，将当前幻灯片的版式更改为“两栏内容”版式；在第 3 张幻灯片的标题位置输入文本“山行”“作者：杜牧（唐）”，分两行排列，并修改字体大小；标题下方是两栏内容，在左侧内容位置，输入诗词正文“远上寒山石径斜，白云深处有人家。停车坐爱枫林晚，霜叶红于二月花。”；在右侧内容位置单击“图片”按钮，添加本章素材图片“枫林.jpg”，效果如图 4-32 所示。

图 4-30 《山行》诗词赏析第 1 张幻灯片

图 4-31 《山行》诗词赏析第 2 张幻灯片

<5> 新建第 4 张幻灯片，选中此幻灯片，单击“版式”按钮，从弹出的下拉列表中选择“带题注的图片”，随即将当前幻灯片的版式更改为“图片与题注”；在第 4 张幻灯片的标题位置输入“译文”，在正文位置输入译文相应文本（参考本章素材文件“山行.docx”）；单击右侧的“图片”按钮，添加本章素材图片“枫叶.jpg”，效果如图 4-33 所示。

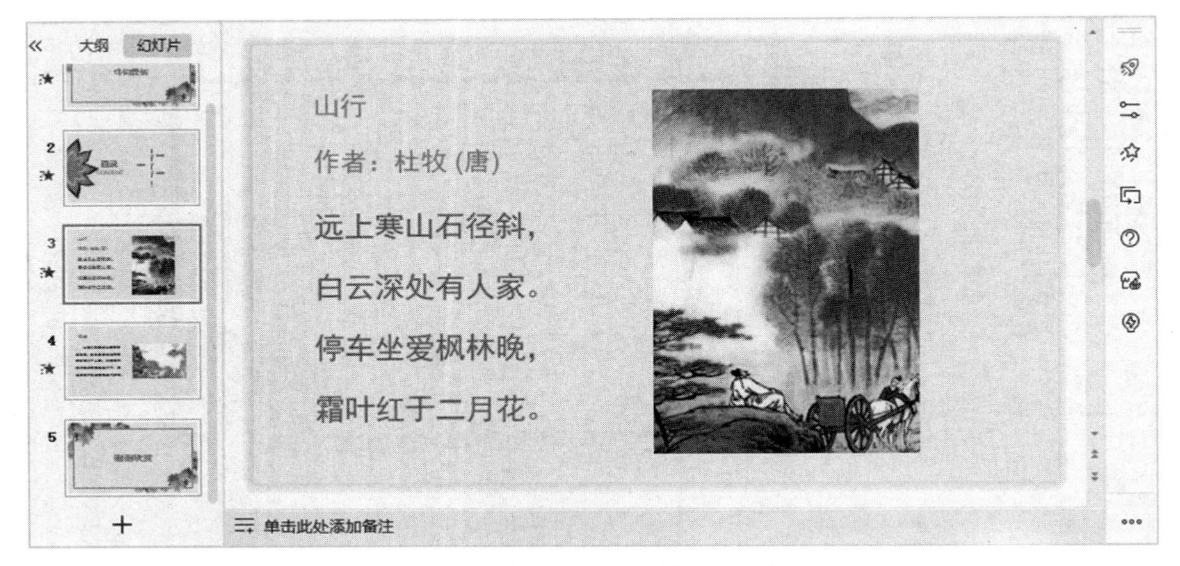

图 4-32 《山行》诗词赏析第 3 张幻灯片

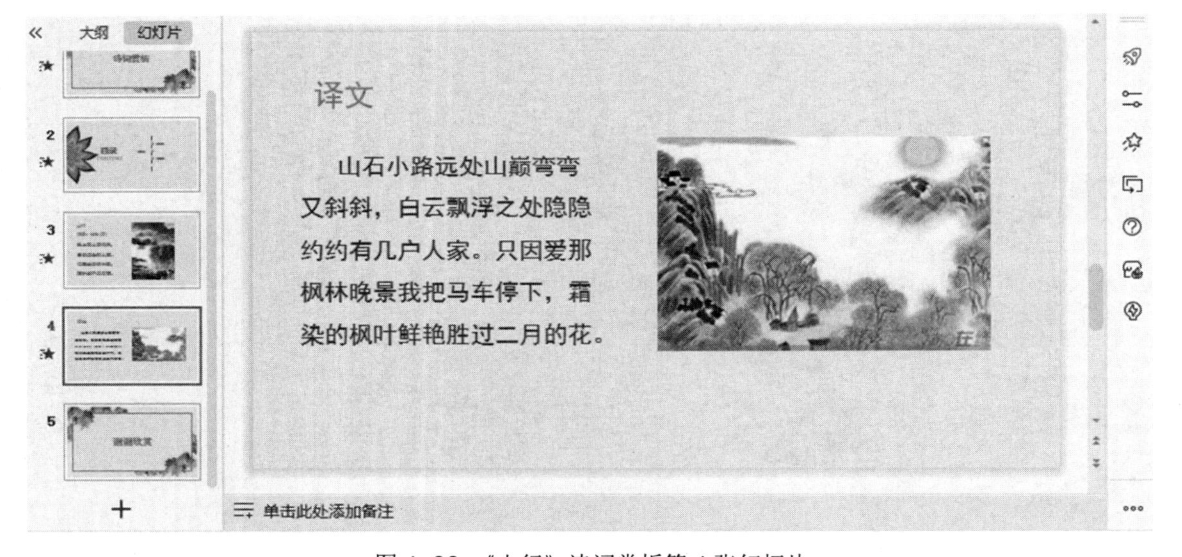

图 4-33 《山行》诗词赏析第 4 张幻灯片

<6> 结束语设计，新建第 5 张幻灯片，选中此幻灯片，单击“版式”按钮，从弹出的下拉列表中选择“THANK YOU”，修改为“谢谢欣赏”；右击第 5 章的幻灯片，在弹出的快捷菜单中选择“设置背景格式”命令，在弹出的设置背景格式任务窗格中设置背景为“图片或纹理填充”，并勾选复选框“隐藏背景图形”；单击下面的“文件”按钮，选择背景图片为本章素材“秋天 2.gif”动图；单击幻灯片标题位置，输入“谢谢欣赏”，效果如图 4-34 所示。

<7> 保存演示文稿，选择“文件”菜单的“另存为”命令，在弹出的对话框中选择合适的路径名，将文件命名为“诗词赏析.pptx”。

图 4-34 《山行》诗词赏析第 5 张幻灯片

任务 4.4　幻灯片动画效果设计

4.4.1　知识导读：动画效果

演示文稿中的文本、图形、图片、表格和其他对象都可以制作成动画，并设置它们进入、退出、大小、颜色变化、移动、音效等视觉和声音效果，以达到突出重点、控制信息流程的作用，使演示文稿更加生动和有趣，提高吸引力。

幻灯片的动画效果可使用“动画”选项卡的相关按钮进行设置，如图 4-35 所示。

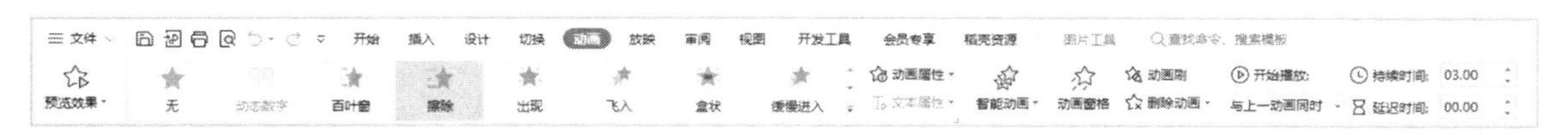

图 4-35 “动画”选项卡

1．预设动画效果

在幻灯片中，选择要添加动画的对象，在“动画”选项卡的“动画”组中单击▾按钮，展开预设动画库，如图 4-36 所示，在展开的列表中进行动画选择。

动画效果主要包括：“进入”“强调”“退出”和“动作路径”四类。

（1）“进入”动画效果

“进入”动画效果可以让文本或其他对象以多种动画效果进入放映屏幕。选择要添加动画的对象，在“动画”选项卡的“动画”组中单击▾按钮，在展开的预设动画库中，选择“进入”动画效果。常用的进入效果有“飞入”“淡出”“擦除”等。

更多“进入”动画效果，可以单击预设动画库下方的“更多选项 ⌄ ”链接，然后选择适合的动画，如图 4-37 所示。

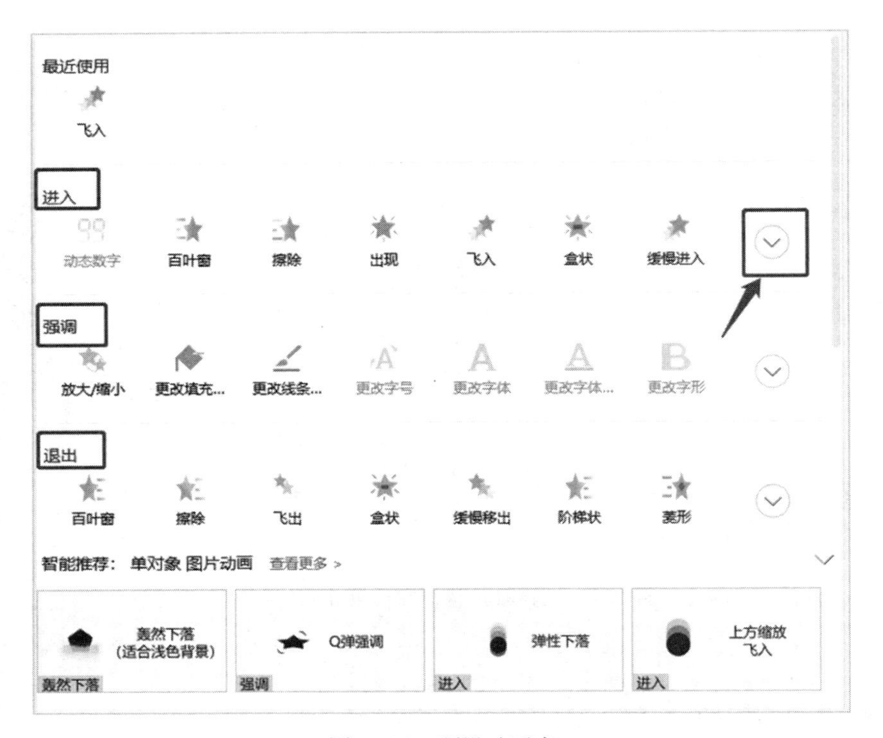

图 4-36 预设动画库

图 4-37 更多“进入”效果

（2）“强调”动画效果

“强调”动画效果是为了突出幻灯片中的某部分内容而设置的放映时的特殊动画效果。选择要添加动画的对象，在“动画”选项卡的“动画”组中单击▾按钮，在展开的预设动画库中选择强调动画效果。常用的“强调”效果有“放大/缩小”“陀螺旋”和“跷跷板”等。更多“强调”动画效果，操作方法与“进入”动画类似。

（3）“退出”动画效果

“退出”动画效果是指幻灯片中的对象退出屏幕的效果。选择要添加动画的对象，在“动画”选项卡的“动画”组中单击按钮，在展开的预设动画库中选择“退出”动画效果。常用的“退出”效果有“飞出”“随机线条”“擦除”等。更多“退出”动画效果可以单击预设动画库下方的“更多选项”链接，选择适合的动画，如图 4-38 所示。

图 4-38　更多“退出”效果动画类型

（4）“动作路径”效果

“动作路径”效果可以指定文本、图片等对象沿预定的路径运动。选择要添加动画的对象，在“动画”选项卡的“动画”组中单击按钮，在展开的预设动画库中选择“动作路径”效果。常用的“动作路径”效果有“直线”“形状”“自定义路径”等。

“自定义路径”命令可以在幻灯片中拖动鼠标绘制出需要的图形，双击鼠标，可以结束绘制，“动作路径”即出现在幻灯片中。绘制完的动作路径起始端显示一个绿色的标志，结束端显示红色的标志，两个标志以一条虚线连接。更多“动作路径”动画效果与“进入”动画设置类似，如图 4-39 所示。

图 4-39　更多“动作路径”动画效果

2．动画选项卡和动画窗格

为幻灯片中的对象添加动画效果后，在“动画”选项卡中可以进一步编辑动画的开始方式、持续时间、延迟等。

在“动画”选项卡中单击“自定义动画”按钮，出现“自定义动画”窗格，如图 4-40 所示，其中可以看到当前幻灯片所设置的全部动画效果列表。

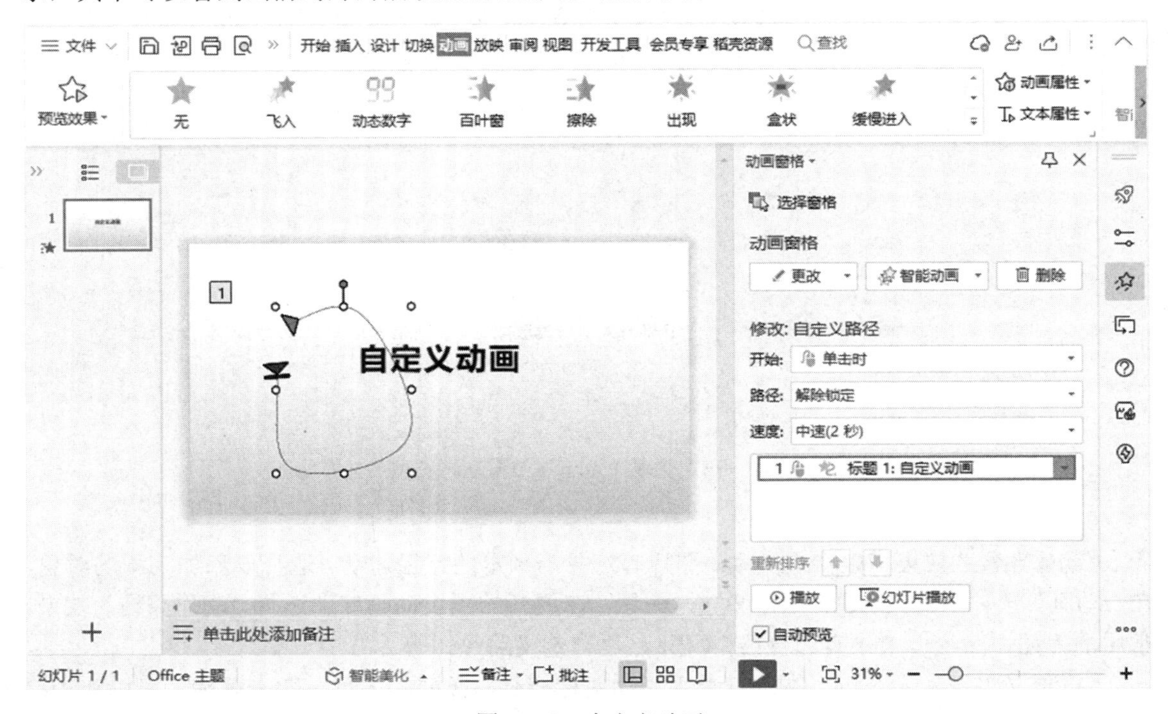

图 4-40　自定义动画

① 动画的设置：在“自定义动画”窗格中，单击某动画效果右边的黑色小三角，或者通过某动画效果的快捷菜单进行动画效果设置，如“效果”“计时”等选项卡；双击某动画效果，可显示该动画效果的对话框（如图 4-41 所示），可进行动画效果的详细设置。

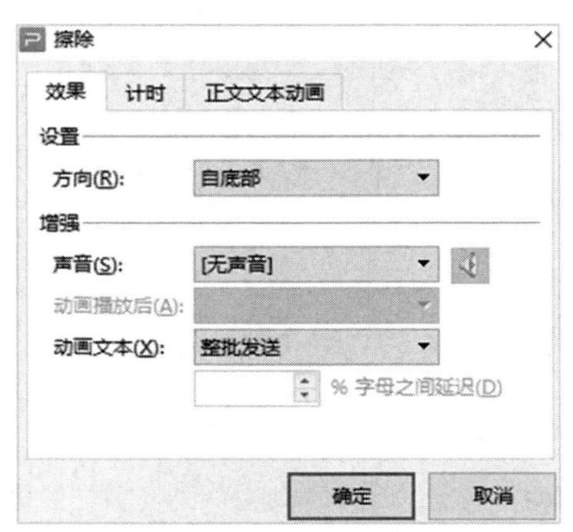

图 4-41　进行详细设置

② 动画的预览：在“动画”选项卡中单击“预览”按钮，可以在幻灯片编辑窗格预览动画播放效果。

③ 动画的删除：在“动画窗格”中单击某个动画效果右边的黑色小三角，或者通过某个动画效果的快捷菜单选择“删除”命令，即可将该动画效果删除；选中某个动画效果，按 Delete 键，也可删除该动画效果。

④ 更改动画顺序：在“动画”选项卡或者“动画窗格”中单击“向前移动”按钮▲和“向后移动”按钮▼，调整动画效果的播放顺序。

同一个对象添加多个动画：选择要添加动画的对象，在“动画”选项卡的“高级动画”组中单击“添加动画”按钮，在展开的列表中选择动画效果，可以为对象添加新的动画。

3．动画刷

使用动画刷可以复制动画。在幻灯片中，选择需要复制动画的对象，在“动画”选项卡的“高级动画”组中单击“动画刷”按钮，此时鼠标指针旁出现一个“扫帚”形，单击需要应用前面复制动画效果的对象，完成复制功能。

4.4.2 任务案例：“道德讲堂”幻灯片的动画制作

【案例 4-6】 使用 WPS 演示制作具有动画效果的“道德讲堂”幻灯片。效果如图 4-42 所示。

图 4-42 “道德讲堂”幻灯片

操作步骤如下：

<1> 打开本章素材文件夹下演示文稿文件“道德讲堂.pptx”。

<2> 在“动画”选项卡中单击“自定义动画”按钮，屏幕右边出现的“自定义动画”窗格。

<3> 设置左侧“卷轴”打开动画。在幻灯片编辑窗格中选中左侧“卷轴”图片，在“动画”选项卡中单击“动画”组中的其他按钮 ，在展开的预设动画库中，选择“动作路径”中的“直线和曲线”动画效果；单击更多符号 ，选择直线方向为“向左”；并调整动画结束端的红色的标志 ，使结束位置为幻灯片最左端；在屏幕右边出现的“自定义动画”窗格中，设置“开始”为“之后”，“速度”为“慢速（3 秒）”。

<4> 设置右侧“卷轴”打开动画。选中右侧“卷轴”图片，在“动画”选项卡中选择直线方向为“向右”；并调整动画结束端的红色的标志，使结束位置为幻灯片最右端；在屏幕右边出现的“自定义动画”窗格中，设置“开始”为“之前”，“速度”为“慢速（3 秒）”。

<5> 设置左侧“背景图”擦除动画。选中左侧“背景图”图片，在“动画”选项卡的预设动画库中，选择“进入”中的“擦除”动画效果；在右侧的“自定义动画”窗格中，设置动画“方向”为“自右侧”；设置“开始”为“从上一项开始（A）”，“速度”为“慢速（3 秒）”。

<6> 设置右侧“背景图”擦除动画。选中右侧“背景图”图片，在“动画”选项卡的预设动画库中，选择“进入”中的“擦除”动画效果；在“效果选项”中设置动画方向为“自左侧”；在“计时”选项中设置“开始”为“之前”，“速度”为“慢速（3 秒）”。

<7> 设置左侧“笔筒图书图”飞入动画。选中左侧的“笔筒图书图”图片，在“动画”选项卡的预设动画库中选择“进入”中的“飞入”动画效果；在“效果选项”中设置动画方向为“自底部”；设置“开始”为“之后”，“速度”为“快速（1 秒）”。

<8> 设置中间“扇面图”进入动画。选中中间的“扇面图”图片，在“动画”选项卡的预设动画库中选择“进入”中的“擦除”动画效果；在“效果选项”中设置动画方向为“自左侧”；设置“开始”为“之后”，“速度”为“中速（2 秒）”。

<9> 设置“道德讲堂”文字进入动画。选中“道德讲堂”文字和图片，在“动画”选项卡的预设动画库中选择“进入”中的“擦除”动画效果；在“效果选项”中设置动画方向为“自左侧”；设置“开始”为“之前”，“速度”为“中速（2 秒）”，延迟为“1 秒”。

<10> 设置“名言”文字进入动画。选中“积善之家必有余庆，积恶之家必有余秧”文字和图片，在“动画”选项卡的预设动画库中选择“进入”中的“劈裂”动画效果；在“效果选项”中设置动画方向为“中央向左右展开”；设置“开始”为“之后”，“速度”为“快速（1 秒）”。

<11> 设置“河南工学院计算机科学与技术学院”文字进入动画。选中该文本框，在“动画”选项卡的预设动画库中选择“进入”中的“弹跳”动画效果；设置“开始”为“之后”，“速度”为“快速（1 秒）”。

<12> 设置“蝴蝶”飞入动画。在幻灯片编辑区域外有 3 个“蝴蝶”图片，选中某个“蝴蝶”图片，在“动画”选项卡的预设动画库中选择“动作路径”中的“绘制自定义路径”动画效果；在“效果选项”中设置动画类型为“自由曲线”；在幻灯片上，自“蝴蝶”图片位置绘制一条曲线路径；设置“开始”为“之前”，“速度”为“慢速（3 秒）”，“延迟”为“1 秒”。第 2 个“蝴蝶”图片飞入动画设置方法同上，“延迟”为“1.5 秒”。设置第 3 个“蝴蝶”图片飞入动画，“延迟”为“2 秒”。

<13> 在“动画”选项卡中，单击左侧的“预览效果”按钮，在幻灯片编辑窗格中预览动画播放效果；对于不满意的动画，可以用最右侧的“删除动画”。

<14> 另存演示文稿文件为“道德讲堂-动画.pptx”。

任务 4.5　放映演示文稿

4.5.1　知识导读：幻灯片切换与放映

演示文稿制作完毕，接下来的工作就是放映了。

1. 幻灯片切换效果

幻灯片切换效果是指放映幻灯片中一张幻灯片切换到另一张幻灯片时屏幕的变化效果，包括切换效果、切换速度、伴随声音和换片方式。幻灯片切换效果可通过“切换”选项卡的相关按钮来设置，如图 4-43 所示。

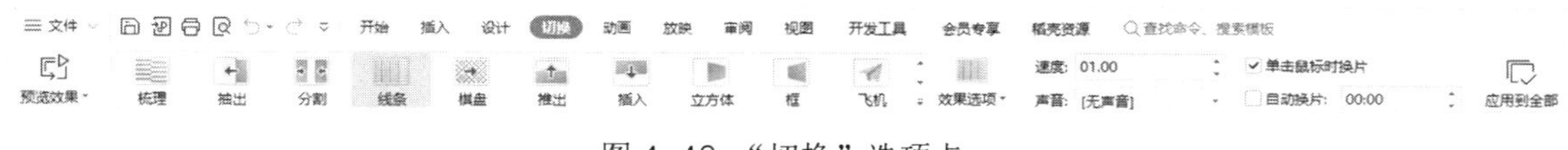

图 4-43　“切换”选项卡

① 添加切换效果。选择要添加切换效果的幻灯片，在“切换”选项卡组中单击“淡出”“百叶窗”“随机”等按钮，可以设置相关切换效果；单击“预览效果”，可查看幻灯片切换效果，如图 4-44 所示，从中选择所需的切换效果。

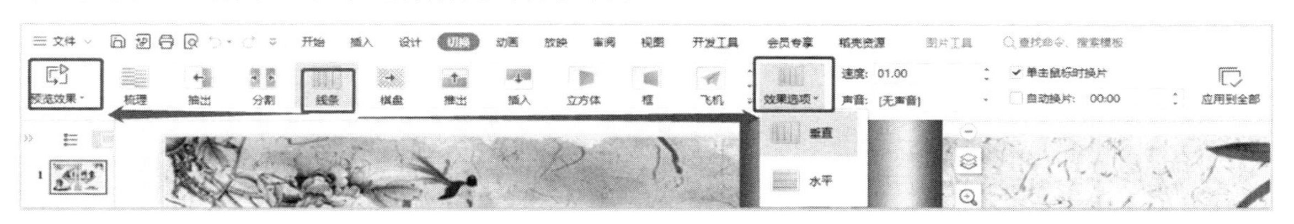

图 4-44　“预览效果”库

② 设置“效果选项”。设置不同的幻灯片切换效果后，在“切换”选项卡的“效果选项”中会以不同的方向进行显示，根据需要进行设置。

③ 设置切换的“声音”。在“切换”选项卡组的“声音”下拉列表中选择所需的声音，常用的有“风铃”“打字机”等。

④ 设置“延迟”。在“切换”选项卡的“自动换片”文本框中输入或选择持续时间，以秒为单位，可设置幻灯片切换使用的时间。

⑤ 设置“应用到全部”。幻灯片切换设置默认是当前幻灯片的切换效果，如果希望演示文稿中所有幻灯片的切换效果都相同，就可以单击“切换”选项卡中的“应用到全部”按钮。既要简化操作，又想丰富切换效果时，常将“随机”切换效果全部应用到演示文稿的各幻灯片。

⑥ 设置“换片方式”。选择要设置的幻灯片（可以是多张幻灯片），在“切换”选项卡“换片方式”中，勾选“单击鼠标时换片”选项，可设置幻灯片放映时单击鼠标切换到下一张幻灯片；勾选“自动换片”选项，并在后面的文本框中输入或选择时间，以秒为单位，可设置幻灯片放映时指定时间后自动换片，实现幻灯片的自动播放效果。

⑧ 预览切换效果。单击“切换”选项卡的“预览效果”按钮，在幻灯片编辑窗格中可预览当前幻灯片的切换效果。

2．设置放映方式

在“幻灯片放映”选项卡中单击“设置放映方式”的下三角按钮（如图 4-45 所示），弹出“设置放映方式”对话框（如图 4-46 所示），从中可以设置放映类型、放映范围、放映选项、换片方式等。

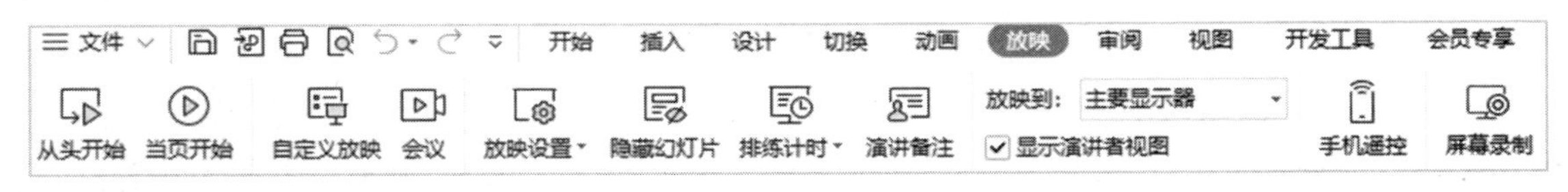

图 4-45 “幻灯片放映”选项卡

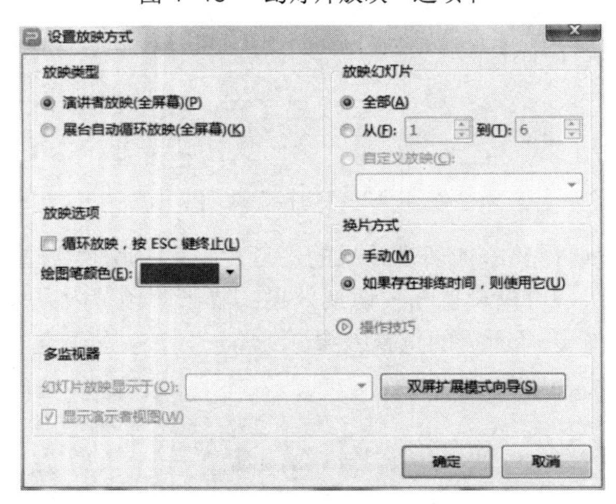

图 4-46 “设置放映方式”对话框

3．幻灯片放映

在“幻灯片放映”选项卡中单击“从头开始”按钮，实现从演示文稿中第一张幻灯片开始放映；单击“从当前开始”按钮，实现从演示文稿的当前幻灯片开始放映。另外，在窗口下方“视图切换按钮”中单击放映按钮，可以实现从演示文稿的当前幻灯片开始放映。

4.5.2 任务案例：“诗词赏析”演示文稿的切换和放映

【案例 4-7】 使用 WPS 演示来设置“诗词赏析”演示文稿的切换和放映。

操作步骤如下：

<1> 打开本章素材文件夹下演示文稿文件“诗词赏析.pptx”。

<2> 在“大纲/幻灯片”窗格中选中第 1 张幻灯片，在“切换”选项卡中选择“百叶窗”，在“效果选项”中选择“垂直”，设置声音为“风铃”，速度设置为“02.00”秒，换片方式为“单击鼠标时”；单击“预览效果”按钮，预览幻灯片切换效果，如图 4-47 所示。

<3> 在“大纲/幻灯片”窗格中选中第 2 张幻灯片，在“切换”选项卡中选择“分割”，设置“效果选项”为“左右展开”，设置声音为“鼓掌”，设置速度为“02.00”秒，换片方式为“单击鼠标时”；单击左上方的“预览效果”按钮，预览幻灯片切换效果。

图 4-47　百叶窗切换效果

<4> 选中第 3 张幻灯片，在“切换”选项卡中选择“随机”，默认声音为“无声音”，速度设置为“02.00”秒，换片方式为“单击鼠标时”和“自动时间”为 3 秒。

<5> 选中第 4 张幻灯片，设置切换效果为“轮幅”，设置“效果选项”为“4 根”，速度设置为“02.00”秒，换片方式为“单击鼠标时”和“设置自动换片”为“03.00”秒。

<6> 在“幻灯片放映”选项卡中，单击“从头开始”按钮，从演示文稿的第一张幻灯片开始放映，观看切换和放映效果。

<7> 另存演示文稿文件为“诗词赏析-切换.pptx”。

4.5.3　知识拓展：超链接和动作按钮

通过超链接和动作按钮，可以实现幻灯片与幻灯片之间、幻灯片与其他外界文件之间、幻灯片与网页之间的自由转换。

1．超链接

（1）插入超链接

选择要插入超链接的文本或对象，在“插入”选项卡中单击“超链接”按钮，弹出如图 4-48 所示的对话框，从中设置超链接目标。

① 目标为同一演示文稿中的幻灯片。在“链接到”列表中单击“本文档中的位置”（见图 4-48），在“请选择文档中的位置”下单击目标幻灯片。

② 目标为不同演示文稿中的幻灯片。在“链接到”列表中单击“原有文件或网页”，找到包含要链接到的幻灯片的演示文稿，单击“书签”，然后单击要链接到的幻灯片。

③ 目标为电子邮件地址。在“链接到”列表中单击“电子邮件地址”，在“电子邮件地址”文本框中输入要链接到的电子邮件地址，或在“最近用过的电子邮件地址”文本框中单击电子邮件地址，在“主题”文本框中输入电子邮件的主题。

完成上述设定后，单击“确定”按钮，即插入了超链接。

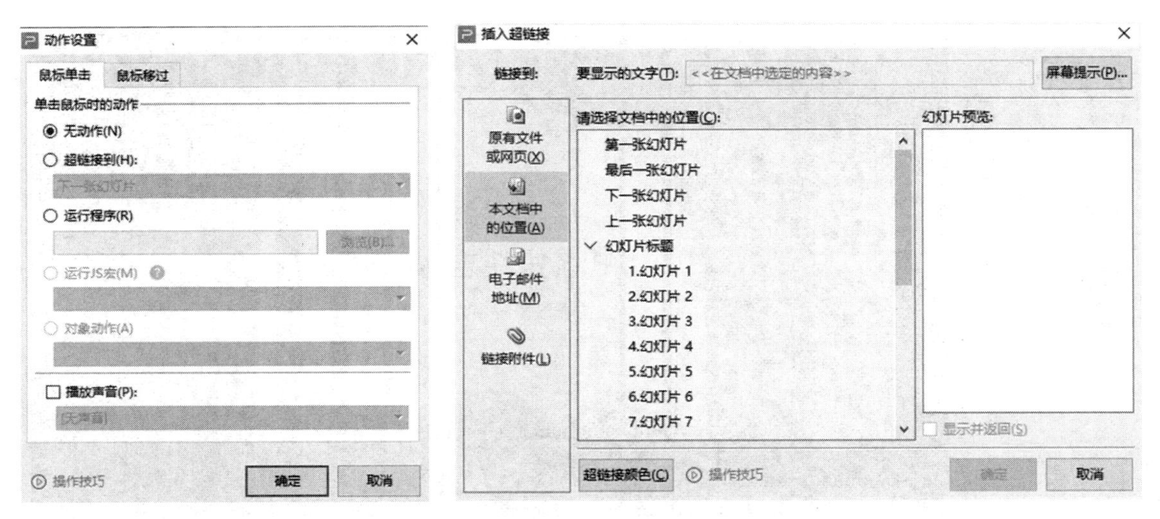

图 4-48　插入超链接

（2）编辑和删除超链接

已插入的超链接可以被删除。选中已插入的超链接对象，单击“插入”选项卡的“超链接”按钮，弹出如图 4-49 所示的对话框，单击“删除链接”按钮，可以直接删除超链接。

图 4-49　“编辑超链接”对话框

2．动作按钮

（1）添加特定动作

选择要添加动作按钮的幻灯片，在“插入”选项卡的“形状”中展开“形状”库的最后一类形状是 WPS 演示预置的一组带有特定动作的图像按钮，如图 4-50 所示；单击要添加的动作按钮，在幻灯片上的某个位置单击，或者用鼠标拖动绘制按钮，弹出“动作设置”对话框，如图 4-51 所示，通过“单击鼠标”选项卡或“鼠标悬停”选项卡可以完成特定动作效果的设定。

图 4-50　预置动作按钮

图 4-51　“动作设置”对话框

（2）自定义动作

选择要添加动作按钮的幻灯片，插入要作为动作按钮的图片、形状或文本框，选中对象，在“插入”选项卡的“形状”组中单击“动作按钮”，弹出“动作设置”对话框，通过“单击鼠标”或“鼠标悬停”选项卡，可以完成动作效果的设定。

任务 4.6　综合案例：多媒体短片“我的家乡”制作

【案例 4-8】 应用 WPS 演示制作多媒体短片“我的家乡”。

首先创建新演示文稿，通过母版统一演示文稿的风格，如背景和字体等；然后创建标题幻灯片及其后几张内容幻灯片，添加文本，插入图片，设置其中文本框和图片的大小和位置，并应用动画效果；设置演示文稿的切换效果和背景音乐；最后，将演示文稿以视频格式输出。

本案例的目的是创建一份有关向全球推介河南的多媒体演示文稿短片“我的家乡”，最终完成效果如图 4-52 所示。

应用 WPS 演示制作多媒体短片演示文稿的制作流程如下：

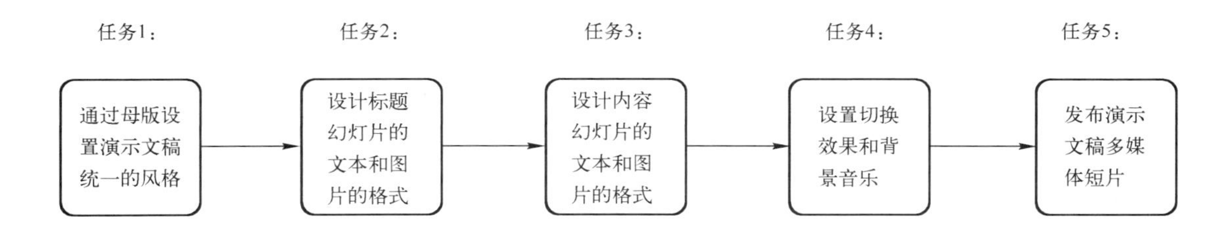

图 4-52　多媒体短片“我的家乡”完成效果

任务 4.6.1　通过母版设置演示文稿统一的风格

1．任务要求

（1）标题幻灯标题幻灯片版式的幻灯片字体格式

标题占位符：字体为“华文琥珀”、字号为“60”、字体颜色为“蓝色”。

文本框：文本框形状填充为“渐变填充”，预设渐变为“灰色-25%，着色 3，浅色 70%”、透明度为“35”；文本框形状轮廓为“实线”，颜色为“白色”，宽度为“12 磅”；文本效果为“阴影”→“右下斜偏移”。

（2）幻灯片背景

参考本章素材文件“河南.jpg”或自行选择与幻灯片主题相关图片素材。

（3）标题和内容版式的幻灯片字体、段落格式

标题占位符：字体为“微软雅黑”，字号为“44”，字体颜色为“黑色”、加粗；文本框，形状填充为“渐变填充”，预设渐变为“灰色-25%，着色 3，浅色 70%”，透明度为“35”；文本效果为“阴影”→“右下斜偏移”。

内容占位符：文本框形状填充为“渐变填充”、预设渐变为“亮天蓝色，着色 1，浅色 70%”、透明度为“0”。

第一级文本，字体为“微软雅黑”，字号为“24”，字体颜色为“黑色”，段前和段后为“6磅”，行间距为“单倍行距”。第二级文本，字体为“微软雅黑”，字号为“20”，字体颜色为“黑色”，段前和段后为“3 磅”，行间距为“单倍行距”。第三级、第四级和第五级文本字号分别为“18”“16”和“14”，段前和段后为“3 磅”，行间距为“单倍行距”。全体文本的项目符号、列表样式为“带填充效果的圆形项目符号”，颜色为“蓝色”。

页眉和页脚：页脚显示可以自动更新的日期以及内容为“我的家乡-河南”的页脚（标题幻灯片中不要显示）

2. 操作步骤

<1> 新建一个空白演示文稿，保存文件名为“我的家乡.pptx”。

<2> 在“视图”选项卡中单击“幻灯片母版”按钮，此时在 WPS 演示的左侧出现一个“幻灯片母版”选项卡。

<3> 主母版背景设置。在左侧“大纲/幻灯片”窗格中，选择母版窗格中的 Office 主母版；单击“幻灯片母版”选项卡，在上方功能区中单击“背景”按钮，在右侧的“对象属性”窗格中选中“图片或纹理填充”单选按钮，在下方“图片填充”中再单击“本地文件”选项，在打开的“插入图片”对话框中，打开本章素材图片所在文件夹，并选中图片“河南.jpg”，单击“插入”按钮，完成背景图片的插入，这时可以看到母版已经被设置为所需背景。

<5> Office 主母版文本框设置。在左侧“大纲/幻灯片”窗格中，选中内容占位符文本框，在“绘图工具”选项卡中单击“编辑形状”按钮组的展开按钮，在窗口右侧出现“对象属性”任务窗格，从中设置形状填充为“渐变填充”、预设渐变为“灰色-25%，着色 3，浅色 70%”、透明度为“35”；选中内容占位符文本框，在“开始”选项卡中单击“项目符号”展开按钮，选择“项目符号和编号”，弹出“项目符号和编号”对话框，在其中设置项目符号样式为“带填充效果的圆形项目符号”，颜色为“蓝色”，单击“确定”按钮。

<4> 标题幻灯片版式字体设置。在左侧“大纲/幻灯片”窗格中，选中标题幻灯片版式，单击编辑区的“单击此处编辑母版标题样式”占位符，在“开始”选项卡“字体”组中设置占位符中的文本字体为“华文琥珀”、字号为“60”、字体颜色为“蓝色”。

<5> 标题和内容版式字体设置。单击编辑区的“单击此处编辑母版标题样式”，字体设置为“微软雅黑”、字号为“44”，字体颜色为“黑色”、加粗；继续设置内容占位符中的文字，将第一级文本字体设置为“微软雅黑”、字号为“24”、字体颜色为“黑色”、段前和段后为“6磅”和“单倍行距”；第二级文本字体设置为“微软雅黑”、字号为“20”、字体颜色为“黑色”、段前和段后均为“3 磅”；第三级、第四级和第五级文本字号分别设置为“18”“16”“14”，而其他设置同前。

<6> 节标题版式设置。在左侧“大纲/幻灯片”窗格中选择母版窗格的“节标题版式”，单击编辑区的“单击此处编辑母版标题样式”占位符，选中标题占位符文本框，在右侧的对象属性窗格中设置形状填充为“渐变填充”、色标颜色为“灰色-25%，着色 3，浅色 70%”、透明度为“35”；继续设置形状轮廓，线条为“实线”、颜色为“白色”、宽度为“12 磅”；在“绘图工具”选项卡的右侧对象属性窗格的“效果”中选择“阴影”，设置为外部“右下斜偏移”；选中“单击此处编辑母版文本样式”副标题占位符，按 Delete 键，删除副标题。

<7> 在主母版中，单击“插入”选项卡的“页眉和页脚”按钮，在打开的“页眉和页脚”对话框的“幻灯片”选项卡中勾选“日期和时间”复选框，然后选择“自动更新”选项，勾选“页脚”复选框，然后在下方的文本框中输入文本“我的家乡-河南”；再勾选“标题幻灯片中不显示”复选框，单击“全部应用”按钮；在幻灯片编辑窗口中选择页脚文本，更改字体为“宋体”、字号为“16”、加粗，字体颜色为“白色”。

<8> 单击“幻灯片母版”选项卡的“关闭母版视图”按钮，保存文件“我的家乡.pptx”。

4.6.2 设计标题幻灯片的文本和图片的格式

1．任务要求

标题幻灯片的设置要求如下：版式，标题幻灯片；标题文本，“我的家乡”；标题占位符，“高度”为 5.5 厘米，“宽度”为 16 厘米，“水平位置”为 8 厘米（左上角），“垂直位置”为 6.5 厘米（左上角）；动画，标题占位符，“进入”动画为“飞入”，“强调”动画为“跷跷板”，“开始”时间为“之后”。标题幻灯片效果如图 4-53 所示。

图 4-53　标题幻灯片效果图

2．操作步骤

<1> 选中“标题”幻灯片的“标题”占位符，在窗口右侧选择对象属性，在“对象属性”任务窗格中单击右侧“大小属性”选项卡，在“高度”文本框中输入“5.5 厘米”，在“宽度”文本框中输入“16 厘米”；展开“位置”选项卡，设置水平位置为“8 厘米”和“左上角”，垂直位置为“6.5 厘米”和“左上角”。

<2> 调整大小和位置完毕，在“标题”占位符中输入文本“我的家乡”；在右侧对象属性窗格的“文本选项”的“文本框”选项卡中，将“文本框的垂直对齐方式（V）”设置为“中部对齐”。

<3> 选中“标题”占位符，单击“动画”，选择“进入”动画为“飞入”，单击“自定义动画”按钮，在编辑窗口右侧打开“自定义动画”窗格，单击选项卡中“添加效果”下拉按钮，

设置“开始”为“之后”；在选项卡中单击“添加效果”下拉按钮，选择“强调”动画为“跷跷板”，在“动画”选项卡设置“开始”为“之后”。

<4> 保存文件“我的家乡.pptx”。

4.6.3 设计内容幻灯片的文本和图片格式

1．任务要求

（1）第 2 张幻灯片设置

版式，两栏内容；标题文本，“河南，五千年文明！”；内容文本，参考本章素材文件“我的家乡.docx”。

插入第一张图片：参考本章素材文件“河南 6.jpg”；“高度”为 7.32 厘米，“宽度”为 13 厘米，“水平位置”为 17.42 厘米（左上角），“垂直位置”为 0 厘米（左上角）。

插入第二张图片：参考本章素材文件“河南 13.jpg”；“高度”为 7.32 厘米，“宽度”为 13 厘米，“水平位置”为 20.74 厘米（左上角），“垂直位置”为 5.07 厘米（左上角）。

插入第三张图片：参考本章素材文件“河南 15.jpg”；“高度”为 6.58 厘米，“宽度”为 13 厘米，“水平位置”为 17.42 厘米（左上角），“垂直位置”为 11.65 厘米（左上角）。

动画标题占位符：“进入”动画为“劈裂”，“开始”时间为“之后”。

内容占位符：“进入”动画为“上升”，整批发放；“开始”时间为“之后”。

第一张图片：“进入”动画为“渐变”，“开始”时间为“之后”。

第二张图片：“进入”动画为“渐变”，“开始”时间为“之后”。

第三张图片：“进入”动画为“渐变”，“开始”时间为“之后”。

（2）第 3 张幻灯片设置

版式，两栏内容；标题文本，“河南是最美的！”；内容文本，参考本章素材文件“我的家乡.docx”。

插入图片：参考本章素材文件“河南 2.jpg”；“高度”为 16.56 厘米，“宽度”为 13.5 厘米；“水平位置”为 18.38 厘米（左上角），“垂直位置”为 1.01 厘米（左上角）。

动画标题占位符：“进入”动画为“渐变”，“开始”时间为“之后”。

内容占位符：“进入”动画为“上升”，整批发送；“开始”时间为“之后”。

图片：“进入”动画为“圆形扩展”；“开始”时间为“之后”；“方向”为“内”；“速度”为“中速”。

（3）第 4 张幻灯片设置

版式，两栏内容；标题文本，“丝绸之路”；内容文本，参考本章素材文件“我的家乡.docx”。

插入第一张图片：参考本章素材文件“河南 8.jpg”；“高度”为 7.38 厘米，“宽度”为 12 厘米；“水平位置”为 18.36 厘米（左上角），“垂直位置”为 0 厘米（左上角）。

插入第二张图片：参考本章素材文件“河南 9.jpg”；“高度”为 7.32 厘米，“宽度”为 13 厘米；“水平位置”为 20.57 厘米（左上角），“垂直位置”为 6.07 厘米（左上角）。

插入第三张图片：参考本章素材文件“河南 10.jpg”；“高度”为 6.58 厘米，“宽度”为 13 厘米；“水平位置”为 17.42 厘米（左上角），“垂直位置”为 11.65 厘米（左上角）。

动画标题占位符：“进入”动画为“劈裂”；“开始时间”为“之后”。

内容占位符：“进入”动画为“上升”，整批发送；“开始”时间为“之后”。

第一张图片：“进入”动画为“渐变”；“开始”时间为“之后”。

第二张图片：“进入”动画为“渐变”；“开始”时间为“之后”。

第三张图片：“进入”动画为“渐变”；“开始”时间为“之后”。

（4）第 5 张幻灯片设置

版式，垂直排列标题和文本；标题文本，“新时代的中国：与世界携手　让河南出彩”。

内容文本：删除内容文本框。

插入图片：参考本章素材文件“河南 23.jpg”；“高度”为 19.27 厘米，“宽度”为 14.42 厘米；“水平位置”为 4.6 厘米（左上角），“垂直位置”为 0 厘米（左上角）。

动画标题占位符：“进入”动画为“渐变”；“开始”时间为“之后”。

图片：“进入”动画为“渐变式缩放”；“开始”时间为“之前”。

（5）第 6 张幻灯片设置

版式：标题幻灯片；标题文本，“河南欢迎您！”。

动画标题占位符：“进入”动画为“渐变”；“强调”动画为“放大/缩小”；“开始”时间为“之后”；尺寸为“150%”；“速度”为“中速”。

2．操作步骤

<1> 新建第 2 张幻灯片。单击“开始”选项卡的“新建幻灯片”，在弹出的幻灯片版式中选择“两栏内容”，设置当前幻灯片为“两栏内容”版式；输入标题文本“河南，五千年文明！”；内容文本可复制本章素材文件“我的家乡.docx”中的相应文字；插入图片“河南 6.jpg”“河南 13.jpg”和“河南 15.jpg”，双击图片，打开右侧的“对象属性”窗格，单击“大小与属性”按钮，可以设置图片格式，按照任务要求设置图片的大小和位置。

依次对“标题”占位符、“内容”占位符和所插入图片按照任务要求，添加动画并设置动画的“开始”时间，添加的方法与在“标题”幻灯片中为占位符和图片添加动画的方法相同。

添加完动画后，选中“内容”占位符，然后在“动画”选项卡设置“进入”动画，选择“上升”，效果如图 4-54 所示。

<2> 新建第 3 张幻灯片。设置版式为“两栏内容”，输入标题文本为“河南是最美的！”；内容文本可复制本章素材文件“我的家乡.docx”中相应文字；插入图片“河南 2.jpg”，并按照任务要求设置图片的大小和位置，添加动画效果；第 3 张幻灯片效果如图 4-55 所示。

<3> 新建第 4 张幻灯片。设置版式为“两栏内容”，输入标题文本“丝绸之路”；内容文本可复制本章素材文件“我的家乡.docx”中的相应文字；插入图片“河南 8.jpg”“河南 9.jpg”和“河南 10.jpg”，并按照任务要求设置图片的大小和位置，添加动画效果。第 4 张幻灯片效果如图 4-56 所示。

<4> 新建第 5 张幻灯片，设置版式为“垂直排列标题与文本”，输入标题文本“新时代的中国：与世界携手　让河南出彩”；删除内容文本框；插入图片“河南 23.jpg”，并按照任务要求设置图片的大小和位置，添加动画效果；第 5 张幻灯片效果如图 4-57 所示。

图 4-54 第 2 张幻灯片效果图

图 4-55 第 3 张幻灯片效果图

图 4-56　第 4 张幻灯片效果图

图 4-57　第 5 张幻灯片效果图

<5> 新建第 6 张幻灯片，设置版式为“标题幻灯片”，输入标题文本“河南欢迎您！”；添加“进入”动画效果“渐变”和“强调”动画效果“放大/缩小”，效果选项卡中尺寸为“150%”。第 6 张幻灯片效果如图 4-58 所示。

<6> 保存文件“我的家乡.pptx”。

图 4-58　第 6 张幻灯片效果图

4.6.4　设置切换和背景音乐

1．任务要求

幻灯片切换："动画"为淡出，"自动换片"为 10 秒，"应用幻灯片"为"全部"。

背景音乐：参考本章素材文件"相亲相爱一家人.mp3"，或者与幻灯片主题相关背景音乐；放映时隐藏，循环播放直到停止，跨幻灯片播放，自动播放。

2．操作步骤

<1> 单击"切换"选项卡，在切换幻灯片的样式中选择"淡出"动画；在"切换"选项卡中勾选"自动换片"复选框，并在右侧文本框中输入"00:10"；勾选"单击鼠标时换片"复选框，在"速度"文本框中输入"00.01"，单击"全部应用"按钮。

<2> 选择第 1 张幻灯片，在"插入"选项卡中选择"音频"→"嵌入背景音乐"，在打开的"从当前页插入"对话框中选中本章素材文件"相亲相爱一家人.mp3"，单击"打开"按钮，就在幻灯片中添加了音频图标。

<3> 选定幻灯片中的音频图标，在"音频工具-播放"选项卡中选中"放映时隐藏""跨幻灯片播放"和"循环播放，直到停止"复选框，然后在"开始"下拉列表框中选择"自动"选项。

<4> 保存文件"我的家乡.pptx"。

4.6.5 发布演示文稿为多媒体短片

1. 任务要求

输出文件类型为 MP4 视频，文件名为“我的家乡.mp4”。

2. 操作步骤

在“文件”菜单中选择“另存为”命令，即可查看后续选项，包括“输出为视频”选项。选中“输出为视频”选项，保存为相应的文件名，再选择相应的保存路径保存即可，单击“保存”按钮。这样，PPT 内容就转化为视频文件了。

说明：如果是第一次 PPT 转换视频，就要下载和安装 WebM 视频解码器插件（扩展）。

任务 4.7 WPS 演示的特色功能

WPS 演示的特色功能在“会员专享”选项卡（如图 4-59 所示）中，可以将不同的格式文件进行格式转换，如 PDF 转 PPT、图片转文字、转图片 PPT、输出为图片、文档拆分合并、全文翻译等功能。

图 4-59 特色功能

单击“会员专享”选项卡的“更多”选项，出现如图 4-60 所示的窗格，包括“输出转换”“文档助手”“安全备份”“分享协作”和“资源中心”等。

图 4-60 特色功能的“更多”

在“插入”选项卡中单击“更多”可以插入二维码、地图、化学绘图，如图 4-61 所示。

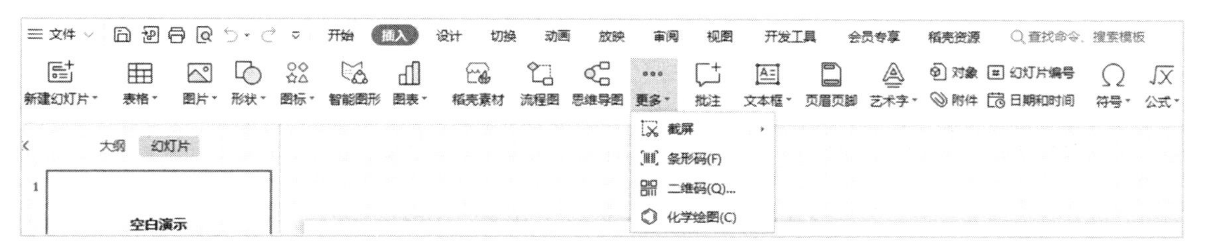

图 4-61　“更多”选项

任务 4.8　练一练：“自我风采展示”演示文稿制作

1．目的

（1）掌握主题、母版、版式和占位符等基本概念，理解它们的用途和使用方法。
（2）掌握在幻灯片中插入各种对象（如文本、图片等）的方法。
（3）掌握动画的添加和设置方法。
（4）掌握多媒体对象的插入和设置方法。
（5）掌握幻灯片的放映方法，理解不同的显示方式。

2．操作要求

演示文稿内容：结合自身实际，创建“自我风采展示”演示文稿。

幻灯片：数量不少于 6 张，主题为“角度”。

页眉和页脚：显示可以自动更新的日期和内容为“学号+姓名”的页脚（标题幻灯片中不要显示）；切换方式，不少于 4 种；自动换片时间，8 秒。

插入图片文档：可自行选择与幻灯片主题内容相关的图片素材；数量，不少于 3 张。

动画效果：结合每张幻灯片内容，每张幻灯片设置不少于 3 种的动画效果。

背景音乐：可自行选择与幻灯片主题内容相关的背景音乐素材。

选项：放映时隐藏、循环播放直到停止、跨幻灯片播放、自动播放。

输出文件类型为 MP4 视频，文件名为“学号+姓名.mp4”，文件路径自定义。

习 题 4

1．简答题

（1）在 WPS 演示文稿中如何插入、删除幻灯片？如何复制、移动幻灯片？
（2）在 WPS 演示文稿中如何创建电子相册？

2．上机题

请按以下要求，使用 WPS 演示文稿制作一份图文并茂的“班级介绍”演示文稿。

（1）幻灯片主题：相邻。

（2）幻灯片数量不少于 5 张，幻灯片切换方式不少于 3 种。

（3）演示文稿中图片不少于 3 张，同学们可自行选择与幻灯片主题相关的图片素材。

（4）每张幻灯片的动画效果不少于 3 种。

（5）将文档以“班级介绍.pptx”命名，并保存在自定义目录下。

第 5 章

IT

计算机网络技术应用

本章学习目标

- ❖ 了解计算机网络的定义。
- ❖ 了解计算机网络的分类。
- ❖ 掌握家庭无线局域网的组建方法。
- ❖ 掌握信息检索的方法。
- ❖ 熟悉 Internet 的常见应用。
- ❖ 掌握网络安全防范的措施。

计算机网络是计算机技术和通信技术紧密结合的产物，在当今社会经济中起着非常重要的作用，为现代信息技术的发展做出了巨大贡献。计算机网络已经成为人们社会生活中不可缺少的一个重要组成部分，并不断改变着人类的生存方式，计算机网络应用已经深入各领域。

任务 5.1 计算机网络基础

5.1.1 知识导读：计算机网络简介

1．计算机网络的起源和发展

计算机网络是计算机技术与通信技术发展的产物，在社会的需求和用户的应用促进下发展起来的。1946 年，世界上第一台电子计算机产生，在以后的几年里，计算机只能支持单用户使用，计算机的所有资源也只能为单个用户占用。随着计算机应用的发展，出现了多台计算机互连的需求。这种需求主要来自军事、科学研究、地区与国家经济信息分析决策、大型企业经营管理。他们希望将分布在不同地点的计算机通过通信线路互连为计算机——计算机网络。网络用户可以通过计算机使用本地计算机的软件、硬件和数据资源，也可以使用联网的其他地方的计算机软件、硬件和数据资源，以达到计算机资源共享的目的。这一阶段研究的典型代表是美国国防部高级研究计划局（ARPA）的 ARPANET（通常称为 ARPA 网），ARPANET 的出现标志了世界上第一个计算机网络的诞生。

ARPANET 的研究成果对推动计算机网络发展的意义是深远的。在它的基础上，计算机网络发展十分迅速，出现了大量的计算机网络。目前，计算机网络向互连、高速、智能化方向发展，并获得广泛的应用，主要特征为：面向更多新应用的高速、智能化的计算机网络。

2．计算机网络的定义

计算机网络是指，通过通信设备和通信线路，将分布在不同地理位置且功能独立的多个计算机系统相互连接起来，按照相同的通信协议，在网络操作系统的管理和控制下，实现资源共享和高速通信的系统。

一般来讲，计算机网络构成的要素如下：

- ❖ 两台或两台以上功能独立的计算机互连接起来，以达到相互通信的目的。
- ❖ 计算机之间要用通信设备和传输介质连接起来。
- ❖ 计算机之间通信要遵守相同的网络通信协议。
- ❖ 具备网络软件、硬件资源管理功能，以达到资源共享的目的。

3．计算机网络的分类

由于计算机网络自身的特点，对其划分也有多种形式，如可以按网络的作用范围、网络的传输技术方式等划分。

按网络覆盖的地理范围，计算机网络可分为局域网、城域网和广域网。三者之间的差异主要体现为覆盖范围和传输速率。

（1）局域网（Local Area Network，LAN）

局域网是计算机通过高速线路相连组成的网络，一般限定在较小的区域内，如图 5-1 所示。局域网通常安装在一个建筑物或校园（园区）内，覆盖的地理范为几十米至几千米，如一个办公室、一个实验室、一栋大楼、一个大院或一个单位。

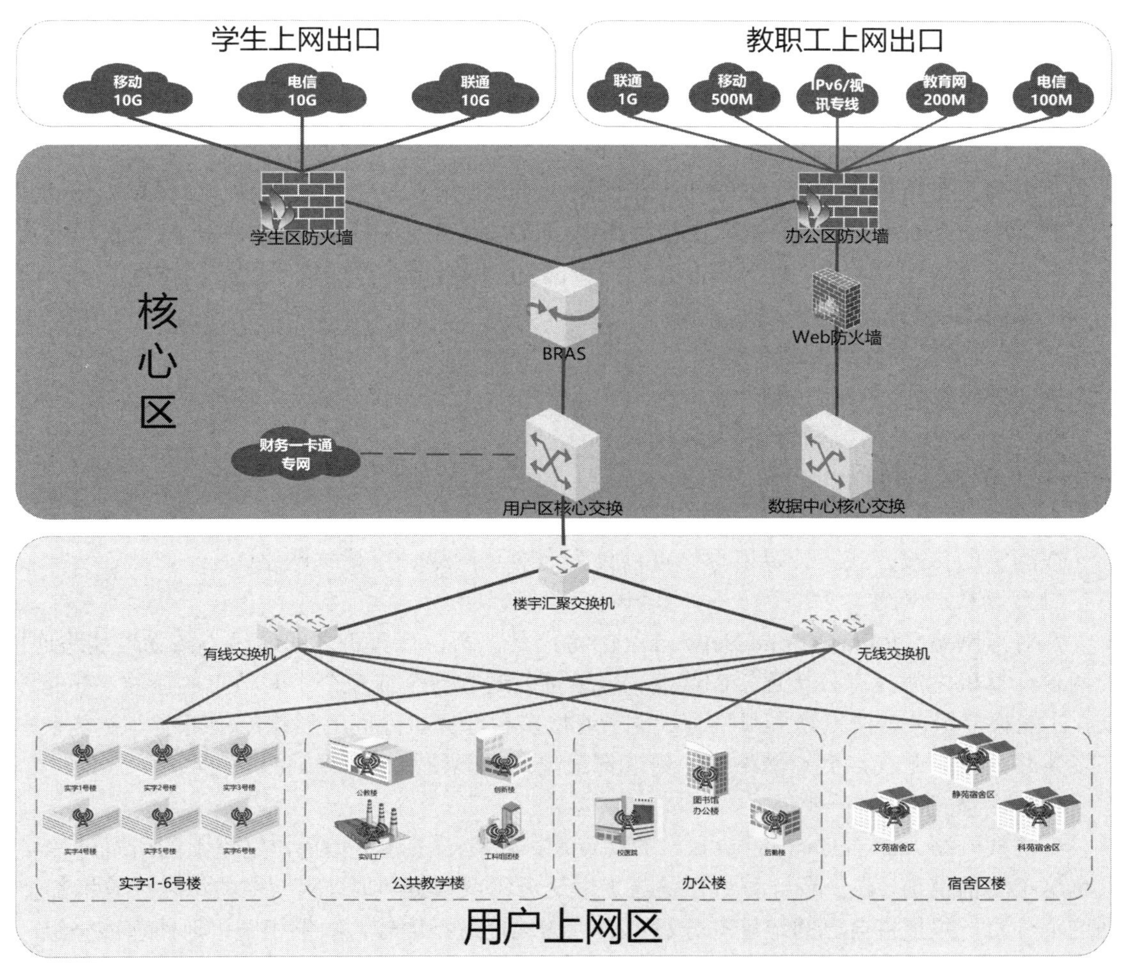

图 5-1　某学校的局域网

局域网的传输速率较高，从 10 Mbps 到 100 Mbps，甚至可达 1 Gbps 和 10 Gbps。局域网主要用来构建一个单位的内部网络，如学校的校园网（见图 5-1）、企业的企业网等。局域网通常属单位所有，单位拥有自主的设计、建设和管理权，以共享网络资源为主要目的，如共享打印机和数据库。

局域网的主要特点如下：

❖ 建设单位自主规划、设计、建设和管理。

❖ 传输速率高，但网络覆盖范围有限。

❖ 主要面向单位内部提供各种服务。

（2）城域网（Metropolitan Area Network，MAN）

城域网一般限定在一座城市的范围内，覆盖的地理范围从几十千米到数百千米，传输速率为 64 kbps～10 Gbps。城域网主要指城市范围内的政府部门、大型企业、事业单位、学校、公司、ISP、电信部门、有线电视台等，通过市政府构建的专用网络和公用网络连接起来，可以实现大量用户的多媒体信息共享，并提供电子政务和电子商务平台功能等。

城域网的主要特点如下：

- ❖ 建设城市自主规划、设计、建设和管理。
- ❖ 传输速率较高，网络覆盖范围局限在一个城市。
- ❖ 面向一个城市或一个城市的某系统内部提供电子政务、电子商务服务。

（3）广域网（Wide Area Network，WAN）

广域网其覆盖范围很大，从数百千米到数千千米，可以是一个地区或一个国家，甚至世界几大洲，故又称为远程网。广域网通常利用电信部门提供的各种公用交换网，将分布在不同地区的计算机系统连接起来，达到资源共享的目的。广域网最典型的例子就是因特网（Internet）。

广域网的主要特点如下：

- ❖ 建设涉及国际组织或机构。
- ❖ 网络覆盖范围没有限制。
- ❖ 由于长距离的数据传输，容易出现错误。
- ❖ 传输速率受限。
- ❖ 管理复杂，建设成本高。

按网络的传输方式，计算机网络可以分为点对点网络、广播式网络。

（1）点对点网络

点对点网络（Point to Point Network）的特点是，两台计算机之间通过一条物理线路连接。若两台计算机之间没有直接连接的线路，分组可能通过一个或多个中间节点的接收、存储、转发，才能将分组从信源发送到目的地。由于连接多台计算机之间的线路结构可能非常复杂，存在多条路由，因此在点到点网络中如何选择最佳路径显得特别重要。

（2）广播式网络

广播式网络（Broadcast Network）的特点是，仅有一条通信信道，网络上的所有计算机都共享这个通信信道。当一台计算机在信道上发送分组或数据包时，网络中的每台计算机都会收到这个分组，并且将自己的地址与分组中的目的地址进行比较，如果相同，则处理该分组，否则将它丢弃。

4．网络的体系结构

要将不同类型、不同操作系统的计算机互连起来形成一个计算机网络，就必须有一定的网络体系结构。网络体系结构是分层的，相邻层之间必须规定相互传输信息的接口关系（层间服务），在同一层内通信双方要遵守相同的约定和规则（层间协议）。

国际标准化组织 ISO 将网络体系分为 7 层，从低到高分别为物理层、数据链路层、网络层、传输层、会话层、表示层和应用层，即 OSI/RM（Open Systems Interconnection Reference Model，开放系统互连参考模型）。

其中，物理层是最基本的通信信道，物理层协议规定的是通信双方相互连接的机械特性、电气特性、功能特性和控制规程，解决的是如何在通信信道上传送原始的二进制数据；链路层是在物理层提供服务的基础上为网络层提供服务，解决的是如何将数据无差错地从一方传输到另一方；网络层负责把数据从源主机通过通信子网正确无误地传送到目标主机，解决的是路由网络拥挤及流量控制的问题。

传输层、会话层、表示层和应用层是高层通信协议，通信双方在逻辑上与通信子网无关。其中，传输层完成主机 - 主机的连接和传输；会话层对会话进行管理和对会话进行同步控制服务；表示层处理的是用户信息的表示问题；应用层是网络系统与用户的接口，直接向用户提供各种服务，如 Web 服务、FTP 服务、电子邮件及远程登录等。

5.1.2　任务案例：了解校园网布局

计算机网络是计算机的一个群体，是由多台计算机组成的，这些计算机通过一定的通信介质互连在一起，它们彼此之间能够交换信息。计算机网络属于多机系统的范畴，是计算机和通信两大现代技术相结合的产物，代表着当前计算机体系结构发展的一个重要方向。本任务将从计算机网络的形成和发展开始，掌握计算机网络的基本概念、了理解计算机网络的功能。

【案例 5-1】 通过参观学校机房、网络中心，掌握计算机网络的定义，认识计算机网络的设备，增强对计算机网络功能的了解和认识。

操作步骤如下：

<1> 到学校机房、网络中心，了解其计算机网络的结构。

<2> 观察每台计算机是如何进行网络通信的，认识计算机网络中的网络设备。

<3> 了解计算机网络的功能。

任务 5.2　搭建无线局域网

5.2.1　知识导读：无线局域网

无线局域网（Wireless Local Area Network，WLAN）由无线网卡和无线接入点（AccessPoint，AP）构成。简单地说，无线局域网是指不需要网线就可以发送和接收数据的局域网，通过安装无线路由器或无线 AP，在终端安装无线网卡，就可以实现无线连接。从无线局域网的定义可以看出，要组件一个无线局域网需要的硬件设备就是无线网卡和无线路由器。

1．无线局域网的优点

无线局域网是利用无线技术实现快速接入以太网的技术。与有线网络相比，无线局域网最主要的优势在于不需要布线，可以不受布线条件的限制，因此广泛应用于酒店、机场等，目前已经从商业使用逐渐开始进入家庭以及教育机构等领域。

2．无线局域网组建的准备工作

要组建家庭无线网络，其实很简单，只要有无线宽带路由器和无线网卡即可，组建无线网络的硬件设施很容易实现。

（1）无线宽带路由器

通常，选择价格适中的产品家用无线宽带路由器，如 D-Link、TP-Link 等，如图 5-2 所示。

图 5-2　无线宽带路由器

选购无线路由器时，需要注意以下几点：

① 注意无线路由器的端口数量。无线路由器的端口分 LAN 接口和 WAN 接口两类，其中 WAN 接口是用来连接到 Internet 的，LAN 接口则是供局域网中的计算机连接的。在选购时，要注意询问该产品提供多少个以太网接口，接口数量一定要多于家庭有线接入计算机的 1～2 个，以方便日后扩展。目前，大多数无线路由器都提供 4 个 LAN 接口和一个 WAN 接口。

② 无线协议标准。目前，IEEE 802.11n、802.11b、802.11g 和 802.11ac 标准是无线局域网的流行标准。其中，IEEE 802.11ac 支持多用户 MIMO（MU-MIMO），工作于 5 GHz 频带，传输速率可达 1Gbps 以上，是目前流行的无线局域网标准。

③ 传输速率和传输距离。目前，市面上主流的千兆无线路由器基本上能满足小范围的无线局域网的组建需求，不会对网络宽带造成阻塞，而且价格相对低廉，扩展应用成本低。此外，无线设备的传输距离越大意味着信号覆盖范围就越广。目前，大多数无线路由器的传输距离在室内都能达到 150 米以上，而在室外可达 300～800 米。

④ 安全加密功能。无线网络一般有如下安全手段：WEP（有线等效加密）、SSID 服务区标识符、用户端无线客户端设备 MAC 地址过滤、支持标准 IEEE 802.1x 安全认证协议、VPN。

（2）无线网卡

通常，笔记本内置了无线网卡。如果不支持，可以购买一块外置的无线网卡。按照接口，无线网卡通常可以分为 USB（如图 5-3 所示）、PCI、PCMCIA 三大类，不同接口的网卡适用不同的计算机。在购买时，需要根据个人计算机的实际情况进行选购。

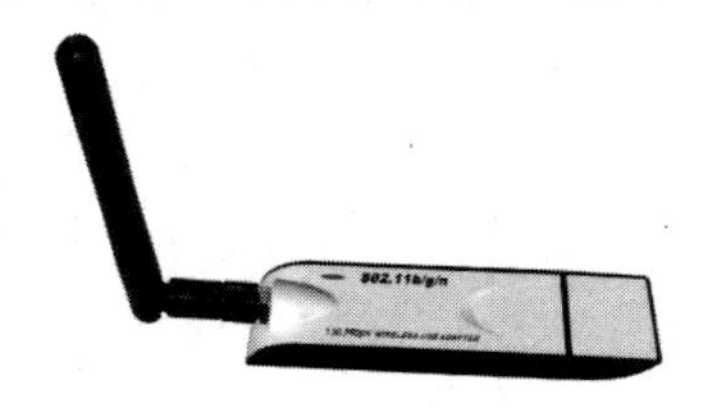

图 5-3　无线网卡

5.2.2　任务案例：组建家庭无线局域网

现今的大多数家庭拥有了越来越多的上网设备，如计算机、电视、智能手机等，这就需要在家庭环境中具备多个网络接入点。但是大部分家庭在最初装修布局时并未考虑到这一点，通过在家中组建无线网络可以解决以上问题。在家中组建无线局域网（WLAN）既简单又省钱，人们在各房间可以随时接入网络冲浪，而不需担心电缆和插头。用户能够真正“无线”自己的生活，感受前所未有的灵活性和自由性。

【案例 5-2】 组建家庭无线局域网。

（1）熟悉无线局域网的组建方法。

（2）了解组建家庭无线局域网所用的网络设备及传输介质。

（3）学会无线路由器的基本使用方法。

（4）掌握无线终端设备接入无线局域网的方法。

操作步骤如下：

（1）选购无线网卡

要组建一个无线局域网，除了需要配置计算机，还需要选购无线网卡。

台式计算机可以选择 PCI 或 USB 接口的无线网卡；笔记本电脑可以选择内置的 MiniPCI 接口，以及外置的 PCMCIA 和 USB 接口的无线网卡。

（2）准备无线路由器

为了能实现多台计算机共享上网，准备一台无线路由器，并可以实现网络接入，如 ADSL、小区宽带、Cable Modem 等。

（3）无线硬件设备连接

无线路由器通常拥有 4 个 LAN 接口和 1 个 WAN 接口，可以同时为以太网用户和无线网络用户提供 Internet 连接，如图 5-4 所示。

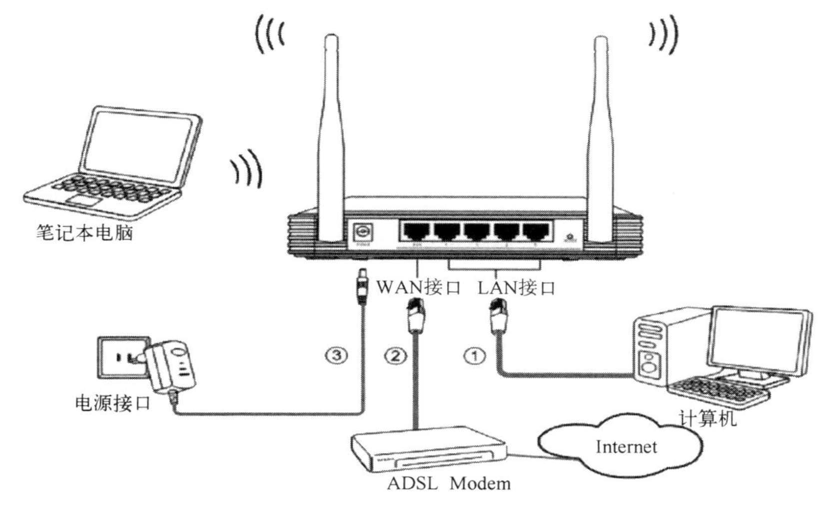

图 5-4 家用无线网络连接图

具体的连接方法如下：

<1> 将无线路由器的 WAN 接口连接至 ADSL Modem 或者小区宽带的信息插座，实现 Internet 的连接和共享。

<2> 无线路由器的 LAN 接口连接至台式计算机的普通网卡，实现无线网络与有线网络的相互连通。

（4）无线路由器初始配置

由于无线路由器提供了 Web 管理界面，因此可以通过局域网内任何一台已连接的计算机来配置无线宽带路由器。在 Internet Explorer 的地址栏中输入“192.168.1.1”（TP-Link 无线路由器的默认 IP 地址，如图 5-5 所示），回车，就进入了无线路由器的 Web 管理页面。

图 5-5　无线路由器 Web 管理界面

初次登录时用户名和密码均为 admin（参照产品操作手册说明）。TP-Link 提供简单明了的中文菜单，只要简单设置，其他绝大多数选项用默认设置就行。

需要改动设置的主要包括：

<1> 单击“PPPoE 设置”，填写用户名和密码（宽带服务商提供的 ADSL 上网用户名和密码），如图 5-6 所示。

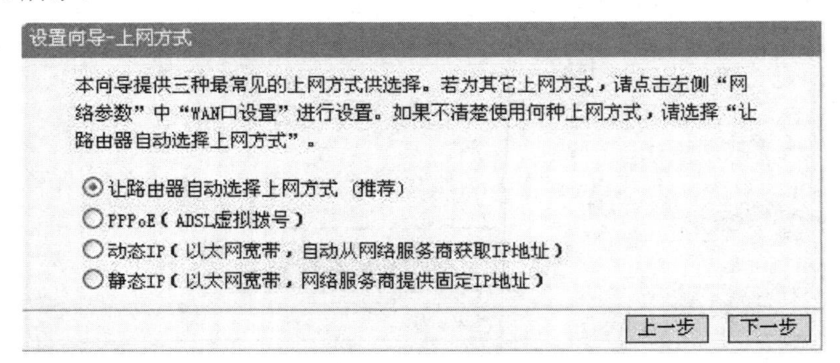

图 5-6　设置 PPPoE

<2> 单击“无线设置”，可以看到信道、模式、安全选项、SSID 等，如图 5-7 所示。其中，“SSID”是无线网络的标示名称，可以任意填写；“模式”大多选用“11bgn mixed”；“无线安全选项”建议选择“WPA-PSK/WPA2-PSK”；密码设置减量避免纯数字之类的弱口令，防止被其他人轻易破解而蹭网。

设置完成后，单击“下一步”按钮，宽带无线路由器会自动重启，无线宽带路由器就配置完成。

（5）无线上网体验

当无线路由配置完成后，使用网线连接的计算机打开后就可以直接上网了，再也不用每次输入 ADSL 宽带账号和密码。

使用无线上网的计算机开机后，会自动检测所在区域的无线网络信号，并在任务栏上显示一个无线网络图标，单击，即可打开“无线网络连接”窗口，如图 5-8 所示，所有可用网络一览无余，不需要再打开单独的设置面板即可一键连接到各种网络。

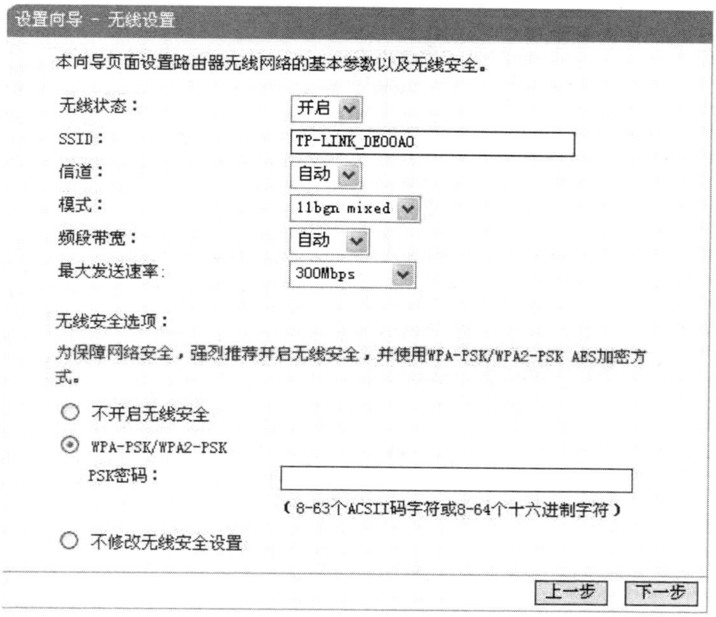
设置向导 - 无线设置
本向导页面设置路由器无线网络的基本参数以及无线安全。
无线状态：
开启
SSID：
TP-LINK_DE00A0
信道：
自动
模式：
11bgn mixed
频段带宽：
自动
最大发送速率：
300Mbps
无线安全选项：
为保障网络安全，强烈推荐开启无线安全，并使用WPA-PSK/WPA2-PSK AES加密方式。
不开启无线安全
WPA-PSK/WPA2-PSK
PSK密码：
（8-63个ACSII码字符或8-64个十六进制字符）
不修改无线安全设置
上一步
下一步

图 5-7　无线设置

当前连接到:
fei
Internet 访问
无线网络连接
fei
已连接
TP-LINK_F694
TP-LINK_LR
CMCC
Tenda_58D
Xiaomi_3DAC
TP-LINK_D8A9BA
打开网络和共享中心

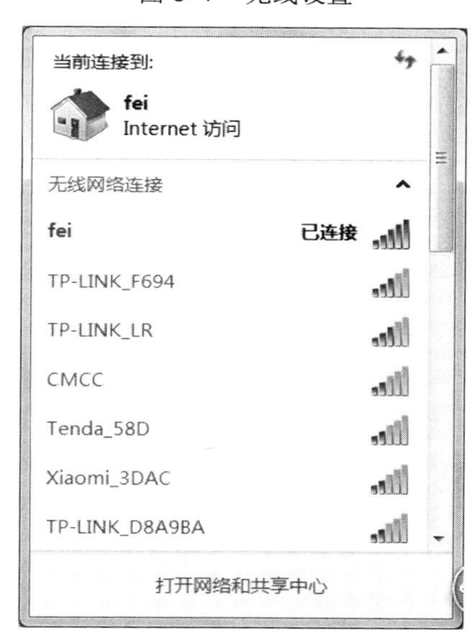

图 5-8　无线网络连接

因此，需要根据前面设置的无线网络 ID 来进行选择。选择后，单击“连接”，如果设置了密码，输入密码后才能正常使用无线网络。

5.2.3　知识拓展：典型网络故障排除实例

其实无线网络并没有那么神秘，硬件设施并不苛刻，同时组建方法比较简单，但是大家不能对之掉以轻心，因为在使用过程中也会遇到各种问题和故障，下面介绍一些典型的故障排除实例。

1．复位法解决无线网络故障

【故障现象】 小李家里使用网通的 ADSL 上网，有一台台式机和一台笔记本。为了方便，他特意购买了一台无线宽带路由器，使用了一段时间，一切正常，速度也不错。可是前几天突然不能正常上网了。系统提示网络已经连接上，但台式机和笔记本都不能打开网页，不能登录 QQ 等。

【故障排除】 因为小李的无线路由器硬件设置和网络设置都没有变动过，因此首先想到的是网通 ADSL 本身不稳定。于是关掉无线路由器，将网线重新接入 ADSL Modem，利用 Windows 自带的拨号程序创建了 ADSL 拨号连接，输入密码后，输入网址，可以上网。

看来问题在无线路由器。先把硬件连接重新插一遍，问题依旧。硬件不行，只好从设置方面找原因了。在浏览器的地址栏中输入“192.168.1.1”，进入路由器配置界面，输入用户名和密码，用户名为 admin，初始密码为 admin，然而提示出错，这才想起来当初设置了一个管理密码，可是时间久了忘了密码。

好在小李听朋友介绍无线宽带路由器有一个复位按钮，可以恢复到出厂设置。于是找到了一颗回形针，压住无线路由器后部的复位孔不松开，先将宽带路由器的电源关掉，再接通电源，这个过程中一直要压住复位键。待正面面板的 Status 指示灯开始明灭的时候将复位键放开（约 6～8 秒），这样即可将无线宽带路由器恢复到出厂状态。

接下来输入用户名和密码（默认用户名为 admin，密码为 admin），果然顺利进入了设置界面了。设置完毕，重新打开浏览器，终于顺利地打开网页了。

小提示：如果 Status 指示灯快速明灭闪烁，说明按复位键的时间太长了，此时将电源再拔出、插回，当 Status 指示灯大约每秒闪烁一次时，松开复位键即可。

2．无线网络信号被盗，网速变慢

【故障现象】 小张家使用电信 ADSL 上网，而且使用的无线路由器无线上网，近期发现网络变得非常慢，“不要说上网看电影，就连打开一般的网页，都变得很慢。”为此，小张多次致电电信部门询问自家的宽带是否被限速，但是得到的答复却是电信部门提供的网速正常。直到小张请来做网络工程的朋友到家检查时才发现，原来小张在关闭计算机后，经常忘记关闭路由器和 ADSL Modem，无线路由器虽然设置了简单密码，却遭遇到“蹭网软件”的破解，从而被人占用了大部分带宽。

【故障排除】 首先，小张应该在不用网络的时候把无线路由器关掉，这样可以避免别人使用自家的网络。其次，对无线网络进行加密时的设置方法一定要安全。对无线路由器进行安全配置时，如果用户选择带 WPA、WPA2 加密功能的路由器，并且设置长达 16 位以上的字母与数字交替组合密码，那么一般可以保证网络密码不被破解。

3．无线路由器无法正常工作

【故障现象】 小王使用无线路由器作为家庭无线网络的 Internet 共享设备，WAN 接口连接 ADSL Modem，LAN 接口连接台式机。在配制向导中设置为 ADSL PPPoE 接入，并指定了账号和密码。设置完毕，小王的笔记本电脑虽然能够检测到无线信号，但无法上网。然而，利用直接连接 ADSL Modem 进行拨号，却能正常登录网络。

【故障排除】 导致故障产生的原因可能是以下两方面的问题。

① 绑定了 MAC 地址。宽带服务提供商为了避免用户使用宽带路由器，将计算机的 MAC 地址与账号绑定在了一起，只有拥有特定 MAC 地址的计算机才能实现 Internet 连接。如果属于这种情况，可以使用无线路由器的 MAC 地址克隆功能，克隆可以进行 ADSL 拨号的计算机网卡的 MAC 地址。

② 用户名和密码设置错误。如果属于这种情况，可以检查无线路由器中的 ADSL 用户名和密码是否正确，确保设置完全正确。

任务 5.3 Internet 协议和 IP 地址

5.3.1 知识导读：Internet 协议和 IP 地址简介

1．Internet 的起源和发展

20 世纪 60～70 年代，美国国防部开始兴建第一个网际网，称为 ARPANET，它是 Internet 的雏形，当时主要用于军事目的。该网络最初是为了验证分组交换的实用价值，采用 8 位的寻址方案。70 年代中期，TCP/IP 协议首次用于 ARPANET，网络地址从 8 位扩充为 32 位。

Internet 是目前世界上最大、用户最多并且覆盖全世界的国际互联网，已经拥有数十亿用户，应用范围从政府机关、工商企业、教育科研、文化娱乐到个人，影响极为广泛。一旦与 Internet 连接，就可以访问其中数以万计的信息，如新闻报道、天气情况、经济信息、软件游戏等。现在，越来越多的人已离不开 Internet。我国的 Internet 发展表现更突出。依据中国互联网络信息中心（CNNIC）2022 年 2 月发布的第 49 次《中国互联网络发展状况统计报告》显示，截至 2021 年 12 月，中国网民规模达 10.32 亿，互联网普及率为 73.0%。其中，移动应用规模排在前四位种类（游戏、日常工具、电子商务、社交通讯类）的 App 数量占比达 61.2%。

2．TCP/IP

TCP/IP 是各网络之间相互遵守的网络互连协议，泛指所有与 Internet 有关的协议簇。TCP/IP 不是单个的协议，是一个分层的协议或称协议栈。不同于 OSI/RM 模型，TCP/IP 模型自上而下分为 4 层，如图 5-9 所示。

TCP/IP 模型	OSI/RM 模型
应用层	应用层
	表示层
	会话层
传输层	传输层
网络层	网络层
网络接口层	数据链路层
	物理层

图 5-9 TCP/IP 模型与 OSI/RM 模型的对比

① 应用层，用户应用程序在各主机之间进行通信使用的协议，如 TELNET（远程登录）、FTP（文件传输协议）、SMTP（简单邮件传输协议）和 HTTP（超文本传输协议）等。

② 传输层，提供应用程序之间（端到端）的通信，确保端到端可靠传输。传输层常用的协议是 TCP（传输控制协议）和 UDP（用户数据报协议）。

③ 网际层，又称为互联层，解决计算机与计算机之间的通信问题。网际层的通信协议统一为 IP（网际协议）。

④ 物理层，TCP/IP 实现与其他网络协议的通信。Internet 中的数据的传输过程是这样的：首先将数据打包成 TCP/IP 格式的数据包，然后数据包在路由器的指挥下被传送到目的地，最后接收到的数据包被重新组合，还原成数据文件。

3．IP 地址与域名

与邮政通信一样，网络通信也需要有对传输内容进行封装和注明接收者地址的操作。邮政通信的地址结构是有层次的，要分出城市名称、街道名称、门牌号码和收信人。网络通信中的地址也是有层次的，分为网络地址和物理地址。网络地址说明目标主机在哪个网络上；物理地址说明目标网络中哪一台主机是数据报的目标主机。我们可以拿计算机网络地址结构与邮政通信的地址结构比较起来理解：网络地址想象为城市和街道的名称，物理地址则比为门牌号码。IP 主要规定了如何定位计算机在 Internet 上的位置及计算机地址的统一表示形式，在 Internet 上访问计算机可按 IP 地址形式，也可按计算机域名形式。

（1）IPv4 地址

Internet 上的每台主机与路由器都是通过 IP 地址来唯一标识的。IP 地址具有固定规范的格式。每个 IP 地址 32 位二进制数（IPv4 标准），被分为 4 段，每段 8 位（1 字节），用“.”来分隔，包括网络 ID 和主机 ID 两部分。为了方便记忆和使用，IP 地址最常见的形式是点分十进制，就是把 4 字节分别换算成十进制来表示，中间用“.”来分隔，如 200.1.25.7。IP 地址可以用点分十进制数表示，也可以用二进制数来表示，如：

200 . 1 . 25 . 7

11001000 00000001 00011001 00000111

网络 ID 是指 Internet 的每个网络区域的网络标识符；主机 ID 是指每个网络区域中的每台计算机的标识符。注意，网络 ID 和主机 ID 的数值不能为二进制的全 0 或二进制的全 1。

常用的 IP 地址主要分为 3 大类，分别为 A、B、C。这 3 类常用地址中容纳的网络数和主机数如表 5-1 所示。

表 5-1 IP 地址分类情况表

类 别	第 1 字节的格式	网络数	每个网络容纳的主机数	分辨方法
A	0xxxxxxx	126	16777214	1～126
B	10xxxxxx	16384	65534	128～191
C	110xxxxx	2097152	254	192～223

IPv4 中的 IP 地址共 32 位，意味着全世界共有 40 多亿 IP 地址，对于当时的 ARPANET 是绰绰有余的。按照当时地址分类的思想，各类地址的编码方式如下。

A 类地址：最高位是 0，随后的 7 位是网络地址，最后 24 位是主机地址。

B 类地址：最高两位分别是 1 和 0，随后的 14 位是网络地址，最后 16 位是主机地址。

C 类地址：最高的三位是 110，随后的 21 位是网络地址，最后 8 位是主机地址。

在网络迅速扩大的今天，32 位的 IPv4 标准已难以应付网上计算机数目的急剧增加，128 位的 IPv6 标准将在不久后得到广泛支持（见 5.3.3 节）。

（2）域名

用 IP 地址来表示一台计算机的地址，其点分十进制数不易记忆。由于没有任何可以联想的东西，即使记住后也容易遗忘。Internet 开发了一套计算机命名方案，称为域名服务（Domain Name Service，DNS），可以为每台计算机起一个域名，用一串字符、数字和点号组成，可将这个域名翻译成相应的 IP 地址。例如，河南工学院 WWW 服务器的域名 www.hait.edu.cn（hait 是河南工学院的英文缩写），通过 DNS 解析出这台服务器的 IP 地址是 211.69.0.11。有了域名，计算机的地址就很容易记住和被人访问。

要把计算机连入 Internet 作为一台提供服务的主机，必须获得网上唯一的 IP 地址与对应的域名地址。域名地址由域名系统（Domain Name System，DNS）管理，可以将域名地址解析成 IP 地址，因此通常可以用域名地址来代替 IP 地址。

域名地址是分段表示的，每段分别授权给不同的机构管理，各段之间用“.”分隔，与 IP 地址相反，各段自左至右越来越高。例如，tsinghua.edu.cn 指的是中国（cn）教育网（edu）清华大学（tsinghua）。

Internet 对某些通用性的域名做了规定（如表 5-2 所示）。例如，com 是工商界域名，edu 是教育界域名，gov 是政府部门域名等。此外，国家和地区的域名常用两个字母表示。例如，fr 表示法国，jp 表示日本，us 表示美国，uk 表示英国，cn 表示中国等。

表 5-2　Internet 部分组织和地理域名及其含义

组织域	含义	地理域	含义	地理域	含义
com	商业组织	cn	中国	jp	日本
edu	教育机构	ca	加拿大	kr	韩国
gov	政府	de	德国	th	泰国
int	国际组织	fr	法国	sg	新加坡
mil	军事组织	uk	英国	nl	荷兰
net	网络机构	hk	中国香港地区	it	意大利
org	非营利组织	tw	中国台湾地区	au	澳大利亚

5.3.2 任务案例：Internet 协议（TCP/IPv4）属性配置

通过学习 Internet 协议与 IP 地址相关知识，掌握局域网 IP 地址、子网掩码、默认网关及 DNS 服务器的正确配置方法。

【案例 5-3】 请按照要求分别对本地连接的“Internet 协议（TCP/IPv4）属性”中的 IP 地址、子网掩码、默认网关、DNS 服务器等项进行设置。其中 IP 地址设置为 196.20.20.20，子网掩码设置为 255.255.255.0，默认网关设置为 196.20.20.1，首选 DNS 服务器设置为 196.20.1.8，备用 DNS 服务器设置为 196.20.10.10。

操作步骤如下：

<1> 在“控制面板”中选择“所有控制面板项”→“网络和共享中心”→“本地连接”，弹出如图 5-10 所示的对话框。

<2> 在“本地连接状态”中单击“属性”按钮，打开“本地连接属性”对话框，如图 5-11 所示，选中“Internet 协议版本 4（TCP/IP）”，单击“属性”按钮，打开其属性对话框，如图 5-12 所示。

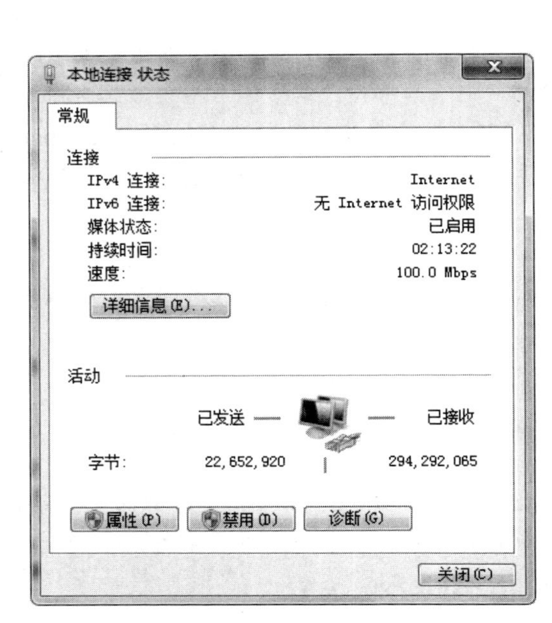

图 5-10 本地连接

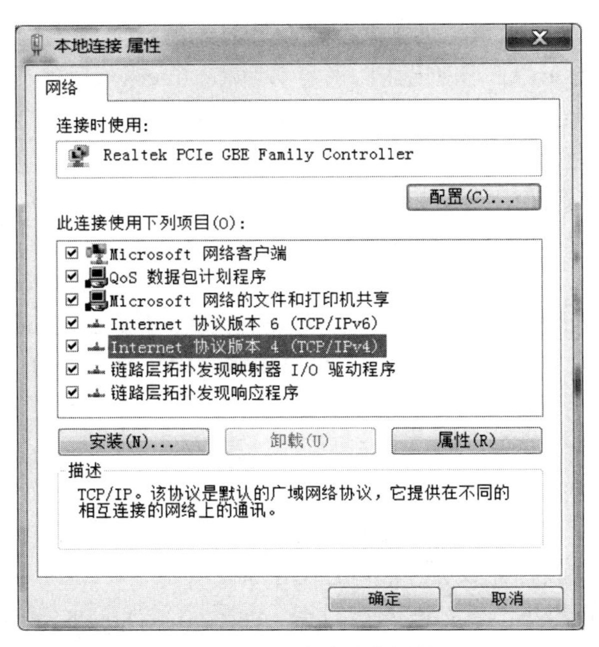

图 5-11 本地连接属性

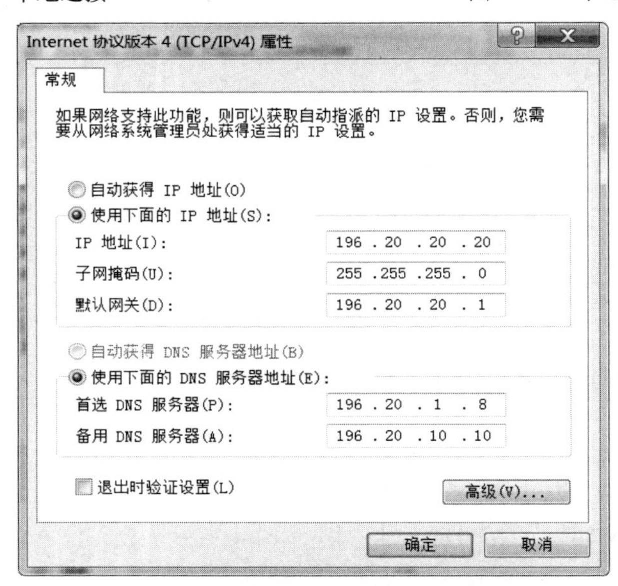

图 5-12 Internet 协议（TCP/IP）属性设置

<3> 选中“使用下面的 IP 地址”，按照分配或指定的参数，在分别对 IP 地址子网掩码，默认网关。DNS 服务器等项设置后，单击“确定”按钮即可。

5.3.3 知识拓展：Internet 相关知识

1．下一代互联网

互联网的更新换代是一个渐进的过程。虽然目前学术界对于下一代互联网还没有统一定义，但对其主要特征已达成如下共识：

- ❖ 更大。采用 IPv6 协议，使下一代互联网具有非常巨大的地址空间，网络规模将更大，接入网络的终端种类和数量更多，网络应用更广泛。
- ❖ 更快。100 Mbps 以上的端到端高性能通信。
- ❖ 更安全。可进行网络对象识别、身份认证和访问授权，具有数据加密和完整性，实现一个可信任的网络。
- ❖ 更及时。提供组播服务，进行服务质量控制，可开发大规模实时交互应用。
- ❖ 更方便。无处不在的移动和无线通信应用。
- ❖ 更可管理。有序的管理、有效的运营、及时的维护。
- ❖ 更有效。有盈利模式，可创造重大社会效益和经济效益。

2．IPv6 概述

目前使用的 IPv4 技术的最大问题是网络地址资源有限，IP 地址近乎枯竭。这些地址中，北美占 3/4，约 30 亿个，而人口最多的亚洲只有不到 4 亿个，中国只有 3000 多万个，只相当于美国麻省理工学院的数量。地址不足严重制约了我国及其他国家 Internet 的应用和发展。

一方面，地址资源有限；另一方面，随着电子技术及网络技术的发展，计算机网络进入人们的日常生活，可能身边的每样东西都需要网络。在这样的环境下，IPv6 应运而生。单从地址数量上来说，IPv6 拥有的地址容量约是 IPv4 的 8×10^{28} 倍，达到 $2^{128}-1$ 个。这不仅解决了网络地址资源数量的问题，也为除计算机外的设备接入网络在数量限制上扫清了障碍。

如果说 IPv4 实现的只是人机对话，IPv6 则扩展到了任意事物之间的对话，不仅可以为人类服务，还将服务于众多硬件设备，如家用电器、传感器、远程照相机、汽车等。IPv6 将无时不在，无处不在，是深入社会每个角落的真正的宽带网，而且带来的经济效益将非常巨大。

当然，IPv6 并非十全十美、一劳永逸，不可能解决所有问题。IPv6 只能在发展中不断完善，过渡需要时间和成本，但从长远看，IPv6 有利于网络的持续和长久发展。目前，国际互联网组织已经决定成立两个专门工作组，制定相应的国际标准。

与 IPv4 相比，IPv6 具有以下几个优势。

- ❖ IPv6 具有更大的地址空间。IPv4 中规定 IP 地址长度为 32，即有 $2^{32}-1$ 个地址；而 IPv6 中 IP 地址的长度为 128，即有 $2^{128}-1$ 个地址。
- ❖ IPv6 使用更小的路由表。IPv6 的地址分配一开始就遵循聚类（Aggregation）的原则，这使得路由器能在路由表中用一条记录（Entry）表示一片子网，大大减小了路由器中路由表的长度，提高了路由器转发数据包的速度。
- ❖ IPv6 增加了增强的组播（Multicast）和流的支持（Flow Control）。这使得网络上的多媒体应用有了长足发展的机会，为服务质量（QoS）控制提供了良好的网络平台
- ❖ IPv6 加入了对自动配置（Auto Configuration）的支持。这是对 DHCP 的改进和扩展，

使得网络（尤其是局域网）的管理更加方便、快捷。

❖ IPv6 具有更高的安全性。在 IPv6 网络中，用户可以对网络层的数据进行加密，并对 IP 报文进行校验，极大地增强了网络的安全性。

任务 5.4　常见网络故障检测

5.4.1　知识导读：常见网络故障的检测方法

按照网络故障的性质，网络故障可分为物理故障、逻辑故障两种。

物理故障也称为硬件故障，是指由硬件设备引起的网络故障。硬件设备或线路损坏、线路接触不良等情况都会引起物理故障。物理故障通常表现为网络不通，或时通时断。一般可以通过观察硬件设备的指示灯或借助测线设备来排除故障。

逻辑故障也称为软故障，是指设备配置错误或者软件错误等引起的网络故障。路由器配置错误、服务器软件错误、协议设置错误或病毒等情况都会引起逻辑故障。逻辑故障表现为网络不通，或者同一个链路中有的网络服务通，有的网络服务不通。一般可以通过几个常用的网络检测命令来进行故障检测，并通过重新配置网络协议或网络服务来解决问题。

1．测试 TCP/IP 配置工具

利用 Ipconfig 工具可以查看和修改网络中的 TCP/IP 的有关配置。按 Windows 图标键+R 组合键，然后输入“cmd”，单击“确定”，出现如图 5-13 所示的窗口。“ipconfig”命令可以查看本机的 IP 地址、子网掩码、默认网关等信息，判断 TCP/IP 属性是否设置正确。

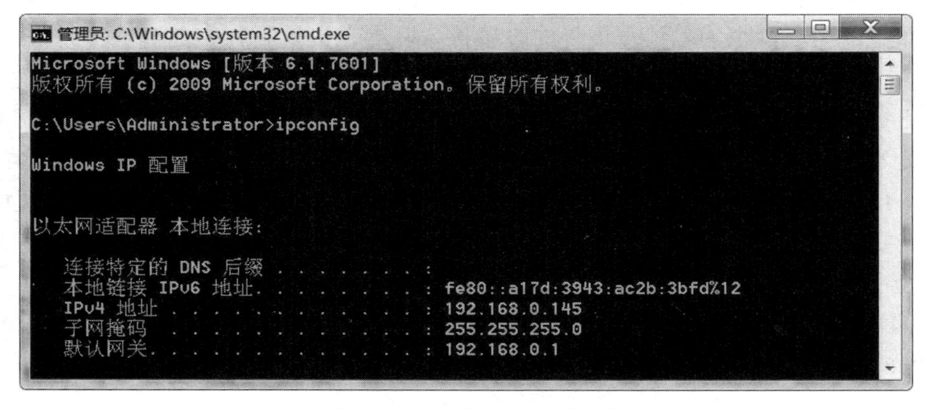

图 5-13　查看 TCP/IP 设置

输入“ipconfig/all”，返回所有与 TCP/IP 有关的所有细节，包括主机名、主机的 IP 地址、DNS 服务器、节点类型、是否启用 IP 路由、网卡的物理地址、子网掩码及默认网关等信息，执行结果如图 5-14 所示。

2．IP 测试工具 Ping

IP 本身是不可靠无连接的协议，为了能够更有效地转发 IP 数据报并提高发送成功的机会，

```
Microsoft Windows [版本 6.1.7601]
版权所有 (c) 2009 Microsoft Corporation。保留所有权利。

C:\Users\Administrator>ipconfig/all

Windows IP 配置

   主机名  . . . . . . . . . . . . . : PC-20171016KBCW
   主 DNS 后缀 . . . . . . . . . . . :
   节点类型  . . . . . . . . . . . . : 混合
   IP 路由已启用 . . . . . . . . . . : 否
   WINS 代理已启用 . . . . . . . . . : 否

以太网适配器 本地连接:

   连接特定的 DNS 后缀 . . . . . . . :
   描述. . . . . . . . . . . . . . . : Realtek PCIe GBE Family Controller
   物理地址. . . . . . . . . . . . . : 00-23-24-D8-81-DD
   DHCP 已启用 . . . . . . . . . . . : 是
   自动配置已启用. . . . . . . . . . : 是
   本地链接 IPv6 地址. . . . . . . . : fe80::a17d:3943:ac2b:3bfd%12(首选)
   IPv4 地址 . . . . . . . . . . . . : 192.168.0.145(首选)
   子网掩码  . . . . . . . . . . . . : 255.255.255.0
   获得租约的时间  . . . . . . . . . : 2018年1月16日 8:40:36
   租约过期的时间  . . . . . . . . . : 2018年1月17日 8:40:36
   默认网关. . . . . . . . . . . . . : 192.168.0.1
   DHCP 服务器 . . . . . . . . . . . : 192.168.0.1
   DHCPv6 IAID . . . . . . . . . . . : 251667236
   DHCPv6 客户端 DUID  . . . . . . . : 00-01-00-01-21-75-E1-64-00-23-24-D8-81-DD

   DNS 服务器  . . . . . . . . . . . : 211.69.0.8
                                       202.102.227.68
   TCPIP 上的 NetBIOS  . . . . . . . : 已启用
```

图 5-14　查看 TCP/IP 详细设置

在网际层使用了与互联网通信有关的协议，即网际控制报文协议（ICMP），允许主机和路由器报告 IP 报文传输过程中出现的差错和其他异常情况。通过 ICMP，用户可以了解 IP 报文传输的情况。

在网络工作实践中，ICMP 被广泛用于网络测试。这里以常用的基于 ICMP 的测试工具 Ping 为例，描述 ICMP 的工作过程以帮助读者该理解协议。

Ping 的功能是向发送者提供 IP 连通性的反馈消息，是检测网络连通性的重要工具。其原理是利用 ICMP 的回送请求和回送应答报文实现网络连通性测试，其使用方法和具体参数如图 5-15 所示。

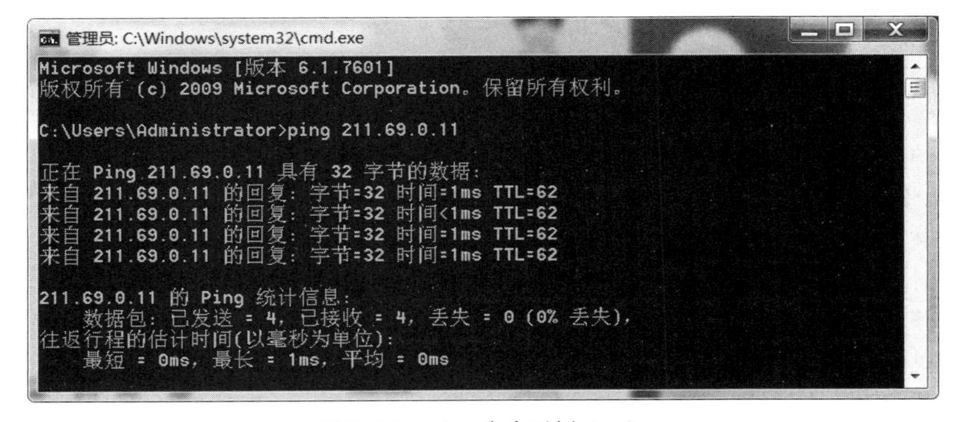

图 5-15　ping 命令示例（一）

当在主机上执行“ping 211.69.0.11”命令时，源主机会以 211.69.0.11 为目的地址，构造一个 ICMP 回声来应答请求报文，并发送出去。如果这个报文通过网络顺利到达了目的主机，那么按照 ICMP 规范，IP 地址为 211.69.0.11 的主机必须向源主机回送一个 ICMP 回声来应答响应报文，如果这个报文顺利地通过网络到达了源主机，那么源主机可以认为与目的主机之间的网络是连通的。

当在主机上执行“ping 202.202.202.202”命令时，源主机会以 202.202.202.202 为目的地址，构造一个 ICMP 回声应答请求报文，并发送出去，如果这个报文不能通过网络顺利到达目的主机，超过规定时间无法收到回复，那么源主机可以认为和目的主机之间的网络是无法连通的，如图 5-16 所示。

图 5-16　ping 命令示例（二）

5.4.2　任务案例：网络故障的检测

在局域网的维护中，经常使用 ping 命令来测试网络是否通畅。使用 ping 命令检查局域网上计算机的工作状态的前提条件是：局域网中计算机必须已经安装了 TCP/IP，并且每台计算机已经配置了固定的 IP 地址。通过学习 ping 和 ipconfig 命令的使用方法，掌握常见网络故障的检测技能。

【案例 5-4】 故障现象：局域网内不能 ping 通。

某局域网内的 2 台运行 Windows 系统的计算机，ping 127.0.0.1 和本机 IP 地址都可以 ping 通，但在相互间进行 ping 操作时却提示超时。

【操作步骤】

在局域网中，不能 ping 通计算机的原因很多，主要可以从以下两方面进行排查。

（1）对方计算机禁止 ping 动作

如果计算机禁止了 ICMP 回显或者安装了防火墙软件，会造成 ping 操作超时。建议禁用对方计算机的网络防火墙，再使用 Ping 命令进行测试。

（2）物理连接有问题

计算机之间在物理上不可互访，可能是网卡没有安装好、交换机有故障、网线有问题，使用 ping 命令时会提示超时。尝试 ping 局域网中的其他计算机，查看与其他计算机是否能够正常通信，以确定故障是发生在本地计算机上还是发生在远程计算机上。

5.4.3 知识拓展：故障位置判断

在使用 ping 命令进行故障诊断时，可以通过以下命令来判断故障的位置。

（1）ping 127.0.0.1

执行时，计算机将模拟远程操作的方式来测试本机，若不通，则极有可能是 TCP 驱动程序损坏、网络适配器不工作或另一个服务正在干预 IP。如果 TCP/IP 安装不正常，应删除 TCP/IP，重新启动计算机，再重新安装 TCP/IP；或者网络适配器安装有问题，应删除后重新添加。

（2）ping 本地计算机的 IP 地址

验证它已正确添加到网络中。如果路由表正确，那么此步骤会将数据包转发到环回地址 127.0.0.1；如果环回测试成功但无法 Ping 本地 IP 地址，就可能是路由表或网络适配器驱动程序有问题。

（3）ping 默认网关的 IP 地址

验证默认网关可正常运行，并且可以与本地网络上的本地主机通信。如果 ping 不成功，则表明网络适配器本身、路由器/网关设备、线路或其他连接硬件存在问题。

（4）ping 一台远程主机的 IP 地址

验证本机可通过路由器进行通信。如果 ping 不成功，就表明远程主机不响应或计算机间网络硬件存在问题。再次对另一台远程主机使用 ping 命令，以消除第一种可能性。

（5）ping 远程主机的主机名

验证本机可以解析远程主机名。

任务 5.5 Internet 常见应用

5.5.1 知识导读：Internet 常见应用简介

1．FTP

文件传输（FTP）也是 Internet 中使用得最早、最广泛的服务，其作用是把文件从一台计算机传递到另一台计算机。FTP 也是一种 C/S 方式的应用，服务器使用 TCP 的 21 端口传输命令，使用 20 号端口传输数据。这里所指的文件是指计算机文件，通过计算机网络实现异地计算机之间传输文件是计算机网络的主要和基本功能，其他功能都是以此为基础推广的。Internet 实现了异构网络的互连，因此文件传输的功能更加广泛。

2．QQ

腾讯 QQ（简称“QQ”）是腾讯公司开发的一款基于 Internet 的即时通信（IM）软件。腾讯 QQ 支持在线聊天、视频电话、点对点断点续传文件、共享文件、网络硬盘、自定义面板、QQ 邮箱等功能，并可与移动通信终端等多种通信方式相连。QQ 与全国多家移动通信公司合作，实现了 GSM 移动电话的短消息互连，是国内最流行、功能最强的即时通信软件。同时，QQ 可以与移动通信终端、IP 电话网、无线寻呼等多种通信方式相连，不仅是单纯意义的网络虚拟呼机，而是一种方便、实用、超高效的即时通信工具。

3．微信

微信是腾讯公司于 2011 年推出的一个为智能终端提供即时通信服务的免费应用程序，微信支持跨通信运营商、跨操作系统平台通过网络快速发送免费语音短信、视频、图片和文字。

微信提供朋友圈、视频号、直播、微信小程序等功能，如图 5-17 所示，用户可以通过“摇一摇”“搜索号码”“附近的人”、扫二维码方式添加好友和关注公众平台；同时，微信将内容分享给好友以及将用户看到的精彩内容分享到微信朋友圈。

图 5-17　微信

4．微博

微博是微型博客的简称，即一句话博客，是一种通过关注机制分享简短实时信息的广播式的社交网络平台。

微博是一个基于用户关系信息分享、传播以及获取的平台。微博作为一种分享和交流平台，其更注重时效性和随意性。微博客更能表达出每时每刻的思想和最新动态，而博客则更偏重于梳理自己在一段时间内的所见、所闻、所感。因微博而诞生出微小说这种小说体裁。

5．网上购物

网上购物，就是通过互联网检索商品信息，并通过电子订购单发出购物请求，然后填上个人网上银行的信息，厂商通过邮购的方式发货，或是通过快递公司送货上门。随着互联网在中国的进一步普及应用，网上购物逐渐成为人们最流行的购物方式。

6．Telnet

Internet 上连接了众多的计算机或计算机系统。在这些联网的计算机之间，不仅可以进行通信、传送电子邮件，还可以通过自己的键盘使用异地的计算机。换言之，用户可以调用位于地球任意一个地方的网络上的某台计算机系统为自己服务，如同使用自己的计算机一样，这种计算机系统被称为“远程计算机”或者“远程计算机系统”。注意，远程访问用户必须有权且征得异地计算机系统主人的同意才可以。

5.5.2 任务案例：使用手机 QQ 提取图片中的文字

计算机网络的基本功能是资源共享。随着通信技术的发展和多媒体技术的广泛应用，Internet 的功能越来越强大，其用途也更加多样化，这里介绍一个常用的 Internet 应用。

【案例 5-5】想把一个图片中的文字快速提取出来，怎么办呢？可能考虑安装相应的程序，其实只需要最新版的手机 QQ 就可以了。下面来看如何使用手机 QQ 快速识别并提取图片中的文字吧。

操作步骤如下：

<1> 将要识别文字的图片发送给任一好友或者自己的手机。

<2> 在这个图片上点右键，会弹出一个菜单，如图 5-18 所示，选择其中的“提取图中文字”命令。

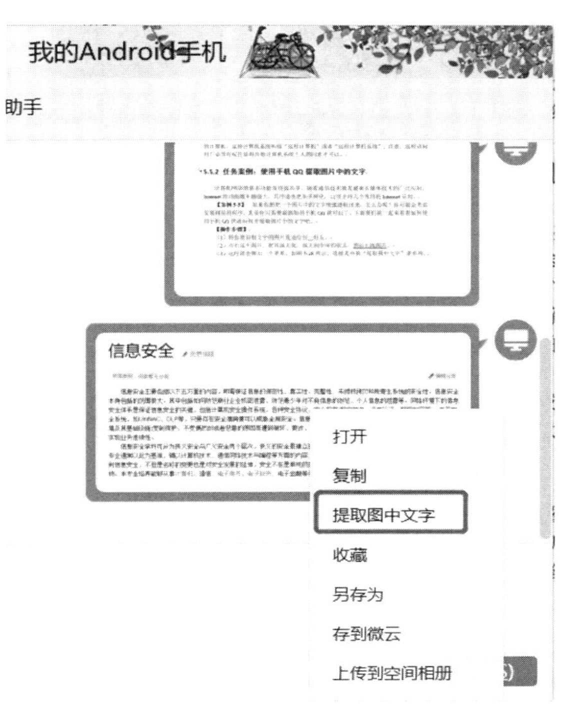

图 5-18　提取图中文字

<3> 识别完成后，就会在新窗口中显示出识别的文字，如图 5-19 所示。我们可以复制出来，二次编辑使用。

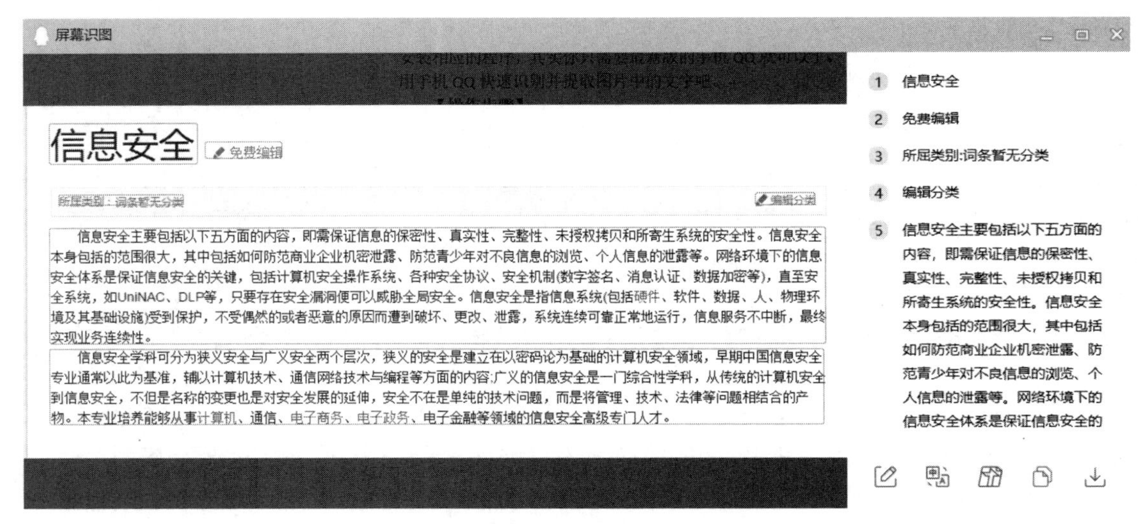

图 5-19　屏幕识图

任务 5.6　掌握信息检索工具

信息检索（Information Retrieval）是用户进行信息查询和获取的主要方式，是查找信息的方法和手段。信息检索是信息按一定的方式进行加工、整理、组织并存储起来，再根据信息用户特定的需要将相关信息准确的查找出来的过程，又称信息的存储与检索。网络信息检索工具是指在因特网上提供信息检索服务的计算机系统，其检索的对象是存在于因特网信息空间中各种类型的网络信息资源。

5.6.1　知识导读：信息检索常用工具

1. 百度搜索引擎的使用

百度搜索使用了高性能的“网络蜘蛛”程序 Spider 自动在互联网中搜索信息，可定制、高扩展性的调度算法使得搜索器能在极短的时间内收集到最大数量的互联网信息。百度搜索在中国和美国均设有服务器，搜索范围涵盖了华语地区以及北美、欧洲的部分站点。百度搜索引擎拥有目前世界上最大的中文信息库，总量达到上亿页以上，并且还在以每天几十万页的速度快速增长。

（1）基本搜索

① 一般搜索。仅需输入查询内容并回车，即可得到相关资料。或者输入查询内容后，单击“百度一下”按钮，也可得到相关资料。输入的查询内容可以是一个词语、多个词语、一句话。例如：可以输入“李白”“mp3 下载”“蓦然回首，那人却在灯火阑珊处”。

在查询时不需要使用符号“AND”或“+”，百度会在多个以空格隔开的词语之间自动添加“+”，其提供结果是符合全部查询条件的资料，并把最相关的网页排在前列。

② 排除搜索。有时候，排除含有某些词语的资料有利于缩小查询范围。百度支持“-”功

能，用于有目的地删除某些无关网页，但减号之前必须留一空格。例如，要搜寻关于“评书下载”，但不含“单田芳”的资料，可使用如下查询：“评书下载 -单田芳”。

③ 并行搜索。使用“A | B”来搜索“或者包含关键词 A，或者包含关键词 B”的网页。例如，要查询“音乐文件”或“MP3”相关资料，无须分两次查询，只要输入“音乐文件 |MP3”搜索即可。

（2）搜索技巧

① 利用“开始连接”或“正在连接”搜索免费电影。现在最流行的下载工具是 FlashGet 和迅雷。FlashGet 下载开始就是“正在连接”，迅雷则是“开始连接”。所以，可以用想找的电影名字加上“开始连接”或者“正在连接”，来寻找免费电影。检索形式如“电影名 开始连接”“电影名 正在连接”“电影名（开始连接|正在连接）”。

② 利用后缀名来搜索电子书。网络资源丰富，有很多电子书，人们在提供电子书时往往带上书的后缀名，因此可以利用后缀名来搜索电子书，如“水煮三国 chm”。

2．FTP（文件传输协议）类的检索工具

在 Internet 上有许多专门提供文件服务的计算机叫 FTP 文件服务器。其磁盘上装有大量有偿或免费使用的软件或文件供用户下载（Download）。用户利用 FTP 协议可以从某 FTP 服务器下载自己需要的文件。如果对方允许，可以利用 FTP 协议把自己计算机上的程序或文件上传（Upload）到某服务器上。

可以利用浏览器下载文件或软件，也可以利用专门的支持 FTP 协议的软件下载文件。

（1）利用浏览器下载

由于浏览器的 URL 地址框支持 FTP 协议，因此只要在地址框中输入“ftp://”加上 FTP 服务器域名或 IP 地址，按回车键即可。

例如，下载北京大学 FTP 文件服务器上的软件，其操作步骤如下：

<1> 在浏览器的地址框中输入要下载文件所在的服务器名称“ftp://ftp.pku.edu.cn”，按回车键后，IE 开始查找要访问的 FTP 服务器。

<2> 当正确连接到要访问的文件服务器后，屏幕出现此服务器的根目录。

<3> 与在资源管理器或本机“我的电脑”中操作一样，找到所需文件、文件夹、应用程序，单击右键，在弹出的快捷菜单中选择“复制到文件夹”，按提示操作即可。

（2）FTP 工具软件下载

专门用作 FTP 下载的工具软件很多，常见的如 CuteFtp 类软件、迅雷（Thunder）、网际快车（FlashGet）、网络蚂蚁（NetAnts）等。其中，CuteFTP 是 Internet 上老牌的 FTP 文件传输工具软件，它将远程主机的文件和目录结构信息以 Windows 文件管理器的形式组织起来，并尽量减少网络的传输时间。迅雷是下载工具软件中的后起之秀，目前拥有相当大的用户群，其易用、好用、下载快速等，得到了用户的广泛好评.

3．迅雷软件的使用

下面简要介绍利用迅雷进行资源下载的方法。迅雷使用的多资源超线程技术基于网格原理，能够将网络上存在的服务器和计算机资源进行有效的整合，构成独特的迅雷网络，通过迅雷网络各种数据文件能够以最快速度进行传递。

（1）迅雷 11 的基本使用

① 任务分类说明

迅雷的主界面左侧就是任务管理窗口，该窗口中包含一个目录树，单击“下载”目录，包含“下载中”“已完成”“回收站”三类，单击一个分类就会看到这个分类里的任务，每个分类的作用如下。

- ❖“下载中”：没有下载完成或者错误的任务都在这个分类，当开始下载一个文件的时候就需要点“下载中”查看该文件的下载状态。
- ❖“已完成”：下载完成后任务会自动移动到“已完成”分类，如果发现下载完成后文件不见了，选择“已完成”分类就看到了。
- ❖“回收站”：用户在“下载中”和“已完成”中删除的任务都存放在迅雷的回收站中，其作用就是防止用户误删。

② 更改默认文件的存放目录

迅雷安装完成后，会自动在 D 盘建立“D:\迅雷”目录，如果用户希望把文件的存放目录改成其他位置，那么就需要选择“设置”，在“下载设置”中使用“浏览”更改目录，然后单击“确定”即可。

（2）迅雷下载技巧

① 设置迅雷为默认下载工具。如果用户感觉迅雷很好用，完全可以将其设置为默认的下载工具，这样在浏览器中单击相应的链接将会用迅雷下载。方法为：选择“工具”→“浏览器支持”→“迅雷作为 IE 默认下载工具”命令。

② 设置下载完成后自动关机。如果夜晚用迅雷下载大量的资料，想使其下完后能自动关机，方法是：在迅雷主窗口中选择“工具”→“计划任务管理”→“下载完成后”→关机”，这样一旦迅雷检测到所有内容下载完毕就会自动关机。

③ 设置批量下载任务。有时在网络上会发现很多有规律的下载地址，如遇到成批的 MP3、图片、动画等，如果按照常规的方法需要一集一集地添加下载地址，非常麻烦，这时可以利用迅雷的批量下载功能，只添加一次下载任务，就能让迅雷批量将它们下载下来。

假设用户要下载文件的路径为“http://*.*.*.*:8080/有声评书/杨家将全传/杨家将全传 001 回.mp3”到“http:// *.*.*.*.149:8080/有声评书/杨家将全传/杨家将全传 109 回.mp3”中的 MP3 评书段子，先选择“新建任务”→“添加批量任务”命令，然后在弹出对话框中的地址栏中填入“http:// *.*.*.*.149:8080/有声评书/杨家将全传/杨家将全传(*)回.mp3”，选择从“001”到“109”，通配符的长度为“3”即可，如图 5-20 所示。

4．文献数据库的使用

（1）国内常用文献数据库

① 中国知网（CNKI）：采用自主开发并具有国际领先水平的数字图书馆技术，建成了世界上全文信息量规模最大的“CNKI 数字图书馆”，并正式启动建设《中国知识资源总库》及 CNKI 网格资源共享平台，通过产业化运作，为全社会知识资源高效共享提供最丰富的知识信息资源和最有效的知识传播与数字化学习平台。提供以下检索服务：文献检索、数字检索、翻译助手、图形搜索。

图 5-20　使用迅雷添加批量任务

② 维普科技期刊：维普网，原名“维普资讯网”，是重庆维普资讯有限公司所建立的网站，该公司是中文期刊数据库建设事业的奠基人。从 1989 年开始，一直致力于对海量的报刊数据进行科学严谨的研究、分析，采集、加工等深层次开发和推广应用。陆续建立了与谷歌学术搜索频道、百度文库、百度百科的战略合作关系。网站目前遥遥领先数字出版行业发展水平，数次名列中国出版业网站百强，并在中国图书馆业、情报业网站排名中名列前茅。经过多年的商业运营，维普网已经成为全球著名的中文专业信息服务网站，以及中国最大的综合性文献服务网站。

③ 万方数据库：万方数据库是由万方数据公司开发的，涵盖期刊、会议纪要、论文、学术成果、学术会议论文的大型网络数据库。其开发公司——万方数据股份有限公司是国内第一家以信息服务为核心的股份制高新技术企业，是在互联网领域，集信息资源产品、信息增值服务和信息处理方案为一体的综合信息服务商。检索服务：浏览格式检索、专项信息检索、自由检索。

（2）中国知网文献检索方法

首先通过搜索引擎找到中国知网的官网，或者直接在浏览器地址栏中输入其网址，进入网站首页，如图 5-21 所示。在网站首页我们可以看到检索功能第一个就是文献检索，可以检索中文文献和英文文献。中国知网检索功能的第二个就是知识元检索功能。支持自然语言和关键词提问，能够自动从文献中挖掘答案。中国知网检索功能的第三个是引文检索。输入被引主题，即被引文献的特征词，就可以进行检索了。

图 5-21　中国知网首页

中国知网还提供有高级检索和出版物检索等功能。其中，高级检索功能可以根据关键词、作者信息、发表时间，对论文情况进行查询。如图 5-22 所示，在高级检索中填写篇名为“大数据”、关键词为“云计算”、全文为“区块链”、发表时间为“2020-08-01 至 2021-08-06”作为检索条件，可以查找到所有 2020 年 8 月 1 日至 2021 年 8 月 6 日期间发表的篇名包含“大数据”、关键词含有“云计算”、全文中含“区块链”的所有收录文献。

图 5-22　高级检索

5.6.2 任务案例：使用 IE 浏览器搜索并下载软件

Internet 常用工具包含浏览器、下载工具、视频播放器等。目前常用的浏览器有 Microsoft Edge、Internet Explorer、Chrome、360 浏览器等。本任务以 IE 浏览器为例，学习在 Internet 上进行网页浏览、资源下载和信息检索等常用操作的基本方法。

【案例 5-6】 使用 IE 浏览器搜索并下载暴风影音软件。

操作步骤如下：

<1> 启动 IE 浏览器，在地址栏中输入百度网址后回车，打开百度网站页面。

<2> 在搜索框中输入关键字“暴风影音”，如图 5-23 所示，然后单击“百度一下”按钮。

图 5-23 百度搜索

<3> 在出现的搜索结果页面中找到暴风影音官网，选择影音下载，打开下载页面，如图 5-24 所示，单击“立即下载”。下载完成后，运行安装即可正常使用。

5.6.3 知识拓展：二维码的使用

二维条码/二维码（2-dimensionalbarcode）是用某种特定的几何图形，按一定规律，在平面（二维方向上）分布的黑白相间的图形记录数据符号信息，如图 5-25 所示；在代码编制上，巧妙地利用构成计算机内部逻辑基础的 0、1 比特流的概念，使用若干与二进制相对应的几何形体来表示文字数值信息，通过图像输入设备或光电扫描设备自动识读，以实现信息自动处理。它具有条码技术的一些共性：每种码制有其特定的字符集；每个字符占有一定的宽度；具有一定的校验功能等；还可以对不同行的信息自动识别、处理图形旋转变化点等功能。

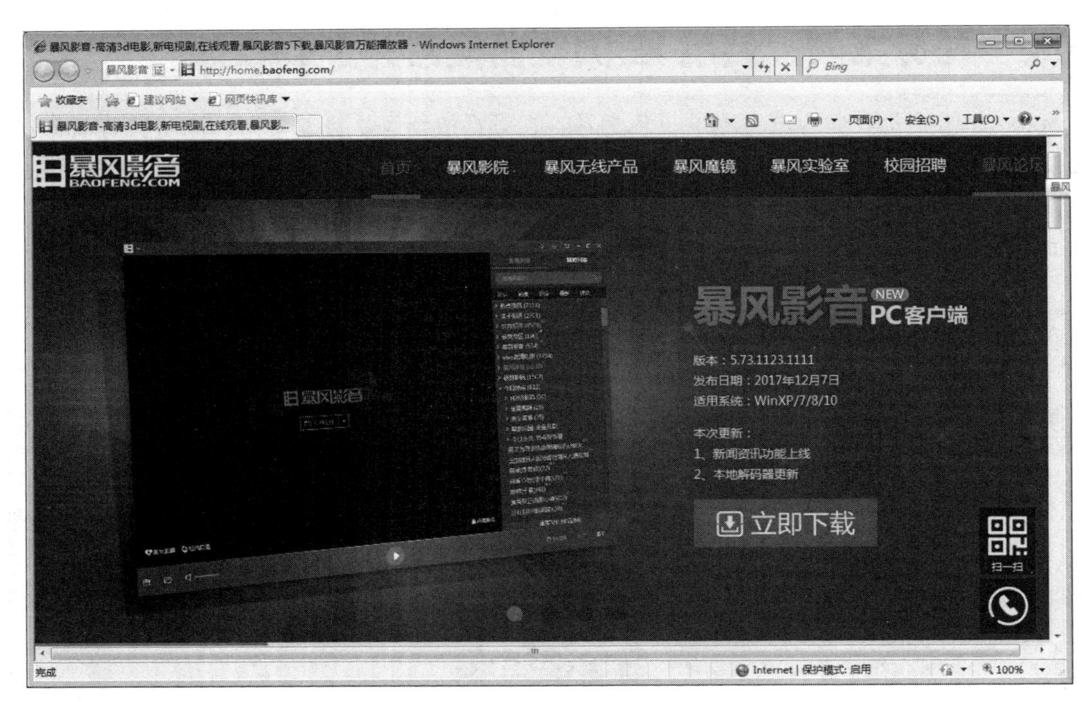

图 5-24　暴风影音下载页面

图 5-25　二维码示例

（1）二维码的主要功能

❖ 信息获取（名片、地图、WIFI 密码、资料）。
❖ 网站跳转（跳转到微博、手机网站、网站）。
❖ 广告推送（用户扫码，直接浏览商家推送的视频、音频广告）。
❖ 手机电商（用户扫码、手机直接购物下单）。
❖ 防伪溯源（用户扫码、即可查看生产地；同时后台可以获取最终消费地）。
❖ 优惠促销（用户扫码，下载电子优惠券，抽奖）。
❖ 会员管理（用户手机上获取电子会员信息、VIP 服务）。
❖ 手机支付（扫描商品二维码，通过银行或第三方支付提供的手机端通道完成支付）。

（2）计算机生成二维码方法

使用 360 安全浏览器可以生成二维码。在浏览器中打开一个网页，如图 5-26 所示，单击界面上方的地址栏右侧的分享图标，即可把当前网页生成二维码分享到微信或者微博等地方。

图 5-26　使用 360 安全浏览器生成二维码

生成二维码后，就可以使用手机扫描该二维码图案了。扫描后就会转到目标网站，享受便捷移动浏览新体验。

除了用浏览器生成网页二维码，还可以利用百度搜索二维码在线生成器，如图 5-27 所示，利用搜索到的草料网即可以在线生成网页二维码。

图 5-27　二维码在线生成器

任务 5.7　信息安全

信息安全的定义为：为数据处理系统建立和采用的技术、管理上的安全保护，为的是保护计算机硬件、软件、数据不因偶然和恶意的原因而遭到破坏、更改和泄露。信息安全的目标实际上就是网络安全的基本要素，即机密性（Confidentiality）、完整性（Integrity）、可用性（Availability）、可控性（Controllability）、不可否认性（Non-Repudiation）。

（1）机密性

机密性是指保证信息不会被非授权访问，即非授权用户得到信息也无法知晓信息内容，因而不能使用。通常通过访问控制阻止非授权用户获得机密信息，并通过加密变换阻止非授权用户获知信息内容，确保信息不暴露给未授权的实体或者进程。

（2）完整性

完整性是只有得到允许的人才能修改实体或者进程，并且能够判别出实体或者进程是否已被修改。一般通过访问控制阻止篡改行为，同时通过消息摘要算法来检验信息是否被篡改。

（3）可用性

可用性是信息资源服务功能和性能可靠性的度量，涉及物理、网络、系统、数据、应用和用户等多方面的因素，是对信息网络总体可靠性的要求。即授权用户根据需要可以随时访问所需信息，攻击者不能占用所有资源而阻碍授权者的工作。访问控制机制可阻止非授权用户进入网络，使静态信息可见，动态信息可操作。

（4）可控性

可控性主要指对危害国家信息（包括利用加密的非法通信活动）的监视审计，控制授权范围内的信息流向及行为方式。使用授权机制控制信息传播的范围、内容，必要时能恢复密钥，实现对网络资源及信息的可控性。

（5）不可否认性

不可否认性是对出现的安全问题提供调查的依据和手段。使用审计、监控、防抵赖等安全机制，使得攻击者、破坏者、抵赖者“逃不脱”，并进一步对网络出现的安全问题提供调查的依据和手段，实现信息安全的可审查性，一般通过数字签名等技术来实现不可否认性。

5.7.1 知识导读：信息安全防御策略

1．杀毒软件不可少

病毒的发作给全球计算机系统造成巨大损失，令人们谈“毒”色变。对于一般用户而言，首先要做的就是为计算机安装一套正版的杀毒软件。现在不少人对防病毒有个误区，就是对待计算机病毒的关键是“杀”，其实对待计算机病毒应当是以“防”为主。目前，绝大多数的杀毒软件都在扮演“事后诸葛亮”的角色，即计算机被病毒感染后杀毒软件才忙不迭地去发现、分析和治疗。这种被动防御的消极模式远不能彻底解决计算机安全问题。杀毒软件应立足拒病毒于计算机门外。因此应当安装杀毒软件的实时监控程序，应该定期升级所安装的杀毒软件，给所用操作系统安装相应补丁，升级引擎和病毒特征码。由于新病毒层出不穷，现在各杀毒软件厂商的病毒库更新十分频繁，应当设置每天定时更新杀毒实时监控程序的病毒库，以保证其能够抵御最新出现的病毒的攻击。每周要对计算机进行一次全面的杀毒、扫描工作，以便发现并清除隐藏在系统中的病毒。如果不慎感染上病毒，应该立即将杀毒软件升级到最新版本，然后对整个硬盘进行扫描操作，清除一切可以查杀的病毒。面对网络攻击时，第一反应应该是拔掉网络连接端口，或按下杀毒软件上的断开网络连接钮。

目前，国产杀毒软件最常见的有360杀毒、瑞星、金山毒霸等，占据了国内约80%的市场份额。三款杀毒软件均各有特点，由奇虎公司推出的360安全卫士是一款承诺“永久免费”软件，如图5-28所示，拥有木马查杀、恶意软件清理、漏洞补丁修复、全面体检等功能，在杀木马、防盗号、保护网银和游戏的账号密码安全、防止变肉鸡等方面表现较为出色。

图5-28　360安全卫士

2. 防火墙不可替代

保护网络安全的最主要手段之一是构筑防火墙（Firewall）。防火墙是一种网络安全防护系统，是由硬件和软件构成的用来在网络之间执行控制策略的系统。在设计防火墙时，人们认为防火墙保护的内部网络是“可信赖的网络”（Trusted Network），而外部网络是“不可信赖的网络”（Untrusted Network）。设置防火墙的目的是保护内部网络资源不被外部非授权用户使用，防止内部受到外部非法用户的攻击。防火墙安装的位置一定是在内部网络与外部网络之间，其结构如图5-29所示。

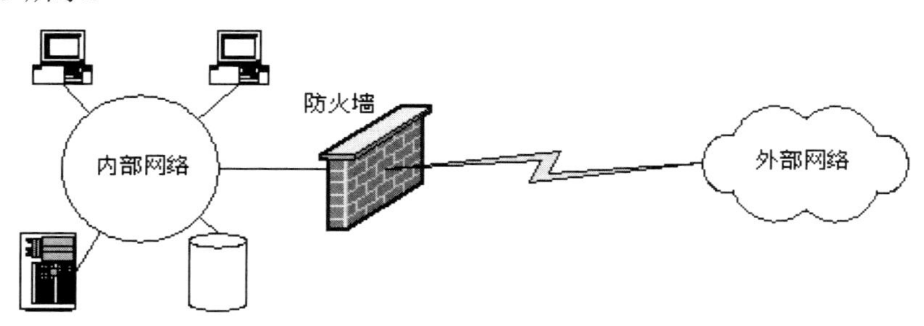

图5-29　防火墙

防火墙的主要功能如下：

- 检查所有从外部网络进入内部网络的数据包。
- 检查所有从内部网络流出到外部网络的数据包。

❖ 执行安全策略，限制所有不符合安全策略要求的分组通过。

❖ 具有防攻击能力，保证自身的安全性。

3．采用数据加密技术

对于计算机网络数据库安全管理工作而言，数据加密技术是一种有效手段，能够最大限度地避免和控制计算机系统受到病毒侵害，从而保护计算机网络数据库信息安全，进而保障相关用户的切身利益。加密的基本思想是伪装明文以隐蔽其真实内容，即将明文伪装成密文，如图5-30所示。伪装明文的操作称为加密，加密时所使用的信息变换规则称为加密算法。由密文恢复出原明文的过程称为解密。解密时所采用的信息变换规则称作解密算法。

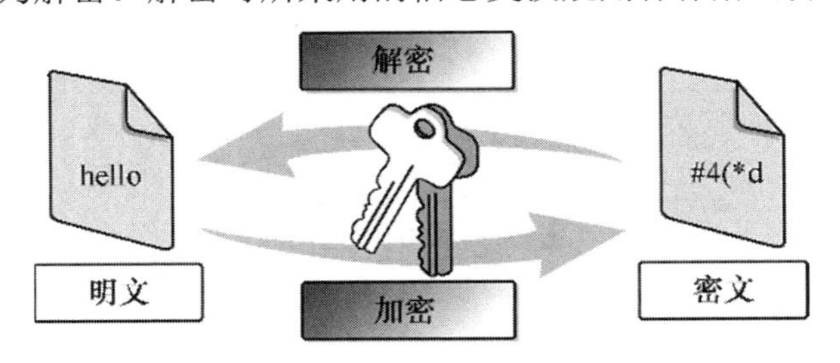

图5-30 加密和解密过程示意

而作为个人用户应注意分类设置密码并使密码设置尽可能复杂，在不同的场合使用不同的密码，以免因一个密码泄露导致所有资料外泄。对于重要的密码（如网上银行的密码）一定要单独设置，并且不要与其他密码相同。设置密码时要尽量避免使用有意义的英文单词、姓名缩写生日、电话号码等容易泄露的字符作为密码，最好采用字符与数字混合的密码。不要贪图方便在拨号连接的时候选择“保存密码”选项；定期地修改自己的上网密码，至少一个月更改一次，这样可以确保即使原密码泄露，也能将损失减小到最少。

4．不下载来路不明的软件及程序，不打开来历不明的邮件及附件

不下载来路不明的软件及程序。几乎所有上网的人都在网上下载过共享软件（尤其是可执行文件），在带来方便和快乐的同时，也会悄悄地把一些不欢迎的东西带到你的计算机中，如病毒。因此应选择信誉较好的下载网站下载软件，将下载的软件及程序集中放在非引导分区的某个目录，在使用前最好用杀毒软件查杀病毒。有条件的话，可以安装一个实时监控病毒的软件，随时监控网上传递的信息。不要打开来历不明的电子邮件及其附件，以免遭受病毒邮件的侵害。网络上有许多病毒流行，有些病毒就是通过电子邮件来传播的，这些病毒邮件通常会以带有噱头的标题来吸引你打开其附件，如果抵挡不住它的诱惑，而下载或运行了它的附件，就会受到感染，所以对于来历不明的邮件应当将其拒之门外。

5．警惕“网络钓鱼”

目前，网上一些黑客利用“网络钓鱼”手法进行诈骗，如建立假冒网站或发送含有欺诈信息的电子邮件，盗取网上银行、网上证券或其他电子商务用户的账户密码，从而窃取用户资金。公安机关和银行、证券等有关部门提醒网上银行、网上证券和电子商务用户对此提高警惕，防止上当受骗。目前“网络钓鱼”的主要手法有以下几种方式。

（1）发送电子邮件，以虚假信息引诱用户中圈套

诈骗分子以垃圾邮件的形式大量发送欺诈性邮件，这些邮件多以中奖、顾问、对账等内容引诱用户在邮件中填入金融账号和密码，或是以各种紧迫的理由要求收件人登录某网页，提交用户名、密码、身份证号、信用卡号等信息，继而盗窃用户资金。

（2）建立假冒网上银行、网上证券网站，骗取用户账号密码实施盗窃

犯罪分子建立域名和网页内容都与真正网上银行系统、网上证券交易平台极为相似的网站，引诱用户输入账号密码等信息，进而通过真正的网上银行、网上证券系统或者伪造银行储蓄卡、证券交易卡盗窃资金。有的利用跨站脚本，即利用合法网站服务器程序的漏洞，在站点的某些网页中插入恶意HTML代码，屏蔽一些可以用来辨别网站真假的重要信息，利用Cookies窃取用户信息。

（3）利用虚假的电子商务进行诈骗

此类犯罪活动往往是建立电子商务网站，或是在比较知名、大型的电子商务网站上发布虚假的商品销售信息，犯罪分子在收到受害人的购物汇款后就销声匿迹。

（4）利用木马和黑客技术等手段窃取用户信息后实施盗窃活动

木马制作者通过发送邮件或在网站中隐藏木马等方式大肆传播木马程序，当感染木马的用户进行网上交易时，木马程序即以键盘记录的方式获取用户账号和密码，并发送给指定邮箱，用户资金将受到严重威胁。

（5）利用用户弱口令等漏洞破解、猜测用户账号和密码

不法分子利用部分用户贪图方便设置弱口令的漏洞，对银行卡密码进行破解。

实际上，不法分子在实施网络诈骗的犯罪活动过程中，经常采取以上几种手法交织、配合进行，有的通过手机短信、QQ、MSN进行各种各样的“网络钓鱼”不法活动。反网络钓鱼组织（Anti-Phishing Working Group，APWG）最新统计指出，约有70.8%的网络欺诈是针对金融机构。从国内前几年的情况看，大多网络钓鱼只是被用来骗取QQ密码、游戏点卡与装备，但目前国内的众多银行已经多次被网络钓鱼。可以下载一些工具来防范网络钓鱼活动，如Netcraft Toolbar，该软件是IE上的Toolbar，当用户开启IEK中的网址时，就会检查是否属于被拦截的危险或嫌疑网站，若属此范围，就会停止连接到该网站，并显示提示。

6．防范间谍软件

最近公布的一份家用计算机调查结果显示，大约80%的用户对间谍软件入侵他们的计算机毫不知晓。间谍软件（Spyware）是一种能够在用户不知情的情况下偷偷进行安装（安装后很难找到其踪影），并悄悄把截获的信息发送给第三者的软件。它的历史不长，到目前为止，间谍软件数量已有几万种。间谍软件的一个共同特点是能够附着在共享文件、可执行图像以及各种免费软件中，并趁机潜入用户的系统，而用户对此毫不知情。间谍软件的主要用途是跟踪用户的上网习惯，还可以记录用户的键盘操作，捕捉并传送屏幕图像。间谍程序总是与其他程序捆绑在一起，用户很难发现它们是什么时候被安装的。一旦间谍软件进入计算机系统，要想彻底清除它们就会十分困难，而且间谍软件往往成为不法分子手中的危险工具。

从一般用户能做到的方法来讲，要避免间谍软件的侵入，可以从下面3个途径入手。

① 把浏览器调到较高的安全等级。浏览器的安全属性预设为提供基本的安全防护，但可以自行调整其等级。将安全等级调到“高”或“中”，可有助于防止下载。

② 在计算机上安装防止间谍软件的应用程序，时常监察及清除间谍软件，以阻止软件对外进行未经许可的通信。

③ 对将要在计算机上安装的共享软件进行甄别选择，尤其是那些不熟悉的，可以登录其官方网站了解详情；在安装共享软件时，不要总是心不在焉地一直单击 OK 按钮，而应仔细阅读各步骤出现的协议条款，特别留意那些有关间谍软件行为的语句。

7．只在必要时共享文件夹

不要以为你在内部网上共享的文件是安全的，其实在共享文件的同时就会有软件漏洞呈现在网络的不速之客面前，公众可以自由地访问你的那些文件，并很有可能被有恶意的人利用和攻击。因此，共享文件应该设置密码，一旦不需要共享时立即关闭。一般情况下，不要设置文件夹共享，以免成为居心叵测的人进入你的计算机的跳板。如果确实需要共享文件夹，一定要将文件夹设为只读。通常，共享设定“访问类型”不要选择“完全”选项，因为这一选项将导致只要能访问这一共享文件夹的人员就都可以将所有内容进行修改或者删除。

不要将整个硬盘设定为共享。例如，某个访问者将系统文件删除，将导致计算机系统全面崩溃，无法启动。

8．不要随意浏览黑客网站、色情网站

这点不需多说，不仅是道德层面，时下许多病毒、木马和间谍软件都来自黑客网站和色情网站，如果上了这些网站，你的个人计算机恰巧又没有缜密的防范措施，那么计算机很有可能被攻击。

9．定期备份重要数据

数据备份的重要性毋庸置疑，无论你的防范措施做得多么严密，也无法完全防止“道高一尺，魔高一丈”的情况出现。如果遭到致命的攻击，操作系统和应用软件可以重装，但重要的数据就只能靠日常的备份，所以，无论采取了多么严密的防范措施，也不要忘了随时备份你的重要数据，做到有备无患！

5.7.2 任务案例：个人计算机安全防护措施

由于现在个人计算机所使用的操作系统多数为Windows系列，本任务将介绍基于Windows操作系统的安全防范方法。

【案例 5-7】 个人计算机安全防护措施。

操作步骤如下：

<1> 安装防火墙以提升个人计算机安全级别，及时检测未知情况。打开“控制面板”，选择“Windows 防火墙”，如图 5-31 所示，在左侧的控制面板主页中，选择“打开或关闭 Windows 防火墙”→“启用 Windows 防火墙”，如图 5-32 所示。

安装个人防火墙以及及时更新安装系统补丁，更新补丁以修补系统漏洞，如果不做到这点，不法分子可凭借与此乘虚而入，盗取信息。

<2> 使用 360 安全卫士，如图 5-33 所示，进行计算机体检、木马查杀和清理。

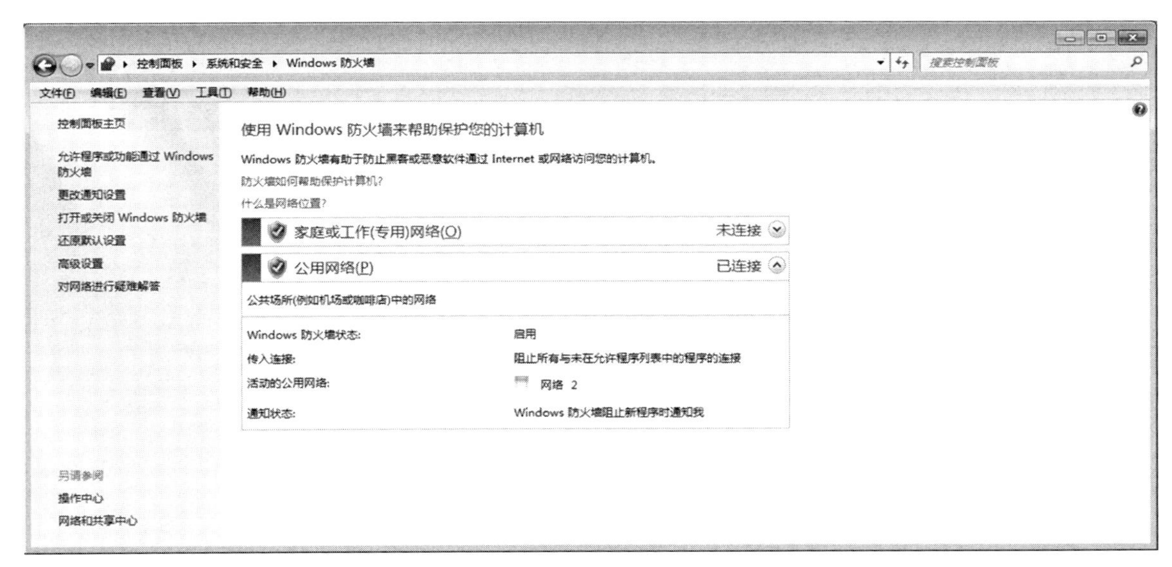

图 5-31　Windows 防火墙

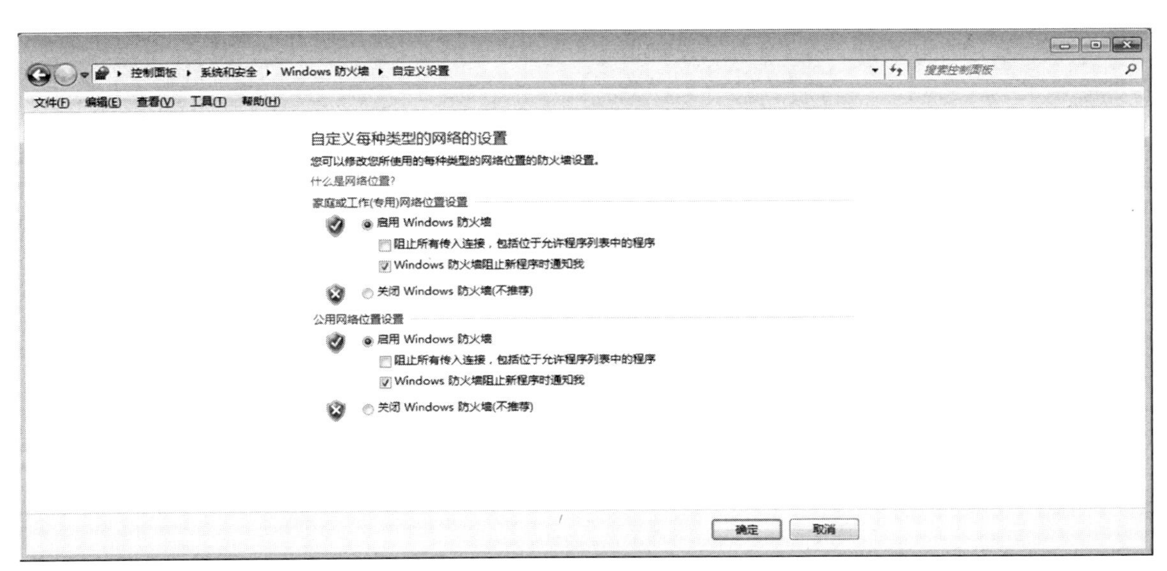

图 5-32　Windows 防火墙设置

图 5-33　360 安全卫士

<3> 使用 360 等杀毒工具，如图 5-34 所示，进行病毒查杀和病毒库更新。

图 5-34　360 杀毒

任务 5.8　练一练

5.8.1　通过电子邮件发送附件

1．目的

掌握通过电子邮件发送附件的方法。

2．操作要求

收发电子邮件需要一个邮箱，以 QQ 邮箱为例，步骤如下：

<1> 首先登录 mail.qq.com，输入用户名和密码，进入自己的邮箱。

<2> 在邮箱界面上单击“写信”，然后输入收件人地址，可以同时发送邮件给很多人，也可以在“联系人”中直接鼠标添加多个联系人，然后输入邮件内容发送即可。

<3> 如何需要给朋友发送文件，可以在发送邮件的时候添加附件。找到需要发送的文件添加进来，当然也可以继续添加多个文件，然后随正文发送。

5.8.2　组建家庭无线局域网

1．目的

（1）熟悉无线局域网的组建方法。

（2）了解组建家庭无线局域网所用的网络设备及传输介质。

（3）学会无线路由器的基本使用方法。

（4）掌握无线终端设备接入无线局域网的方法。

2．操作要求

如图 5-35 所示，准备无线路由器、台式计算机和笔记本电脑各 1 台，以及若干移动终端设备。

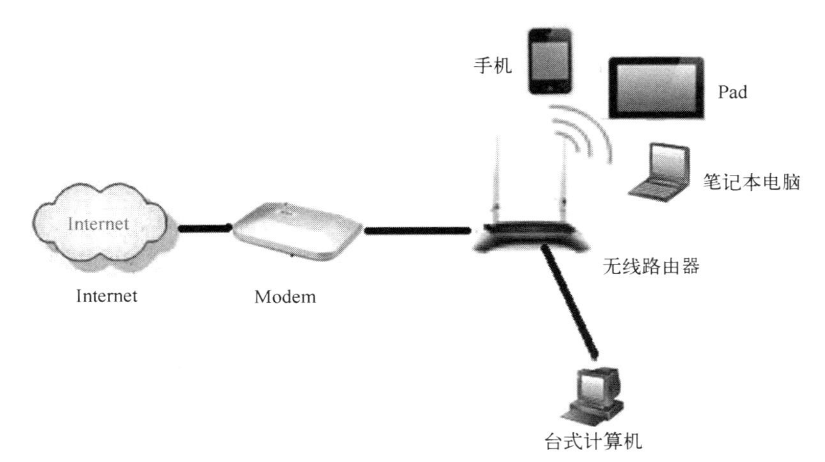

图 5-35　网络连接

<1> 将无线路由器的 WAN 接口连接至 Modem，实现 Internet 连接共享。无线路由器的 LAN 口连接至台式计算机的普通网卡，实现无线与有线的相互通信。

<2> 通过台式计算机的 Web 浏览器输入路由器的 IP 地址“http://192.168.1.1”。按照路由器说明书或参照 5.2.2 节“组建家庭无线局域网”，对路由器进行基本配置。

<3> 使用笔记本电脑、手机等无线设备，通过配置好的无线网络进行上网测试。

5.8.3 浏览器与搜索引擎的使用

1．目的

（1）熟悉 Microsoft Edge 浏览器的使用和窗口组成，学会设置 Microsoft Edge 浏览器。

（2）学会保存网页上的有用信息。

（3）学会使用 IE 的收藏夹。

（4）学会编辑和收发电子邮件。

（5）学会百度搜索的基本方法。

（6）学会百度的高级搜索方法和搜索技巧。

2．操作要求

（1）用 Microsoft Edge 浏览电子工业出版社的官网。

（2）将该网页放入收藏夹，按照个人喜好，对收藏夹进行整理。

（3）保存浏览网页上的文字和图片。

（4）利用百度的基本搜索方法：一般搜索、减除搜索、并行搜索等，寻找感兴趣的主题，如“汽车”，“汽车、大众公司、奥迪品牌、A6L”等。

（5）练习百度的高级搜索方法，掌握一些常用的搜索技巧。

（6）申请一个电子邮箱，将搜索到的内容编辑成一个附件，发送到所申请的新邮箱中。

5.8.4 使用中国知网进行文献检索

1．目的

（1）熟悉中国知网的界面。

（2）熟悉信息检索的工具使用。

（3）学会期刊检索的具体方法。

（4）掌握高级检索技巧。

2．操作要求

（1）利用搜索引擎查找“cnki”找到中国知网的官网。

（2）按照篇名为“大数据”进行检索。

（3）在上一步检索结果中继续检索发表年度为“2022 年”，关键词为“云计算”的文献。

（4）分别用题名、关键词、主题词、摘要、全文字段查找“云计算”，比较检索结果的数量有什么不同。

5.8.5 360 安全卫士的使用

1．目的

（1）熟悉 360 安全卫士软件的界面。

（2）了解 360 安全卫士的“常用”“杀木马”“杀毒”“实时保护”“软件管家”等功能模块。

（3）学会“常用”功能模块中的“清除插件”“清除垃圾”“修复漏洞”“修复 IE”等选项。

（4）学会“杀毒”“杀木马”的基本方法。

（5）学会“实时保护”计算机的基本设置方法。

2．操作要求

（1）利用搜索引擎查找“360 安全卫士”软件免费下载的官方地址，了解其功能和特点。

（2）下载最新版的“360 安全卫士”软件，并进行安装。

（3）查看“360 安全卫士”的界面及主要功能模块。

（4）启动“360 安全卫士”的“实时保护”功能。

（5）练习“常用”模块中的“清除插件”“清除垃圾”“修复漏洞”“修复 IE”等功能。

（6）练习杀毒、杀木马和系统升级等功能。

习 题 5

1．简答题

（1）简述计算机网络的定义。

（2）按覆盖地域范围的大小，简述计算机网络的分类情况。

（3）常见网络故障的检测方法有哪些？

（4）什么是 IP 地址？什么是域名？

（5）常用的 Internet 应用有哪些？

（6）简述信息安全的目标。

（7）安全上网的基本要求包括哪些内容？

2．上机题

（1）通过 ipconfig 指令查看当前的 TCP/IP 网络配置。

（2）通过 ping 指令验证与远程计算机的连接。

（3）打开与好友聊天的对话框，单击应用，找到“远程协助”选项。邀请好友单击“接受”，成功建立连接后，远程控制对方的计算机。

（4）在淘宝或者京东商城上搜索一本自己喜欢的书。

第 6 章

IT

人工智能基础

本章学习目标

- ❖ 了解人工智能的发展。
- ❖ 了解人工智能的应用领域。
- ❖ 了解人工智能的关键技术。
- ❖ 了解人工智能的未来发展。
- ❖ 掌握 Python 编程基础。

人工智能是一门新兴的交叉学科，涉及自然科学和社会科学的多门学科，包括计算机、数学、逻辑、思维、生理、心理、电子、语言、自动化、光学、声学等。

最近 20 年来，人工智能技术高速发展，在当代经济、社会生活中正在起到越来越重要的作用。从专家系统到手术机器人，从智能安防系统到智能导购，从个人助理到汽车自动驾驶，人工智能正在深入到人类社会的方方面面，并在不断改变着人类生产和生活的方式。

任务 6.1　人工智能的发展

6.1.1　知识导读：人工智能发展简史

1950 年，英国著名的数学家、逻辑学家艾伦·图灵发表了一篇论文《机器能思考吗》，预言了制造具有真正智能的机器的可能性。正因为这篇论文，艾伦·图灵赢得了人工智能之父的美誉。由于“智能”不方便进行定量分析，他提出了著名的图灵测试。

图灵测试是一种测试机器智能的方法，规定测试者（一般是人）与被测试者（一般是机器）在视觉上应被隔开，测试者通过一些装置（如键盘）向被测试者随意进行提问，根据被测试者回答问题的情况，测试者需要判断被测试者到底是人还是机器。再多找一些测试者完成同样的测试，如果有 30%或更多的测试者不能确定被测试者到底是人还是机器，那么就认为这台机器通过了测试，并判定这台机器具有人类的智能。

1956 年 8 月，在美国新罕布什尔州的汉诺威小镇，计算机科学家、认知科学家约翰·麦卡锡（John McCarthy）发起并成功组织了达特茅斯会议，参与者包括人工智能与认知学专家马文·闵斯基（Marvin Minsky）、信息论的创始人克劳德·香农（Claude Shannon）、计算机科学家艾伦·纽厄尔（Allen Newell）、计算机科学及心理学教授赫伯特·西蒙（Herbert Simon）等著名科学家，会议确定了“人工智能”这个名称，并确立了其任务是用机器来模仿人类学习和其他方面的智能。参会的每位科学家都为人工智能的发展做出了重要的贡献。从此，人工智能成为计算机科学下的一个独立的分支学科。

1956 年至 1974 年，人工智能经历了第一次发展高潮。这一时期是人工智能发展的黄金年代，科学家用计算机证明数学定理、解决代数应用题。其中最出色的成就是纽厄尔和西蒙编制的一个计算机程序，名叫逻辑理论家。该程序证明了《数学原理》中的全部 52 条定理，其中一些定理的证明方法甚至比原著更巧妙。人们几乎无法相信计算机可以如此智能。这些成果让研究者对人工智能的未来充满信心，认为完全智能的机器人有望 20 年内就能出现。

1974 年至 1980 年，人工智能的发展经历了第一次低谷，人们渐渐发现仅仅具有逻辑推理能力，并不能够使计算机具有人类的智能，囿于计算机运行速度和存储容量的限制，许多难题并没有随着时间推移而被解决。人工智能发展缓慢，很多人工智能系统一直停留在玩具阶段。人们对人工智能期望过高，又没有显著的研究成果和进展，人工智能开始遭遇批评，人工智能项目的研究经费被转移到其他项目上。人工智能遭遇了为期 6 年左右的第一次低谷。

1980 年至 1987 年，人工智能经历了第二次发展高潮。这一时期，一类名为“专家系统”的人工智能程序得到了蓬勃的发展和广泛的应用，成为人工智能研究的热点。专家系统是一种计算机程序，一般被限制于一个较小的知识领域，程序从该领域的专门知识中推演出逻辑规则，用于解决或者回答这一特定领域的问题。典型的项目是卡耐基·梅隆大学为DEC公司设计的XCON专家系统，可以每年为该公司节约4000万美元。日本推出了第五代计算机计划，目标是造出能够与人对话、翻译语言、解释图像，并且像人一样推理的机器。其他国家也纷纷做出响应。与此同时，John Hopfield发明了Hopfield网络，解决了著名的旅行商问题（Traveling Salesman Problem，TSP）。David Rumelhart提出了反向传播（Back Propagation，BP）算法，解决了多层神经网络的学习问题。神经网络被广泛应用于模式识别、故障诊断、预测和智能控制等领域。

1987年至1993年，人工智能发展经历了第二次低谷。每个专家系统的应用领域都很狭窄，且需要有专门的知识库，知识库的获取和维护费用居高不下，人工智能项目的投入与产出不成比例，人们渐渐对人工智能失去了信心。与此同时，日本的第五代计算机发展计划也宣告失败，人工智能的发展第二次跌入低谷。

从1993年开始，人工智能的发展进入第三次发展高潮。随着科学技术的发展，计算机的运行速度越来越快、存储容量越来越大，硬件成本越来越低，原来无法用计算机存储和处理海量数据的问题得到了一定程度的解决，原来一些复杂算法无法用计算机实现的问题也取得了长足的进步。大数据、云计算和计算机算法为人工智能的高速发展奠定了基础。在科学家和研究者的不懈努力下，人工智能在诸多领域不断取得突破性成果，掀起新一轮高潮。

1997年，IBM研发的深蓝（Deep Blue）计算机战胜了国际象棋世界冠军卡斯帕罗夫，在全世界范围内引起轰动。

2006年，神经网络之父杰弗里·辛顿（Geoffrey Hinton）提出了深度学习的概念，其后借助深度学习技术，包括语音识别、计算机视觉在内的诸多领域都取得了突破性的进展。

2011年2月，IBM的问答机器人Watson在美国问答节目《Jeopardy!》上击败了两位人类冠军选手。

2012年10月，微软在“21世纪的计算”大会上展示了一个全自动同声传译系统，它将演讲者的英文演讲实时转换成与他的音色相近、字正腔圆的中文。

2016年3月，Google的围棋人工智能系统AlphaGo与围棋世界冠军、职业九段选手李世石进行人机大战，并以4:1的总比分获胜。

2016年末至2017年初，AlphaGo在两个公开围棋网站上与中日韩数十位围棋高手进行快棋对决，连胜60局无一败绩，包括对当今世界围棋第一人柯洁连胜三局。

2017年1月，百度的小度机器人在《最强大脑》中战胜了人类“脑王”。

2018年11月，在第五届世界互联网大会上，新华社联合搜狗发布的全球首个“AI合成主播”让新闻界为之震动。

2019年11月，华为推出了一款定位高端市场的智能音箱产品华为Sound X，这是一款能用语音交互的超高音质音箱，提供生活服务、儿童教育、休闲娱乐等功能。

2020年10月，由中国移动和轻舟智航联合部署的无人公交落地苏州高铁新城。

2021年5月，百度Apollo无人驾驶Robotaxi——中国首批“共享无人车”正式开启常态化商业运营，向公众全面开放。

当代社会，人工智能在许多领域快速发展，正在深刻地改变着人类社会的方方面面。

6.1.2 知识拓展：人工智能的定义

“人工智能”术语可以分为两部分，即“人工”和“智能”。“人工”比较容易理解，争议性也不大，人工就是人造的或者人发明的，而不是自然或天然生成的。当然，有时人们会考虑一些其他问题，如什么是人力所能制造的，或者人自身的智能程度有没有高到可以创造人工智能的地步，等等。但总的来说，“人工”就是通常意义下的人工系统。

关于“智能”，问题就要复杂得多，涉及许多概念，如意识、自我、思维（包括无意识的思维）等。普遍认为，人本身的智能是人们唯一了解的智能，但这种了解也不够深入，人们对构成人的智能的组成元素了解也有限，所以很难定义到底什么是“人工”制造的“智能”了。因此，人工智能的研究往往涉及对人的智能本身的研究。其他关于动物或其他人造系统的智能也普遍被认为是人工智能相关的研究课题。

人工智能在计算机领域内得到了越来越广泛的重视，并在机器人、经济、政治决策、控制系统、仿真系统中得到了应用。

美国麻省理工学院的尼尔逊教授对人工智能下了这样一个定义：“人工智能是关于知识的学科——怎样表示知识以及怎样获得知识并使用知识的科学。”美国麻省理工学院的温斯顿教授则认为：“人工智能是研究如何使计算机去做过去只有人才能做的智能工作。”这些说法反映了人工智能学科的基本思想和基本内容，即：人工智能是研究人类智能活动的规律，构造具有一定智能的人工系统，研究如何让计算机去完成以往需要人的智力才能胜任的工作，也就是研究如何应用计算机的软、硬件来模拟人类某些智能行为的基本理论、方法和技术。

人工智能是计算机学科的一个重要的分支。20 世纪 70 年代，有人称人工智能是世界三大尖端技术之一（其余两项为空间技术和能源技术）。到了 21 世纪，人工智能仍然是三大尖端技术之一（其余两项是基因工程和纳米科学）。近 30 年来，人工智能获得了高速发展，在许多学科领域都获得了广泛应用，取得了丰硕的成果，无论从理论上还是从实践上看，人工智能都已经自成系统，发展成为计算机学科下的一个极为重要的独立分支。

用计算机来模拟或实现人的某些思维过程和智能行为（如学习、推理、思考、规划等）是人工智能学科的主要研究对象，包括如何用计算机实现智能的原理的研究，如何制造类似于人脑智能功能的计算机，并应用于合适的场景，改善人类的生产和生活。人工智能涉及的学科有计算机、心理学、语言学、工业科学、农业科学等，其研究和应用领域几乎涉及所有的自然科学和社会科学，远远超出了计算机科学的范畴。

任务 6.2 人工智能的应用领域

进入 21 世纪，人工智能技术发展迅猛，在金融领域、电商零售、医疗、智能安防、教育、个人助理、自动驾驶等领域得到了广泛的研究和应用。

1．金融领域

人工智能在金融领域的应用，主要是通过机器学习、语音识别、视觉识别等技术来分析、预测、辨别交易数据、价格趋势等信息，从而为投资人提供信贷、理财、投资等服务，同时具有规避金融风险，提高金融监管力度等功能。人工智能主要应用在智能投顾、智能客服、金融监管等方面。

目前，较为领先的国内企业有蚂蚁金服、交通银行、大华股份等，国外企业有 Welthfront、Kensho、Promontory 等。

2．电商零售

人工智能在电子商务、商品零售领域的应用，主要是利用大数据分析技术，进行智能仓储管理与物流、导购等，可以起到节省仓储物流成本、为客户购物提供便利、简化购物程序等作用。主要应用在仓储物流、智能导购和客服等场合。

目前，较为领先的企业有亚马逊、京东、阿里巴巴、梅西百货等。

3．医疗健康

人工智能在医疗健康领域的应用，主要是通过大数据分析，协助医生完成病症诊断，减少误诊的发生。同时，外科手术机器人也得到了一定的应用；在治疗康复方面，基于人工智能技术的仿生机械肢也有一些应用。应用场合包括医疗健康的监测诊断、智能医疗设备等。

目前，较知名的企业有华大基因、碳云智能、Intuitive Surgical 等。

4．智能安防

在安防系统中，每时每刻都会产生大量的图像和视频信息，这些数据中包含大量的冗余信息，需要人工介入来处理，成本较高且效率低。智能安防主要就是为了解决数据处理智能化、业务智能化等问题。人工智能在安防领域的应用主要依靠视频智能分析技术，通过对监控画面的智能分析采取安防动作。主要应用包括智能监控和安保机器人等。

目前，较为领先的应用企业有旷视科技、格林深瞳、360、尚云在线等。

5．教育

在教育领域，人工智能可以实现对知识的归类，利用大数据分析技术，通过算法计算最佳学习曲线，为使用者设计高效的学习模式。另外，针对儿童的幼教机器人可以通过深度学习、语音识别技术实现与儿童进行情感交流的功能。智能教育的主要应用包括智能评测、个性化辅导、儿童陪伴等。

目前，较为知名的企业有科大讯飞、云知声等公司。

6．个人助理

在个人助理领域，人工智能系统应用较多且相对成熟。通过智能语音识别、自然语言处理、大数据技术、深度学习以及神经网络，实现人机交互。个人助理系统通过输入设备接受文本、语音等信息后，通过识别、搜索、分析之后，将用户所需要的信息反馈给使用者。目前，安装于智能手机上的个人助理系统最多，还有家族管家、陪护机器人等。

目前，较为知名的个人助理系统有微软小娜和小冰、苹果 Siri、Google Assistant、Facebook Messenger 的 M 虚拟助手、百度度秘、讯飞输入法、Amazon Echo、叮咚智能音箱、扫地机器人、软银 Pepper 机器人等。

7．自动驾驶

人工智能在自动驾驶领域的研究与应用最为深入。通过机器视觉、深度学习、图形图像处理、机器人、传感器等技术，以及全球定位系统协同合作，可以使计算机在没有驾驶员主动操作的情况下，安全地进行驾驶操作。自动驾驶系统主要由环境感知、决策协同、控制执行等部分组成。

目前，领先的企业主要有谷歌、特斯拉、百度、Uber、奔驰、京东、亚马孙等。

任务 6.3 人工智能的关键技术

人工智能是自然科学与社会科学的交叉学科，是一门新兴的边缘科学，涉及数学、逻辑、思维、生理、心理、计算机、电子、语言、自动化、光学、声学等学科。其中最关键的技术可描述如下。

1．机器学习

机器学习（Machine Learning）是近 20 多年兴起的一门多领域交叉学科，是一门专门研究计算机怎样模拟或实现人类的学习行为，以获取新的知识或技能，重新组织已有的知识结构使之不断改善自身的性能的学科。机器学习与概率论、数理统计、函数逼近论、凸分析、算法复杂度理论等多门学科相关，主要研究和设计让计算机可以自动进行“学习”的算法，这些算法可以通过对大量数据进行统计分析以获得规律，并利用规律对未知数据做出预测。因机器学习算法与统计学理论密切相关，因此也被称为统计学习理论。

20 世纪 50 年代，美国的塞缪尔（Samuel）设计了一个跳棋程序，该程序可以在不断的下棋过程中不断改善自己的棋艺。几年后，这个程序和康涅狄格州的西洋跳棋冠军公开对抗并获胜，向人们展示了机器学习的强大能力。

AlphaGo 是一个围棋人工智能程序，由谷歌公司开发。2016 年 3 月，阿尔法围棋与围棋世界冠军、职业九段棋手李世石进行人机大战，以 4 比 1 的总比分获胜；2016 年末到 2017 年初，该程序在中国棋类网站上以“大师”（Master）为注册账号与中、日、韩几十位围棋高手进行快棋对决，连续 60 局无一败绩；2017 年 5 月，在中国乌镇围棋峰会上，它与排名世界第一的世界围棋冠军柯洁对战，以 3 比 0 的总比分获胜。与 20 年前深蓝在国际象棋人机大战中战胜世界冠军卡斯帕罗夫不同，AlphaGo 并非仅仅依赖强悍的计算能力和大量的棋谱获胜，而是拥有深度学习的能力，AlphaGo 能在下棋过程中不断学习并积累经验，这与人类棋手的成长过程非常相似，但它成长的速度比人类棋手快得多。

机器学习是一种让计算机在事先没有明确的程序的情况下做出正确反应的能力，是计算机模拟或实现人类的学习行为，以获取新的知识或技能，重新组织已有的知识结构使之不断改善自身性能的一种方法，是人工智能的核心，也是使计算机具有智能的根本途径。但是机器学习仍然主要使用归纳、综合而不是演绎的方式来进行学习。

2．数据挖掘与大数据

在学习之前，先来看一个有趣的故事：尿布与啤酒。在一家超市里有一个有趣的现象：尿布和啤酒赫然摆在一起出售。但是这个奇怪的举措却使尿布和啤酒的销量双双增加了。这也行是一种演绎，但是很有启发。

沃尔玛拥有世界上最大的数据仓库系统，为了能够准确了解顾客在其门店的购买习惯，沃尔玛对其顾客的购物行为进行分析，想知道顾客经常一起购买的商品有哪些。沃尔玛数据仓库里集中了其各门店的详细原始交易数据。在这些原始交易数据的基础上，沃尔玛利用数据挖掘方法对这些数据进行分析和挖掘。一个意外的发现是：跟尿布一起购买最多的商品竟是啤酒！经过大量实际调查和分析，揭示了一个隐藏在“尿布与啤酒”背后的美国人的一种行为模式：在美国，一些年轻的父亲下班后经常要到超市去买婴儿尿布，而他们中有30%～40%的人同时为自己买一些啤酒。产生这一现象的原因是：美国的太太们常叮嘱她们的丈夫下班后为小孩买尿布，而丈夫们在买尿布后又随手带回了他们喜欢的啤酒。

按照人们通常的想法，尿布与啤酒根本没有任何关系，若不是借助数据挖掘技术对大量交易数据进行分析，沃尔玛很难发现隐藏在数据中的这一个有趣并且很有价值的规律。

近几十年来，计算机存储设备和数据库系统得到了快速的发展，人们收集数据的能力大大增强，很多部门已经积累了大量的数据，但计算机收集和存储数据的能力远远超过了其从数据中进行分析、总结和提取知识的能力。面对海量的数据，人们希望计算机能自动智能地分析并抽取出其中蕴涵的知识和信息，因为人们深深认识到，数据中蕴藏着宝贵的信息，而这些信息对于社会发展、科学研究或政策的制定，具有显著的经济效益或社会效益，由此提出了数据挖掘的概念。

数据挖掘（Data Mining），又称为资料探勘、数据采矿，是数据库知识发现（Knowledge-Discovery in Databases，KDD）中的一个步骤。数据挖掘一般是指从大量的数据中通过算法搜索隐藏于其中信息的过程。数据挖掘通常与计算机科学有关，并通过统计、在线分析处理、情报检索、机器学习、专家系统（依靠过去的经验法则）和模式识别等诸多方法来实现上述目标。

3．语音识别

人工智能科技研究的第一项技术就是语音识别。在很长的一段时间里，人们与计算机通过键盘和鼠标交流，与计算机“沟通”需要学会打字、按键等操作；移动互联网时代，人们与智能手机通过触摸屏幕交流，只要滑动手指即可完成交互任务；未来智能时代，机器将更像人类的一员，与它的交互方式将更趋同于与人类之间的语言交互。因此，语音识别将是未来人机交互的重要手段，如果不能做到这一点，这台机器可能会被认为不够“智能”。而想要做到像“人”一样交流，机器就必须具备语音识别技术。

语音识别是一门交叉学科，涉及的领域包括信号处理、模式识别、概率论和信息论、发声机理和听觉机理、人工智能等。预计，在不久的将来，语音识别将进入工业、家电、通信、汽车电子、医疗、家庭服务、消费电子产品等领域。

近年来，借助深度学习技术的研究和发展，以及大量语音资料的积累，语音识别技术得到了突飞猛进的发展，开始逐渐从实验室走向市场。

2017 年 3 月，IBM 结合了 LSTM 模型和带有 3 个强声学模型的 WaveNet 语言模型。“集中扩展深度学习应用技术终于取得了 5.5%词错率的突破”。对应的是 2016 年 5 月的 6.9%。

2017 年 8 月，微软通过改进其语音识别系统中基于神经网络的听觉和语言模型，在 2016 年基础上降低了大约 12%的出错率，词错率降到 5.1%，声称超过专业速记员。

近 50 年来，语音识别一直是一个热门的研究领域，但是构建能够理解人类语言的机器仍旧是人工智能最具挑战性的问题之一，要实现这一目标有许多困难和技术难题。其一是噪音环境下的语音识别。如果环境比较安静并近距离使用麦克风，现在的语音识别的识别率已经可以达到实用的程度，但在噪音环境下，特别是在其他人的声音干扰的情况下，识别率仍然较低。其二是方言问题。我国各地的方言，一直是中文语音识别中的特色难题，由于各地方言差异很大，很难通过人工智能来对这些方言进行识别。其三是多义字词的理解难题，识别一个人语音中的细微差别对于计算机来说是很困难的。比如，当一个中文用户说“好”的时候，他的意思是表示肯定的“好！”，还是表示同意的“好。”，还是表示疑问的“好？”，计算机很难分辨。

4．机器视觉

机器视觉是人工智能领域中发展很快的一个分支。机器视觉简单来说，就是用机器代替人眼来做观察和判断。机器视觉系统用摄像头将目标物体及其环境转换成图像信号，传送给专用的图像处理系统，得到目标物体的形态信息，再根据像素分布和亮度、颜色等信息，通过运算来抽取目标的特征，根据结果来控制现场的设备动作。

机器视觉系统最基本的应用，就是提高生产的灵活性和自动化程度。在一些不适于人工作业的危险工作环境或者人工视觉难以满足要求的场合，常用机器视觉来替代人工视觉。同时，在大批量重复性工业生产过程中，机器视觉检测方法可以大大提高生产的效率和自动化程度。

无论是无人机送货还是谷歌的自动驾驶，其背后都有计算机视觉技术的强大支持。这些无人参与操作的智能设备首先是要有一个“大脑”，即用计算机代替人脑来处理大量复杂的数据信息。其次，都需要“眼睛”来感知周围环境并及时做出正确的反应。这些智能机器的“大脑”由一组高性能 CPU 芯片组成，其“眼睛”则是由摄像头、视觉处理器（Vision Processing Unit，VPU）和专有的软件系统实现。这种“眼睛”背后的驱动力就是机器视觉或计算机视觉技术。

作为计算机科学的一个分支，计算机视觉最早开始于 20 世纪 70 年代的人工智能研究。从工程学的角度来看，它是利用计算机来实现人类视觉系统可以完成的任务，主要包括数字图像和 3D 图像的采集、处理和分析方法。其应用领域主要有医疗成像、工业机器人自动检测、安保和统计、人机交互等。

任务 6.4　人工智能的未来发展

人工智能等同于机器智能，是集计算机科学、信息论、控制论、神经生理学、心理学、语言学等学科相互交叉渗透而发展起来的一门综合性学科。从计算机应用技术方面出发，人工智能是研究如何制造智能机器或智能系统，来模拟人类智能活动的能力，以延伸人们智能的科学。如果仅从技术的角度来看，人工智能需要解决的问题是如何使计算机表现得更智能化，以便于计算机能灵活高效地为人类服务。

技术的发展总是超乎人们的想象，要准确地预测人工智能的未来是不可能的。但是，从目前的一些前瞻性研究可以看出，未来人工智能可能会向以下几方面发展：并行化、模糊处理、神经网络和机器情感。人工智能的发展，必须得有人类智能的支持，否则无法实现。按照事物发展的辩证规律，人工智能应该不会与人类智能相对独立和平行地向前发展，而是人和“机”

的相辅相成一起共同更好地发展。只有对人类智能结构不断地做更透彻的研究和理解，才可能研究更高水平的人工智能。

趋势一：人工智能正在创造更多可能

在技术和市场的多方驱动下，人工智能已经开始从实验室全面进入消费级市场，并在创造着更多的可能性。已经进入市场的典型人工智能应用包括个人助理、智能拍照软件、无人驾驶、人脸识别、机器翻译、智能推荐、智能客服、智能医疗等，在这些面向特定任务的专用人工智能系统中，由于任务单一、需求明确、应用边界清晰、领域知识丰富、建模相对简单，在局部智能水平的单项测试中甚至可以超越人类智能，形成了人工智能在应用领域的单点突破。

人工智能正在加速向各产业渗透，越来越多的行业开始引入人工智能技术，在带来效益的同时，人工智能也改造着各行业，甚至创造着新的行业，更多应用场景和职业正在不断出现，如无人机放牧、AI 养殖，又如人工智能训练师、无人机驾驶员等。在人工智能与各种行业结合的应用场景中，人工智能拥有无限的潜力。

趋势二：基于深度学习的人工智能的认知能力将达到人类专家顾问级别

过去几年人工智能技术之所以能够获得快速发展，主要源于三个元素的融合：性能更强的神经元网络、价格低廉的芯片以及大数据。其中神经元网络是对人类大脑的模拟，是机器深度学习的基础，对某一领域的深度学习将使得人工智能逼近人类专家顾问的水平，并在未来进一步取代人类专家顾问。当然，这个学习过程也伴随着大数据的获取和积累。

事实上，在金融投资领域，人工智能已经有取代人类专家顾问的迹象。在美国，从事智能投顾的不仅是 Betterment、Wealthfront 这样的科技公司，老牌金融机构也察觉到了人工智能对行业带来的改变。高盛和贝莱德分别收购了 Honest Dollar、Future Advisor，苏格兰皇家银行也曾宣布用智能投顾取代 500 名传统理财师的工作。

国内一家创业团队目前正在将人工智能技术与保险业相结合，在保险产品数据库基础上进行分析和计算搭建知识图谱，并收集保险行业的语音资料，为人工智能问答系统做数据储备，最终连接用户和保险产品。这对目前仍然以销售渠道为驱动的中国保险市场而言显然是个颠覆性的消息，它很可能意味着销售人员的大规模失业。

关于人工智能的学习能力，凯文·凯利曾形象地总结说："使用人工智能的人越多，它就越聪明。人工智能越聪明，使用它的人就越多。"就像人类专家顾问的水平很大程度上取决于服务客户的经验一样，人工智能的经验就是数据以及处理数据的经历。随着使用人工智能专家顾问的人越来越多，未来人工智能有望达到人类专家顾问的水平。

趋势三：人工智能实用主义倾向显著，未来将成为一种可购买的智慧服务

事实上，大多数人在谈到人工智能时，首先想到的问题便是："人工智能到底可以做什么？""人工智能到底能够用在什么地方？""人工智能能够给人类解决哪些问题？"在人工智能技术的应用方面，中国的互联网企业似乎表现得更加实用主义。将主要精力投向人工智能领域的百度几乎把人工智能技术应用到了旗下所有产品和服务中，雄心勃勃展开 NASA 计划的阿里巴巴也致力于将技术推向"普惠"。

人工智能与不同产业的结合正使其实用主义倾向愈发显著，这让人工智能逐步成为一种可以购买的商品。吴恩达博士曾把人工智能比作未来的电能，“电”在今天已经成为一种可以按需购买的商品，任何人都可以花钱将电带到家中，可以用电来看电视，可以用电来做饭、洗衣服，未来可以用购买到的人工智能来打造智能家居系统，这是一样的道理。凯文·凯利此前也曾做过类似预判，他说，未来我们可能会向亚马逊或中国的公司购买智能服务。

反过来，不同产业对人工智能技术的应用也加剧了人工智能的实用主义倾向。比如特斯拉公司就是拿人工智能技术专门用来提升自动驾驶技术的，再比如地图导航软件，就是专门拿人工智能技术用来为用户规划出行路线的。它们更关注的是人工智能技术到底能为我的公司和我的用户带来什么。

说到底，人工智能是一个实用主义的东西。越来越多的医疗机构用人工智能诊断疾病，越来越多的汽车制造商开始使用人工智能技术研发无人驾驶汽车，越来越多的普通人开始使用人工智能做出投资、保险等决策。这意味着人工智能已经开始走出实验室，即将进入实用阶段。

趋势四：人工智能技术将严重冲击劳动密集型产业，改变全球经济生态

许多科技界的大佬一方面受益于人工智能技术，一方面又对人工智能技术发展过程中存在的威胁充满担忧。包括比尔·盖茨、埃隆·马斯克斯、蒂芬·霍金等人都曾对人工智能发展做出警告。尽管从目前来看对人工智能取代甚至毁灭人类的担忧还为时尚早，但毫无疑问人工智能正在抢走各行各业劳动者的饭碗。

2018 年，唐山市裁撤部分高速收费站，收费员们被人工智能取代，集体失业了；到了 2019 年人工智能更是无法小觑，就连外卖行业都可以做到无人配送了。

最近几年，全球性的疫情进一步推动了人工智能的发展，使其进入了大部分人的生活空间，在营销、零售、客服等领域取代了许多人的工作。

未来，人工智能导致的大规模失业将率先从劳动密集型产业开始。如制造业，在主要依赖劳动力的阶段，其商业模式本质上是赚取劳动力的剩余价值。而当技术成本低于雇佣劳动力的成本时，显然劳动力会被无情淘汰，制造企业的商业模式也将随之发生改变。再如物流行业，目前大多数企业实现了无人仓库管理和机器人自动分拣货物，接下来无人配送车、无人机也会取代一部分物流配送人员的工作。

就我国目前的情况来看，正处于从劳动密集型产业向技术密集型产业过渡的过程中，难以避免地要受到人工智能技术的冲击。

工业革命时期，人们的很多工作被机器取代了，大批工人失业，但随着越来越多的机器应用于生产，一大批新型产业崛起，如制造机器、操作、维护机器等，新的岗位需要大批技能与之匹配的人才。人们为了生活、为了更好的发展，就需要不断学习、不断进步，根据自身能力和特长重新寻找工作岗位，或者根据新的工作岗位需求培养与之相应的技能。

当前，学校和社会需要重新设计适应人工智能时代的教育和培训体系，为劳动者提供与人工智能协同工作的新技能。另外一个必须接受的事实是：人工智能时代高速的技术迭代，意味着学习是伴随人类一生的事情，要想不被时代所抛弃，就必须不断掌握新技能。

任务 6.5　认识 Python

我国人工智能行业正处于一个创新发展时期，对相关人才的需求也急剧增长。作为人工智能领域使用最广泛的编程语言，Python 学习已被上升到了国家战略层面。2017 年 8 月，国务院印发的《新一代人工智能发展规划》提出，“实施全民智能教育项目，在中小学设置人工智能相关课程，逐步推广编程教育，鼓励社会力量参与寓教于乐的编程教学软件、游戏的开发和推广。支持开展人工智能竞赛，鼓励进行形式多样的人工智能科普创作。”

6.5.1　知识导读：Python 简介

1989 年，荷兰人 Guido van Rossum 发明了一种面向对象的解释型程序设计语言，取名为 Python。Python 的源代码和解释器遵循 GPL 协议，是纯粹的自由软件。Python 作为一种通用的脚本开发语言，比其他编程语言（如 C/C++、Java 等）更加简单、易学，其面向对象特性更加彻底，特别适合快速开发。另外，Python 在软件质量控制、开发效率、可移植性、组件集成、库支持等方面均处于先进地位。

几乎所有的编程语言都可以用来开发人工智能程序，如 C/C++、Java 等，但 Python 是人工智能领域使用最多的编程语言，成为业界的主流，主要原因有以下几方面。

1．简单

每种编程语言都有其特点。如 C/C++语言专业性很强，编写出来的程序运行速度特别快；再如 Java，其可移植性是所有程序设计语言中最强的，几乎可以做到“写一次，到处运行”。Python 语言编写的程序运行速度要比其他语言编写的程序慢，但却能成为人工智能领域的主流编程语言，最主要的原因就是简单。针对一个特定功能的程序，用 C 语言编写可能需要 1000 行代码，用 Java 可能需要 100 行代码，但用 Python 可能只需要 20 行代码。Python 简单易学的特点决定了程序员可以很快地完成学习并上手工作，还可以在工作的过程中节约大量的编程、调试时间。当然，Python 的主要缺点是程序运行速度慢，但这个缺点可以用高速的 CPU 以及并行运算来抵消，也就是说，可以用稍微贵一点的 CPU 和并行运算来节约程序员的编程时间。有人说，Python 语言“高效”，这个“高效”不是指程序运行效率高，而是程序员编程的效率高。正是基于这方面的考虑，才有人说，“程序员是昂贵的，CPU 是便宜的”。也有人说，“人生苦短，我用 Python”，也是同样的道理。

2．易学

Python 语言关键字较少，程序结构简单，有明确的语法，学习起来相对比较简单。Python 语言的入门时间是按天算的，而 C/C++语言的入门时间是按年算的。

3．易于阅读维护

Python 语言编写的代码结构清晰，且一般较短，容易理解，便于修改维护。

4．丰富的库

Python 库是能够完成一定功能的代码集合，可以提供给用户直接使用。除了标准库，Python 还拥有庞大的第三方库，程序员在编写程序的过程中，许多功能都可以直接调用库中的代码来实现。

5．互动模式支持

程序员可以直接在终端输入代码片段并获得程序片段的执行结果，测试和调试工作变得更加简单。

6．可移植性

由于其开源特性，Python 已经被移植到许多平台上，如 Linux、Windows、Android 等操作系统平台。程序员在其中一个平台上编写的程序，不加修改或者只做少量的修改就可以直接拿到其他的平台上运行。

7．可扩展性

如果程序中一部分需要高效运行，或者一些关键代码不愿意公开，程序员可以使用 C/C++来完成这部分代码的编写，再在 Python 程序中调用这部分代码。

8．数据库

Python 提供了所有主要商业数据库的接口，便于程序员在程序中使用数据库。

9．GUI 编程

Python 为用户提供了开发图形界面的库，如 Tkinter、wxPython 和 Jython 等，方便程序员创建完整的、功能健全的 GUI 用户界面。

10．可嵌入性

程序员可以将 Python 程序嵌入 C/C++程序，从而让 C/C++程序的用户拥有“脚本化”的能力。

6.5.2 任务案例：Python 编程入门

本节将介绍 Python 的下载安装，Shell 的基本应用，Python 的简单语法规则，最后通过一个猜数字的游戏程序来展现 Python 语言的独特魅力。

1．Python 的下载安装

用户可以直接到 Python 官网下载安装包。Python 官网提供了多个版本的安装程序，相对来说，低版本的安装包由于发布的时间较长，可能更稳定。除了安装包，官网还提供了许多 Python 的最新源码、二进制文档、新闻资讯等内容，方便用户查看使用。

在 Python 官网的下载列表中找到所需要的 Windows 平台安装包后进行下载。下载完成后，直接双击安装，安装过程非常简单，只需要使用默认的设置，一直单击“下一步”按钮，直到安装完成即可。

安装完成后，从“开始”菜单中选择“所有程序”→“Python 3.4”→“IDLE (Python GUI)”，即可打开如图 6-1 所示的 Shell 窗口。

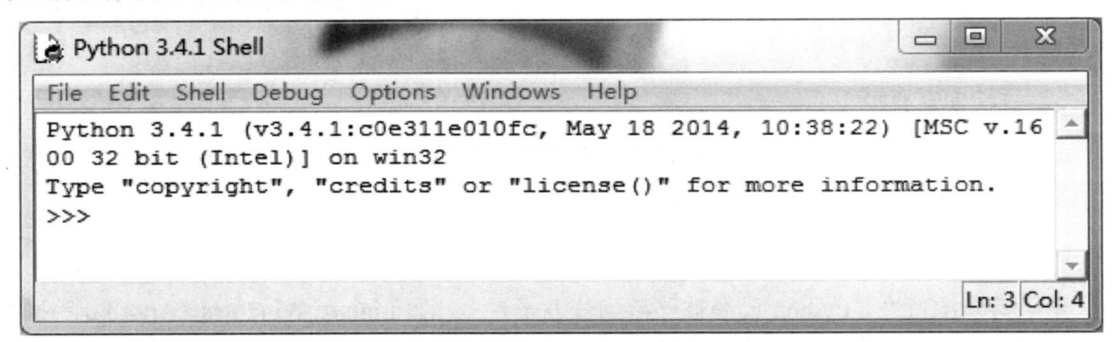

图 6-1　Python 3.4.1 Shell 窗口

2．Python 的注释与缩进

Python 语言中单行注释采用“#”开头，从“#”开始一直到行尾的部分为注释，注释不参与解释执行。注释的例子如下：

```
# 文件名：first.py
print (Hello World!)              # 注释：在 Python 中打印输出的功能由 print 函数来完成
```

Python 语言与其他编程语言的最大的区别是：Python 中的代码块不使用“{ }”来控制类、函数和其他逻辑判断。在 Python 使用缩进来写模块。

缩进的空白数量是可变的，但是所有代码块语句必须包含相同的缩进空白数量，必须严格执行。如下所示：

```
if True:
    print (True)                  # 若为真，则输出 True
else:
    print (False)                 # if 和 else 下面的内容为下一个层次，若不缩进，则会报错
```

3．编写第一个 Python 程序

在 Shell 界面中选择文件菜单，单击 New File 菜单项，即可打开一个编辑窗口，输入以下代码：

```
a = 3                             # 变量 a 的值赋为 3
b = 5                             # 变量 b 的值赋为 5
s = a * b                         # a 乘以 b 的积送给变量 s
print(s)                          # 输出 s 的值
sh = '社会主义'                    # 第一个字符串
hx = '核心价值观'                  # 第二个字符串
print(sh + hx)                    # 两个字符串连接在一起并输出
```

其效果如图 6-2 所示。

编辑完成后保存文件（第一次保存时会要求输入文件名），注意后缀名必须为“py”。按快捷键 F5，运行程序，即可以 Shell 窗口中看到程序的运行结果。

first.py - C:/Users/ADMIN/Desktop/first 3.4.1.py (3.4.1)

File Edit Format Run Options Window Help

```
#第一个Python程序
a = 3                 #变量a的值赋为3
b = 5                 #变量b的值赋为5
s = a * b             #a乘以b的积送给变量s
print(s)              #输出s的值
sh = '社会主义'        #第一个字符串
hx = '核心价值观'      #第二个字符串
print(sh + hx)
```

Ln: 9 Col: 0

图 6-2 编辑 Python 程序

4. Python 的变量与数据类型

Python 中的变量可以直接赋值而不需要事先声明。每个变量在使用前都必须进行赋值，赋值之后的变量才会在内存中被创建，创建之后的变量在内存中保存了变量的名称、类型以及数据等信息。

Python 中的变量有 5 种类型，分别是数字（Numbers）、字符串（String）、列表（List）、元组（Tuple）和字典（Dictionary）。

（1）数字

Python 有以下不同的数字类型：int（整型）、float（浮点型）和 complex（复数）。赋值方式如下：

```
a = 3                                          # 整型变量 a 的值赋为 3
b = 3.14159                                    # 浮点型变量 b 的值赋为 3.14159
c = 1 + 1j                                     # 复数型变量 c 的值赋为 1+1j
```

（2）字符串

字符串（有时简称为串）是由数字、字母、下画线组成的一串字符。赋值方式如下：

```
s = 'ilovepython'                              # 字符串 s 的值赋为 "ilovepython"
```

（3）列表

列表是最常用的 Python 数据类型，创建列表的方式是用“,”将不同的数据项分隔开，再使用“[ ]”括起来即可。Python 中列表的数据项不要求具有相同的类型。其赋值和基本使用方式如下：

```
list1 = ['physics', 'chemistry', 1997, 2000]   # 由字符串和整型数组成的列表 1
list2 = [1, 2, 3, 4, 5, 6, 7 ]                 # 由整数组成的列表 2
print(list1[0])                                # 打印列表 list1 的 0 号数据项
print(list2[1:5])                              # 打印列表 list2 的 1~5 号数据项
```

（4）元组

元组与列表类似，元组的内部元素也用“,”隔开，然后需要用“( )”括起来。元组不能二次赋值，相当于只读列表。其赋值和使用方式如下：

```
tup1 = ('physics', 'chemistry', 1997, 2000)    # 由字符串和整型数组成的元组 1
tup2 = (1, 2, 3, 4, 5, 6, 7 )                  # 由整数组成的元组 2
print(list1[0])                                # 打印元组 tup1 的 0 号数据项
print(list2[1:5])                              # 打印元组 tup2 的 1~5 号数据项
```

（5）字典

字典用大括号来标识。字典由索引（key）和它对应的值 value 组成。列表是有序的对象集合，而字典是无序的对象集合；字典当中的元素是通过键来存取的，而不是通过偏移存取。字典的使用例子如下：

```
dict = {'zhangsan': 1.78, 'lisi': 1.80, 'mawu': 1.70}          # 创建一个字典dict
print (dict['zhangsan'])                                      # 打印字典dict中索引'zhangsan'对应的值
```

5．Python 的运算符

Python 语言支持不同类型的运算符，这里主要介绍算术运算符、比较（关系）运算符和赋值运算符。

（1）算术运算符

Python 语言支持的算术运算符及其功能如表 6-1 所示。

表 6-1　算术运算符及其功能

运算符	描　述	实　例
+	加法：表示两个对象相加	5 + 5 输出结果 10
-	减法：表示一个数减去另一个数	10 - 5 输出结果 5
*	乘法：表示两个数相乘	10 * 20 输出结果 200
/	除法：表示两个数相除	10/ 5 输出结果 2
%	取模：两个数相除，返回除法的余数	5 % 2 输出结果 1
**	幂：x**y 表示求 x 的 y 次幂	3**4 表示 3 的 4 次方，输出结果 81
//	整除：两数相除，返回商的整数部分	9//2 输出结果 4，9.0//2.0 输出结果 4.0

（2）比较（关系）运算符

Python 语言支持的比较运算符及其功能如表 6-2 所示。

表 6-2　比较运算符及其功能

运算符	描　述	实　例
==	相等比较	两边相等返回 True，否则返回 False
!=	不等于	两边不相等返回 True，否则返回 False
>	大于	左边大于右边返回 True，否则返回 False
<	小于	左边小于右边返回 True，否则返回 False
>=	大于等于	左边大于或等于右边返回 True，否则返回 False
<=	小于等于	左边小于或等于右边返回 True，否则返回 False

（3）赋值运算符

Python 语言支持的赋值运算符及其功能如表 6-3 所示。

6．Python 逻辑控制语句

（1）条件控制语句

Python 条件语句通过一条或多条语句的执行结果（True 或者 False）来决定执行不同的代码块。其中，最常见的语句为 if 语句，其基本形式为：

表 6-3　逻辑运算符及其功能

运算符	描　述	实　例
=	简单的赋值运算符	c = a + b 将 a + b 的运算结果赋值为 c
+=	加法赋值运算符	c += a 等效于 c = c + a
-=	减法赋值运算符	c -= a 等效于 c = c - a
*=	乘法赋值运算符	c *= a 等效于 c = c * a
/=	除法赋值运算符	c /= a 等效于 c = c / a
%=	取模赋值运算符	c %= a 等效于 c = c % a
**=	幂赋值运算符	c **= a 等效于 c = c ** a
//=	取整除赋值运算符	c //= a 等效于 c = c // a

```
if 判断条件:
    语句 1                      # 若判断条件为 True，则执行语句 1
else:
    语句 2                      # 若判断条件为 False，则执行语句 2
```

当判断条件为多个值时，可以使用以下形式：

```
if 判断条件 1:
    语句 1                      # 若判断条件 1 为 True，则只执行语句 1
elif 判断条件 2:
    语句 2                      # 若判断条件 2 为 True，则只执行语句 2
elif 判断条件 3:
    语句 3                      # 若判断条件 3 为 True，则只执行语句 3
else:
    语句 4                      # 若判断条件 1、2、3 均为 False，则执行语句 4
```

（2）循环控制语句

Python 提供了 for 和 while 两种循环。

while 循环的基本形式为：

```
while 判断条件:
    执行语句
```

其中，“执行语句”可以是单个语句或语句块；“判断条件”可以是任何表达式，任何非零、或非空（null）的值均为 true。当“判断条件”为 false 时，循环结束。

for 循环可以遍历任何序列的项目，如一个列表或者一个字符串。for 循环的基本形式为：

```
for iterating_var in sequence:
    statements(s)
```

无论是在 while 循环中还是在 for 循环中，都可以用 break 语句来退出循环，用 continue 语句结束本次循环。

7. 猜数字游戏

编程完成以下的游戏功能：用计算机产生一个 1～100 之间的随机数，让用户来猜，最多猜 5 次，若用户猜对了，则输出“恭喜您猜对了！游戏结束。”当猜错时，会提示猜的数字是大还是小了，当 5 次机会用光时，如果还没有猜对，就输出“次数已用完，游戏失败。”并将正确的结果输出。

程序代码如下：

```
# 从 random 模块中导入 randint 函数
from random import randint
# 随机生成一个整数
value = randint(1, 100)
# 最多允许猜 5 次
maxTimes = 5
# 是否猜对的标志，初值设为 0，表示没有猜对
guess = 0
for i in range(maxTimes):
    print('请输入您猜的数:')
    x = int(input())            # 从 shell 中输入数据并转化为整型，即把用户猜的数送给 x
    # 猜对了
    if x == value:              # 如果猜对了，就将 guess 设置为 1，并跳出循环
        guess = 1
        break
    elif x > value:
        print('太大了')
    else:
        print('太小了')
if guess == 1:
    print('恭喜您猜对了！ 游戏结束。')
else:
    # 次数用完还没猜对，游戏结束，提示正确答案
    print('次数已用完，游戏失败。')
    print('正确的数据值是：', value)
```

习 题 6

1．简答题

（1）什么是人工智能？

（2）人工智能主要研究的课题是什么？

（3）人工智能的应用领域主要有哪些？

（4）人工智能的关键技术有哪些？

（5）Python 语言的主要特点有哪些？

（6）Python 元组和列表有什么相同和不同之处？

2．上机题

（1）编写 Python 程序，要求用户输入一个三位以上的整数，去掉其十位和个位数字并输出。例如用户输入 1234，则程序输出 12。（提示：使用整除运算。）

（2）编写程序，要求用户输入一个年份，判断其是否为闰年。（提示：如果年份能被 400 整除，则为闰年；如果年份能被 4 整除但不能被 100 整除，也为闰年；其余情况不是闰年。）

参考文献

IT

[1] 宋广军. 计算机基础(第六版) . 北京：清华大学出版社，2021.

[2] 宋晓明，张晓娟. 计算机基础案例教程（第 2 版）. 北京：清华大学出版社，2020.

[3] IT 新时代教育. WPS Office 办公应用从入门到精通. 水利水电出版社，2019.

[4] 李岩松. WPS Office 办公应用从新手到高手. 北京：清华大学出版社，2020.

[5] 李亚莉等. WPS Office 2019 办公应用入门与提高. 北京：清华大学出版社，2021.

[6] 肖丽等. WPS Office 2019 应用及计算机基础. 北京：清华大学出版社，2021.

[7] 梁玉凤. 计算机应用基础（Windows 7 + Office 2010）. 北京：高等教育出版社，2018.

[8] 丛国凤等. 计算机应用基础项目化教程（Windows 10+Office 2013）. 北京：清华大学出版社，2017.

[9] 徐立新等. 大学计算机. 北京：电子工业出版社，2018.

[10] 黄春风等. WPS Office 办公软件应用标准教程（实战微课版）. 北京：清华大学出版社，2021.

[11] 中国互联网络信息中心（CNNIC）. 第 41 次中国互联网络发展状况统计报告. 2018.

[12] 徐立新等. 计算机网络技术. 北京：人民邮电出版社，2019.